大学入試標準レベル

実戦演習問題集
理系数学

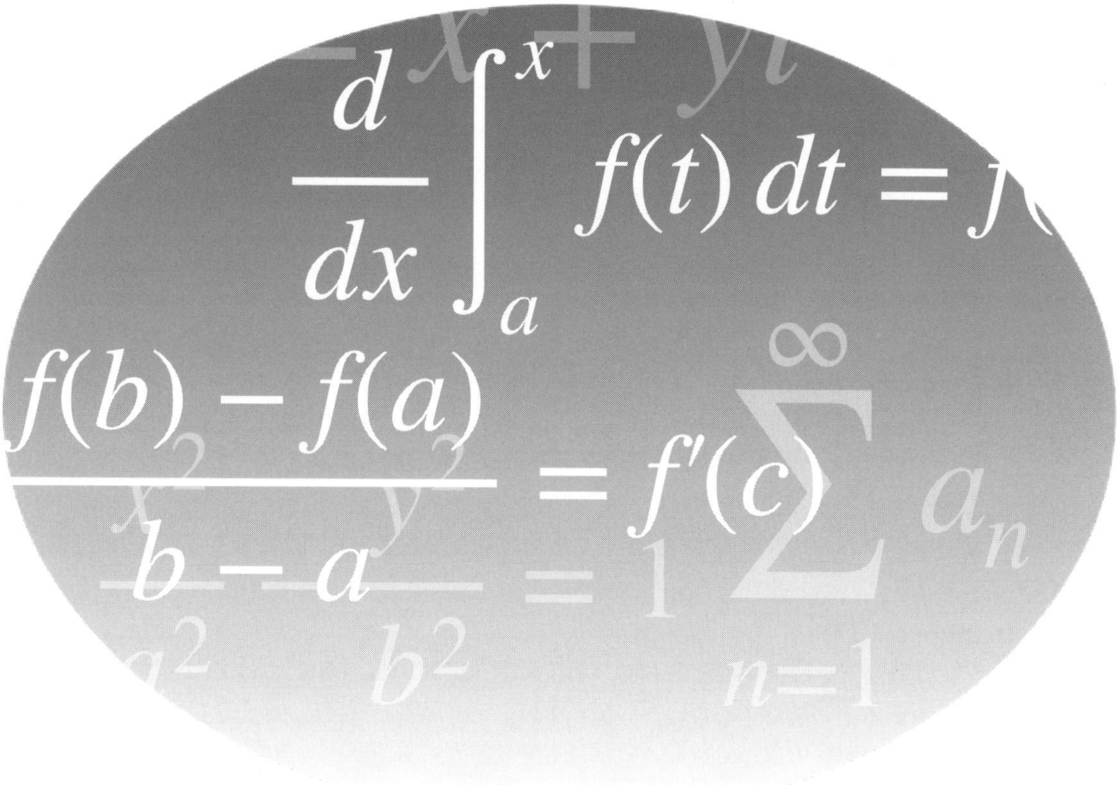

吉田大悟　著

本書で扱っている主な単元	
極限（数Ⅲ）	式と曲線
微分法（数Ⅲ）	複素数平面
積分法（数Ⅲ）	

前書き

本書は，昨年上梓した『実戦演習問題集　文理共通数学』(METIS BOOK) の姉妹書であり，数学III の微積分，複素数平面，2次曲線を扱った大学理系学部入試のための対策問題集である。

『実戦演習問題集　文理共通数学』と同様，問題の選定にあたっては

- 確実に得点したい問題を解ききる実戦力を養う
- さまざまなテーマをランダムに配置。得点力に直結させるため，頻出のテーマは度々取り扱う
- 自習では見落としがちな内容にも触れられるようにする
- 計算力の鍛錬のため，やや煩雑な計算にも取り組む

ことを狙いとした。

一通り教科書の学習が終わり，ある程度，運用に慣れてきた頃に使っていただいてもよいし，**共通テスト終了時から2次試験までの期間**に使っていただいてもよい。

また，入試問題の背景にある話題については適宜紹介するように努めた。興味を持っていただき，更なる学習のモチベーションとしていただければ嬉しい。

本書の構成

問題編 (p.3 ～ p.27)

12回分の問題を最初にまとめて収録した。各回，左のA問題7題 1 ～ 7 と右のB問題5題 **1** ～ **5** の計12題で構成されている。全部で144題ある。

A問題：入試問題のうち，一問一答的な**単発問題でポイントを絞った学習**効果を期待する。基礎基本の確認として機能する。

B問題：いくつかの小問を含む流れのある問題や方針を自分で立てて取り組む問題を扱っている。小問での誘導がある問題では**出題意図を汲み取りながら解く訓練**を積んでもらいたい。

扱っている問題はすべて実際に出題された入試問題であるが，一部，原題から問題文の改変を施している。基礎に不安のある人はA問題ばかりを最初にやり，その後B問題に取り組むという使い方もできるであろう。

解説編 (p.29 ～ p.137)

解説ページには問題文を再掲するとともに，出典大学も記載した。解説 には主に解答例を掲載しており，得点力を磨く上で読んでもらいたい補足事項がある場合は 注意 に記した。また，参考 では視野を広げるための内容を扱っている。中には指導者の方にも飽きないような他書では学べない内容も盛り込んだので，余裕のある方は楽しんでいただきたい。

前書『実戦演習問題集　文理共通数学』を気に入ってくださり，理系編の刊行を心待ちにしていただいた読者の方，および，本書の企画から原稿の細かなご指摘までしていただいたMETIS代表，河合塾数学科講師の藤田貴志先生に，感謝の意を表したい。藤田先生のご尽力がなければ，本書が完成することはなかった。藤田先生，前書に引き続き，大変お世話になりました。

2023年10月　加古川にて

吉田 大悟

■■ 目次 ■■

1 定積分 $\displaystyle\int_1^4 \sqrt{x}\log(x^2)dx$ の値を求めよ．

2 無限級数

$$\frac{1}{4\cdot 1^2-1}+\frac{1}{4\cdot 2^2-1}+\cdots+\frac{1}{4\cdot n^2-1}+\cdots$$

の和を求めよ．

3 $\displaystyle\lim_{x\to 0}\frac{\cos^2 x+a\cos x+b}{\sin^2 x}=1$ を満たす定数 a，b の値を求めよ．

4 複素数 $\alpha=\dfrac{1+i}{\sqrt{3}+i}$ について，α^n が正の実数となるような最小の正の整数 n を求めよ．

5 放物線 $y^2+3y-5x+1=0$ の焦点の座標は［ ア ］であり，準線の方程式は［ イ ］である．

6 関数 $y=\dfrac{x+1}{x^2+3}$ の $0\leqq x\leqq 2$ における最大値と最小値を求めよ．

7 座標平面で，曲線 $y=e^x$ と x 軸，y 軸，および直線 $x=1$ とで囲まれた部分を D とする．D を x 軸のまわりに 1 回転させてできる回転体の体積 V と D を y 軸のまわりに 1 回転させてできる回転体の体積 W を求めよ．

1 i を虚数単位とし，$z = \cos\dfrac{2\pi}{5} + i\sin\dfrac{2\pi}{5}$ とおく．

(1) z^5 および $z^4 + z^3 + z^2 + z + 1$ の値を求めよ．

(2) $t = z + \dfrac{1}{z}$ とおく．$t^2 + t$ の値を求めよ．

(3) $\cos\dfrac{2\pi}{5}$ の値を求めよ．

(4) 半径が 1 の円に内接する正五角形の一辺の長さの 2 乗を求めよ．

2 次の問いに答えよ．ただし，e は自然対数の底である．

(1) 関数 $f(x) = \dfrac{\log x}{x}$ について，極値を調べ，$y = f(x)$ のグラフの概形を描け．ただし，$\displaystyle\lim_{x\to\infty}\dfrac{\log x}{x} = 0$ を用いてよい．

(2) $e^{\pi} > \pi^{e}$ を示せ．

(3) $e^{\sqrt{\pi}} < \pi^{\sqrt{e}}$ を示せ．

3 楕円 $E : \dfrac{x^2}{25} + \dfrac{y^2}{16} = 1$ の 2 つの焦点を F，F$'$ とする．ただし，F の x 座標は正とする．点 P$(a,\ b)$ は E 上の点で $b \neq 0$ とし，点 P における楕円 E の接線を ℓ とする．F から ℓ に下ろした垂線と ℓ との交点を H とし，F$'$ から ℓ に下ろした垂線と ℓ との交点を H$'$ とする．

(1) 線分 FH，F$'$H$'$ の長さを a，b を用いて表せ．

(2) △PFH と △PF$'$H$'$ は相似であることを示せ．

4 a，b を定数とする．関数 $f(x)$ について，等式

$$\int_a^b f(x)\,dx = \int_a^b f(a+b-x)\,dx$$

が成り立つことを証明せよ．また，定積分

$$\int_1^2 \frac{x^2}{x^2 + (3-x)^2}\,dx$$

を求めよ．

5 座標平面上の曲線 C を，媒介変数 t $(0 \leqq t \leqq 1)$ を用いて

$$\begin{cases} x = 1 - t^2, \\ y = t - t^3 \end{cases}$$

と定める．

(1) 曲線 C の概形を描け．

(2) 曲線 C と x 軸で囲まれた部分が，y 軸の周りに 1 回転してできる回転体の体積を求めよ．

1 無限級数 $\displaystyle\sum_{n=1}^{\infty}(9x^2+36x+34)^n$ が収束するような x の値の範囲を求めよ．また，この無限級数の和が 2 のときの x の値を求めよ．

2 定積分 $\displaystyle\int_0^{\sqrt{2}}\sqrt{1-\frac{x^2}{2}}\,dx$ を求めよ．

3 複素数平面上に 3 点 $\mathrm{A}(-1+5i)$，$\mathrm{B}(2+3i)$，$\mathrm{C}(3-2i)$ がある．三角形 ABC の重心を表す複素数は［ア］であり，$\angle\mathrm{ABC}$ の大きさは［イ］である．

4 不定積分 $\displaystyle\int\frac{\cos^2 x-\sin^2 x}{1+2\sin x\cos x}dx$ を求めよ．

5 曲線 $5x^2+4y^2-30x-16y+41=0$ は，楕円 $\dfrac{x^2}{\boxed{ア}}+\dfrac{y^2}{\boxed{イ}}=1$ を x 軸方向に［ウ］，y 軸方向に［エ］だけ平行移動した楕円である．

6 極限 $\displaystyle\lim_{x\to 0}\frac{\sin 2x}{\sqrt{3x+1}-1}$ を求めよ．

7 $0\leqq x\leqq\dfrac{\pi}{2}$ において，曲線 $y=\sin x$ と直線 $y=\dfrac{2}{\pi}x$ で囲まれた部分を D とする．D を x 軸のまわりに 1 回転させてできる回転体の体積を求めよ．

1 数列 $\{a_n\}$ は，すべての項が正であり，

$$\sum_{k=1}^{n} {a_k}^2 = 2n^2 + n \quad (n = 1,\ 2,\ 3,\ \cdots)$$

を満たすとする．$S_n = \sum_{k=1}^{n} a_k$ とおくとき，$\lim_{n\to\infty} \dfrac{S_n}{n\sqrt{n}}$ を求めよ．

2 複素数平面上の 3 点 $\mathrm{A}(\alpha)$，$\mathrm{W}(w)$，$\mathrm{Z}(z)$ は原点 $\mathrm{O}(0)$ と異なり，

$$\alpha = -\frac{1}{2} + \frac{\sqrt{3}}{2}i, \quad w = (1+\alpha)z + 1 + \overline{\alpha}$$

とする．ただし，$\overline{\alpha}$ は α の共役な複素数とする．2 直線 OW，OZ が垂直であるとき，次の問に答えよ．

(1) $(1+\alpha)\beta + 1 + \overline{\alpha} = 0$ を満たす複素数 β を求めよ．

(2) $|z - \alpha|$ の値を求めよ．

(3) 三角形 OAZ が直角三角形になるときの複素数 z を求めよ．

3 a と b を正の実数とする．$y = a\cos x$ $\left(0 \leqq x \leqq \dfrac{\pi}{2}\right)$ のグラフを C_1，$y = b\sin x$ $\left(0 \leqq x \leqq \dfrac{\pi}{2}\right)$ のグラフを C_2 とし，C_1 と C_2 の交点を P とする．

(1) P の x 座標を t とする．このとき，$\sin t$ および $\cos t$ を a と b で表せ．

(2) C_1，C_2 と y 軸で囲まれた領域の面積 S を a と b で表せ．

(3) C_1，C_2 と直線 $x = \dfrac{\pi}{2}$ で囲まれた領域の面積を T とする．このとき，$T = 2S$ となるための条件を a と b で表せ．

4 方程式 $\dfrac{x^2}{2} + y^2 = 1$ で定まる楕円 E とその焦点 $\mathrm{F}(1,\ 0)$ がある．E 上に点 P をとり，直線 PF と E との交点のうち P と異なる点を Q とする．F を通り直線 PF と垂直な直線と E との 2 つの交点を R，S とする．

(1) r を正の実数，θ を実数とする．点 $(r\cos\theta + 1,\ r\sin\theta)$ が E 上にあるとき，r を θ で表せ．

(2) P が E 上を動くとき，$\mathrm{PF} + \mathrm{QF} + \mathrm{RF} + \mathrm{SF}$ の最小値を求めよ．

5 k を正の整数とする．定積分 $I_k = \displaystyle\int_k^{k+1} \frac{1}{\sqrt{x}}dx$ について，次の問いに答えよ．

(1) $S_n = \displaystyle\sum_{k=1}^{n} I_k$ とする．S_n を求めよ．

(2) 不等式 $\dfrac{1}{\sqrt{k+1}} < I_k < \dfrac{1}{\sqrt{k}}$ が成り立つことを示せ．

(3) $1 + \dfrac{1}{\sqrt{2}} + \dfrac{1}{\sqrt{3}} + \cdots + \dfrac{1}{\sqrt{100}}$ の整数部分を求めよ．

1 極限 $\displaystyle\lim_{x\to 0}\frac{2^x-1}{\sin 2x}$ を求めよ．

2 $y=\log_e(\log_2 x^3)$ を微分せよ．

3 定積分 $\displaystyle\int_0^1 \frac{1}{e^x+1}\,dx$ を求めよ．

4 放物線 $y=x^2-4x+5$ の焦点の座標および準線の方程式を求めよ．

5 $z^3=i$ を満たす複素数 z をすべて求め，複素数平面上に図示せよ．

6 定積分 $\displaystyle\int_0^1 x^3\log(x^2+1)\,dx$ の値を求めよ．

7 無限級数 $\displaystyle\sum_{n=1}^{\infty}\frac{2}{n(n+1)(n+2)}$ の和を求めよ．

1 方程式 $2x^2-8x+y^2-6y+11=0$ が表す 2 次曲線 C_1 について，次の問に答えよ．

(1) C_1 の概形を描け．

(2) C_1 の焦点の座標を求めよ．

(3) a，b，c $(c>0)$ を定数とし，方程式

$$(x-a)^2-\frac{(y-b)^2}{c^2}=1$$

が表す双曲線を C_2 とする．C_1 の 2 つの焦点と C_2 の 2 つの焦点が正方形の 4 つの頂点となるとき，a，b，c の値を求めよ．

2 関数 $f(x)=\pi x\cos(\pi x)-\sin(\pi x)$，$g(x)=\dfrac{\sin(\pi x)}{x}$ を考える．ただし，x の範囲は $0<x\leqq 2$ とする．

(1) 関数 $f(x)$ の増減を調べ，グラフの概形を描け．

(2) $f(x)=0$ の解がただ一つ存在し，それが $\dfrac{4}{3}<x<\dfrac{3}{2}$ の範囲にあることを示せ．

(3) n を整数とする．各 n について，直線 $y=n$ と曲線 $y=g(x)$ の共有点の個数を求めよ．

3 複素数平面上で $z_0=1+i$ が表す点を A_0 とし，z_0 と $\alpha=\dfrac{\sqrt{3}}{6}+\dfrac{i}{2}$ の積 $z_1=\alpha z_0$ が表す点を A_1 とする．以下，同様に

$$z_n=\alpha z_{n-1}\quad (n=2,\ 3,\ \cdots)$$

が表す点を A_n とするとき，次の各問に答えよ．

(1) α を極形式で表せ．

(2) 三角形 $\mathrm{OA}_{n-1}\mathrm{A}_n$ の面積 S_n $(n\geqq 1)$ を求めよ．また，$\displaystyle\sum_{n=1}^{\infty}S_n$ を求めよ．

(3) 三角形 $\mathrm{OA}_{n-1}\mathrm{A}_n$ の外接円の面積 T_n $(n\geqq 1)$ を求めよ．

(4) 三角形 $\mathrm{OA}_4\mathrm{A}_5$ の外接円の中心を表す複素数の実部と虚部を求めよ．

4 n を自然数とし，$t>0$ とする．曲線 $y=x^ne^{-nx}$ と x 軸および 2 直線 $x=t$，$x=2t$ で囲まれた図形の面積を $S_n(t)$ とする．このとき，次の問に答えよ．

(1) 関数 $f(x)=xe^{-x}$ の極値を求めよ．

(2) $S_1(t)$ を t を用いて表せ．

(3) 関数 $S_1(t)$ $(t>0)$ の最大値を求めよ．

(4) $\dfrac{d}{dt}S_n(t)$ を求めよ．

(5) 関数 $S_n(t)$ $(t>0)$ が最大値をとるときの t の値 t_n と極限値 $\displaystyle\lim_{n\to\infty}t_n$ を求めよ．

5 連立不等式

$$0\leqq z\leqq e^{-(x^2+y^2)},\qquad x^2+y^2\leqq 1$$

を満たす座標空間の点 $(x,\ y,\ z)$ 全体がつくる領域を M とする．

(1) $0\leqq t\leqq 1$ とするとき，平面 $z=t$ による M の切り口の面積 $S(t)$ を求めよ．

(2) M の体積を求めよ．

1 極限 $\displaystyle\lim_{n\to\infty}\frac{1}{n\sqrt{n}}\left(\sqrt{2}+\sqrt{4}+\cdots+\sqrt{2n}\right)$ を求めよ．

2 関数 $f(x)=\left|x^3\right|$ が $x=0$ で微分可能であるかどうか調べよ．

3 楕円 $x^2+4y^2+6x-40y+101=0$ 上の点 $(-1,\ 6)$ における接線 l の方程式は $x+$ ［ア］ $y=$ ［イ］ である．
また，この楕円の 2 つの焦点と l の距離の積は ［ウ］ である．

4 定積分 $\displaystyle I=\int_0^{\frac{3\pi}{4}}\frac{\sin\theta+\cos\theta}{8+\sin 2\theta}\,d\theta$ において，$t=\sin\theta-\cos\theta$ とおく置換積分によって I の値を計算せよ．

5 i を虚数単位とする．条件

$$|z+1|=1 \quad \text{かつ} \quad |z-1-2i|=\sqrt{5} \quad \text{かつ} \quad z\neq 0$$

を満たす複素数 z を求めよ．

6 a，b を正の数とするとき，$\displaystyle\lim_{n\to\infty}\log\left(1+\frac{a+b}{n}+\frac{ab}{n^2}\right)^n$ を求めよ．

7 曲線 $x=t^2$，$y=t^3$ $(0\leqq t\leqq\sqrt{5})$ の長さを求めよ．

1 z を虚部が正である複素数とし，O(0)，P(2)，Q($2z$) を複素数平面上の 3 点とする．△OPR，△PQS，△QOT は △OPQ の内部と重ならない正三角形とし，3 点 U，V，W をそれぞれ △OPR，△PQS，△QOT の重心とする．

(1) 3 点 U，V，W が表す複素数を z で表せ．

(2) △UVW は正三角形であることを示せ．

(3) z が $|z-i|=\dfrac{1}{2}$ を満たしながら動くとき，△UVW の重心 G の軌跡を複素数平面上に図示せよ．ただし，i は虚数単位を表す．

2 (1) 0 以上の実数 x に対して，不等式

$$x-\frac{1}{2}x^2 \leqq \log(1+x) \leqq x$$

が成り立つことを示せ．

(2) 数列 $\{a_n\}$ を

$$a_n = n^2\int_0^{\frac{1}{n}} \log(1+x)\,dx \quad (n=1,\ 2,\ 3,\ \cdots)$$

によって定めるとき，$\displaystyle\lim_{n\to\infty} a_n$ を求めよ．

(3) 数列 $\{b_n\}$ を

$$b_n = \sum_{k=1}^{n} \log\left(1+\frac{k}{n^2}\right) \quad (n=1,\ 2,\ 3,\ \cdots)$$

によって定めるとき，$\displaystyle\lim_{n\to\infty} b_n$ を求めよ．

3 座標平面上を運動する点 P(x, y) の時刻 t における座標が

$$x=\frac{4+5\cos t}{5+4\cos t},\qquad y=\frac{3\sin t}{5+4\cos t}$$

であるとき，以下の問に答えよ．

(1) 点 P と原点 O との距離を求めよ．

(2) 点 P の時刻 t における速度 $\overrightarrow{v}=\left(\dfrac{dx}{dt},\ \dfrac{dy}{dt}\right)$ と速さ $\left|\overrightarrow{v}\right|$ を求めよ．

(3) 定積分 $\displaystyle\int_0^{\pi} \frac{dt}{5+4\cos t}$ を求めよ．

4 p を正の実数とする．放物線 $y^2=4px$ 上の点 Q における接線 ℓ が準線 $x=-p$ と交わる点を A とし，Q から準線 $x=-p$ に下ろした垂線と準線 $x=-p$ との交点を H とする．ただし，Q の y 座標は正とする．

(1) Q の x 座標を α とするとき，三角形 AQH の面積を，α と p を用いて表せ．

(2) Q における法線が準線 $x=-p$ と交わる点を B とするとき，三角形 AQH の面積は線分 AB の長さの $\dfrac{p}{2}$ 倍に等しいことを示せ．

5 a，b を正の数とし，座標平面上の曲線

$$C_1 : y=e^{ax},\qquad C_2 : y=\sqrt{2x-b}$$

を考える．

(1) 関数 $y=e^{ax}$ と関数 $y=\sqrt{2x-b}$ の導関数を求めよ．

(2) 曲線 C_1 と曲線 C_2 が 1 点 P を共有し，その点において共通の接線をもつとする．このとき，b と点 P の座標を a を用いて表せ．

(3) (2) において，曲線 C_1，曲線 C_2，x 軸，y 軸で囲まれた図形の面積を a を用いて表せ．

1 極限

$$\lim_{n\to\infty}\left\{\log\left((n+1)^5\sin\frac{\pi}{2^{n+1}}\right)-\log\left(n^5\sin\frac{\pi}{2^n}\right)\right\}$$

を求めよ．

2 定積分 $\displaystyle\int_1^e x^2(\log x)^2dx$ の値を求めよ．

3 $y=\sqrt{2}\,x$，$y=-\sqrt{2}\,x$ が漸近線となる双曲線のなかで，点 $(\sqrt{3},\ 2)$ を通る双曲線の式を求めよ．また，その双曲線の焦点のうち，x 座標が正であるものの座標を求めよ．

4 $\displaystyle\int_a^x f(t)\,dt=e^{2x}-2$ を満たす定数 a の値と関数 $f(x)$ を求めよ．

5 複素数平面上で点 z が $|z-1|=1$ で表される図形上を動くとき，$w=2z+i$ の表す点が描く図形を求め，図示せよ．

6 定積分 $\displaystyle\int_0^\pi e^{-x}\sin x\cos x\,dx$ の値を求めよ．

7 $\displaystyle\lim_{x\to\pi}\frac{\sqrt{a+\cos x}-b}{(x-\pi)^2}=\frac{1}{4}$ を満たす定数 a，b の値を求めよ．

1 (1) $I_n=\displaystyle\int_0^{\frac{\pi}{2}}\sin^n x\,dx$ $(n=0,\ 1,\ 2,\ \cdots)$ とおくとき

$$I_n=\frac{n-1}{n}I_{n-2}\quad(n=2,\ 3,\ 4,\ \cdots)$$

が成り立つ．これを証明せよ．

(2) 曲線

$$x=\cos^3 t,\quad y=\sin^3 t\quad\left(0\leqq t\leqq\frac{\pi}{2}\right)$$

と x 軸および y 軸で囲まれた図形の面積を求めよ．

2 数列 $\{a_n\}$ は

$$a_1=2,\qquad a_{n+1}=\sqrt{4a_n-3}\quad(n=1,\ 2,\ 3,\ \cdots)$$

で定義されている．

(1) すべての正の整数 n に対し，$2\leqq a_n\leqq 3$ が成り立つことを証明せよ．

(2) すべての正の整数 n に対し，$|a_{n+1}-3|\leqq\dfrac{4}{5}|a_n-3|$ が成り立つことを証明せよ．

(3) 極限 $\displaystyle\lim_{n\to\infty}a_n$ を求めよ．

3 xy 平面上の曲線 $C: x^2-y^2=1$ $(x\geqq 1)$ を考える．C 上の点 $\mathrm{P}(a,\ b)$ を考え，P における C の接線を l とする．ただし，$b>0$ とする．

(1) b を a の式で表せ．

(2) 接線 l の方程式を a を用いて表せ．

(3) 原点 O から l に下ろした垂線を OQ とする．点 Q の座標を a を用いて表せ．

(4) 原点 O を極，x 軸の正の部分を始線としたときの，(3) で定めた点 Q の極座標を $(r,\ \theta)$ とする．ただし，r は線分 OQ の長さ，θ は偏角である．このとき，$r^2=\cos 2\theta$ が成り立つことを証明せよ．

4 (1) 次の等式が成り立つことを証明せよ．ただし，i は虚数単位とする．

$$1-\cos\alpha-i\sin\alpha=-2i\left(\sin\frac{\alpha}{2}\right)\left(\cos\frac{\alpha}{2}+i\sin\frac{\alpha}{2}\right).$$

(2) n を正の整数，θ を $0<\theta<\dfrac{\pi}{n+1}$ を満たす実数とするとき，

$$\frac{\sin\theta+\sin 2\theta+\cdots+\sin n\theta}{1+\cos\theta+\cos 2\theta+\cdots+\cos n\theta}$$

を $\tan\dfrac{n\theta}{2}$ を用いて表せ．

5 関数

$$f(x)=\int_{-1}^{x}\frac{dt}{t^2-t+1}+\int_{x}^{1}\frac{dt}{t^2+t+1}$$

の最小値を求めよ．

1 $\tan\dfrac{\theta}{2}=x$ とおくことで，定積分

$$\int_0^{\frac{\pi}{2}}\frac{d\theta}{1+\sin\theta+\cos\theta}$$

の値を求めよ．

2 複素数平面上において，原点を中心とする円に内接する正三角形がある．この正三角形の頂点を反時計回りに $A(\alpha)$，$B(\beta)$，$C(\gamma)$ とする．このとき，$\dfrac{1}{\alpha}+\dfrac{1}{\beta}+\dfrac{1}{\gamma}$ の値を求めよ．

3 関数 $f(x)=\displaystyle\int_0^2\left|e^t-x\right|dt$ の最小値を求めよ．

4 極限 $\displaystyle\lim_{x\to\frac{\pi}{2}}\frac{\sin(2\cos x)}{x-\frac{\pi}{2}}$ を求めよ．

5 2つの楕円 $\dfrac{x^2}{5}+\dfrac{y^2}{2}=1$ と $\dfrac{x^2}{3}+\dfrac{y^2}{7}=1$ の共通接線と原点の距離を求めよ．

6 方程式 $\sqrt{5-2x}-x+2=0$ を解け．

7 定積分 $\displaystyle\int_0^{\frac{\pi}{2}}\sin^3 x\cos^3 x\,dx$ の値を求めよ．

1 a を正の定数とする．極方程式

$$r = e^{a\theta} \quad (0 \leqq \theta \leqq \pi)$$

で表される xy 平面上の曲線を C とする．ここで，極は xy 平面の原点 O であるとし，始線は x 軸の正の方向へ向かう半直線とする．曲線 C 上の点 P の座標を $(x,\ y)$ とおく．

(1) x，y を θ を用いて表せ．

(2) 曲線 C の長さを求めよ．

(3) 点 P における曲線 C の接線の方程式を θ を用いて表せ．ただし，$0 < \theta < \pi$ とする．

(4) 曲線 C 上の点 P と原点を通る直線を ℓ，点 P における曲線 C の接線を m とする．ℓ と m のなす角は P によらず一定であることを示せ．

(5) ℓ と m のなす角が $\dfrac{\pi}{12}$ となるような a の値を求めよ．

2 z を 0 でない複素数とする．複素数平面において P(z)，Q(w) は $w = \dfrac{1}{z}$ を満たしている．

(1) x，y，u，v を実数として，$z = x + yi$，$w = u + vi$ と表すとき，x と y を u，v を用いて表せ．

(2) A(1)，B(i) として，P が線分 AB 上を動くとき，Q の描く図形を図示せよ．

3 (1) $f(x)$ を連続関数とするとき，

$$\int_0^{\pi} xf(\sin x)dx = \frac{\pi}{2}\int_0^{\pi} f(\sin x)dx$$

が成り立つことを示せ．

(2) 定積分 $\displaystyle\int_0^{\pi} \frac{x\sin^3 x}{\sin^2 x + 8}dx$ の値を求めよ．

4 1 以上の整数 p, q に対し，$B(p,\ q) = \displaystyle\int_0^1 x^{p-1}(1-x)^{q-1}dx$ とおく．

(1) $B(p,\ q) = B(q,\ p)$ が成り立つことを示せ．

(2) 関係式

$$B(p,\ q+1) = \frac{q}{p}B(p+1,\ q), \qquad B(p+1,\ q) + B(p,\ q+1) = B(p,\ q)$$

が成り立つことを示せ．

(3) 関係式

$$B(p+1,\ q) = \frac{p}{p+q}B(p,\ q), \qquad B(p,\ q+1) = \frac{q}{p+q}B(p,\ q)$$

が成り立つことを示せ．

(4) $B(5,\ 4)$ を求めよ．

5 a を実数とし，関数 $f(x)$ を

$$f(x) = \begin{cases} a\sin x + \cos x & \left(x \leqq \dfrac{\pi}{2}\right), \\ x - \pi & \left(x > \dfrac{\pi}{2}\right) \end{cases}$$

で定義する．

(1) $f(x)$ が $x = \dfrac{\pi}{2}$ で連続となる a の値を求めよ．

(2) (1) で求めた a の値に対し，$x = \dfrac{\pi}{2}$ で $f(x)$ は微分可能でないことを示せ．

1 複素数平面上の3点 O(0)，A$(2+\sqrt{3}i)$，B が $\angle\mathrm{AOB}=\dfrac{\pi}{6}$ かつ $\mathrm{OA}=2\mathrm{OB}$ を満たしているとき，点Bを表す複素数を求めよ．

2 極限 $\displaystyle\lim_{n\to\infty}\frac{(1+2+3+\cdots+n)^5}{(1^4+2^4+3^4+\cdots+n^4)^2}$ を求めよ．

3 a，b を正の実数とする．楕円 $\dfrac{x^2}{4}+y^2=1$ を x 軸方向に a，y 軸方向に b だけ平行移動して得られる楕円が y 軸と直線 $y=x$ の両方に接するような a，b を求めよ．

4 $f(x)$ が等式 $f(x)=x^2+\displaystyle\int_0^x f'(t)e^{t-x}\,dt$ を満たしているとき，$f(x)$ を求めよ．

5 等式 $\dfrac{4x^2-9x+6}{(x-1)(x-2)^2}=\dfrac{a}{x-1}+\dfrac{b}{x-2}+\dfrac{c}{(x-2)^2}$ が x についての恒等式となるように定数 a，b，c の値を定めよ．また，定積分 $\displaystyle\int_3^4\frac{4x^2-9x+6}{(x-1)(x-2)^2}\,dx$ の値を求めよ．

6 関数 $y=\dfrac{e^{\frac{x}{2}}}{\sqrt{\sin x}}$ の導関数を求めよ．

7 極限 $\displaystyle\lim_{x\to1}\frac{x-1}{1-e^{2x-2}}$ を求めよ．

1 x を実数，n を自然数とする．次の問に答えよ．

(1) $1-x^2+x^4-x^6+\cdots+(-1)^{n-1}x^{2n-2}$ の和を求めよ．

(2) $S_n=1-\dfrac{1}{3}+\dfrac{1}{5}-\dfrac{1}{7}+\cdots+(-1)^{n-1}\cdot\dfrac{1}{2n-1}$ とする．このとき，等式

$$S_n=\int_0^1\frac{1}{1+x^2}dx-(-1)^n\int_0^1\frac{x^{2n}}{1+x^2}dx$$

が成り立つことを示せ．

(3) 定積分 $\displaystyle\int_0^1\frac{1}{1+x^2}dx$ を求めよ．

(4) 不等式 $0\leqq\displaystyle\int_0^1\frac{x^{2n}}{1+x^2}dx\leqq\frac{1}{2n+1}$ の成立を示せ．

(5) $\displaystyle\lim_{n\to\infty}S_n$ を求めよ．

2 2つの複素数 w，z が $w=\dfrac{iz}{z-2}$ を満たしているとする．ただし，i は虚数単位とする．

(1) 複素数平面上で，点 z が原点を中心とする半径2の円周上を動くとき，点 w はどのような図形を描くか．ただし，$z\neq2$ とする．

(2) 複素数平面上で点 z が虚軸上を動くとき，点 w はどのような図形を描くか．

(3) 複素数平面上で点 w が実軸上を動くとき，点 z はどのような図形を描くか．

3 xy 平面において，曲線 $C:y=\sqrt{x}$ と直線 $\ell:y=x$ を考える．

(1) C と ℓ で囲まれる図形の面積を求めよ．

(2) 曲線 C 上の点 $\mathrm{P}(t,\ \sqrt{t})$ $(0<t<1)$ に対し，点Pから直線 ℓ に下ろした垂線と直線 ℓ との交点をQとする．線分PQの長さを t を用いて表せ．

(3) C と ℓ で囲まれる図形を直線 ℓ の周りに一回転してできる立体の体積を求めよ．

4 放物線 $y=\dfrac{1}{2}x^2$ 上の頂点以外の点を $\mathrm{P}(x_0,\ y_0)$ とし，Pにおける接線を l とする．l と y 軸の交点をQとし，放物線の焦点をFとする．さらに，l 上の点Sを，Pに対してQと反対側にとる．また，Pを通り y 軸に平行な直線上の点を $\mathrm{R}(x_0,\ y_1)$ （ただし，$y_1>y_0$）とする．このとき，次の各問に答えよ．

(1) Fの座標と準線の方程式を求めよ．

(2) Pにおける接線の方程式を求めよ．

(3) $\angle\mathrm{RPS}$ は $\angle\mathrm{FPQ}$ に等しいことを証明せよ．

5 (1) $0<x<\pi$ のとき，$\sin x-x\cos x>0$ を示せ．

(2) 定積分 $I=\displaystyle\int_0^\pi|\sin x-ax|\,dx$ $(0<a<1)$ を最小にする a の値を求めよ．

1 等式 $f(x) = \sin 2x + \int_0^{\frac{\pi}{2}} tf(t)\,dt$ を満たす関数 $f(x)$ を求めよ．

2 $|\,z_1\,| = 5$，$|\,z_2\,| = 3$ を満たす複素数 z_1，z_2 を考える．$|z_1 - z_2|$ の最大値，最小値を求めよ．また，$|z_1 - z_2| = 7$ のとき，$\dfrac{z_1}{z_2}$ を求めよ．

3 極限 $\displaystyle\lim_{x \to 0} \left(\frac{1+3x}{1-4x} \right)^{\frac{1}{x}}$ を求めよ．

4 定積分 $\displaystyle\int_{-\frac{\pi}{4}}^{\frac{\pi}{3}} \frac{x}{\cos^2 x} dx$ を求めよ．

5 点 $\mathrm{P}(x,\ y)$ が楕円 $\dfrac{x^2}{4} + y^2 = 1$ の上を動くとき，$3x^2 - 16xy - 12y^2$ の値が最大になる点 P の座標を求めよ．

6 極限 $\displaystyle\lim_{n \to \infty} \left(\sqrt[3]{n^9 - n^6} - n^3 \right)$ を求めよ．

7 定積分 $\displaystyle\int_0^1 \frac{4 + x - x^2}{\sqrt{4 - x^2}} dx$ の値を求めよ．

1 座標平面上に放物線 $C : y^2 = 4x$ と点 $\mathrm{A}(-1,\ a)$ がある．ただし，a は実数とする．

(1) C 上の点 $\left(\dfrac{p^2}{4},\ p\right)$ における接線の方程式を p を用いた式で表せ．ただし，$p \neq 0$ とする．

(2) 点 A から C に引いた接線は 2 本存在することを証明せよ．また，それら 2 本の接線は直交することを示せ．

(3) 点 A から C に引いた 2 本の接線の接点を Q，R とする．直線 QR は C の焦点 F を通ることを示せ．

2 (1) 正の整数 n に対して，

$$S_n(x) = 1 + x^2 + x^4 + \cdots + x^{2n-2}$$

とおくとき

$$\int_0^{\frac{1}{2}} \left\{ S_n(x) + \frac{x^{2n}}{1-x^2} \right\} dx$$

の値を求めよ．

(2) $\displaystyle\lim_{n\to\infty} \int_0^{\frac{1}{2}} \frac{x^{2n}}{1-x^2} dx = 0$ を示せ．

(3)

$$\frac{1}{2} + \frac{1}{3\cdot 2^3} + \frac{1}{5\cdot 2^5} + \cdots + \frac{1}{(2n-1)2^{2n-1}} + \cdots = \frac{1}{2}\log 3$$

であることを示せ．

3 n を 2 以上の整数とする．関数

$$f(x) = x^n e^{-x} \qquad (x \geqq 0),$$
$$g(x) = e^{x-n} - \left(\frac{x}{n}\right)^n \qquad (x \geqq 0)$$

を考える．以下の問に答えよ．ただし，e は自然対数の底である．

(1) $f'(x)$ を求めよ．

(2) 関数 $f(x)$ の最大値，およびそのときの x の値を求めよ．

(3) $\dfrac{g(x)}{e^x n^{-n}} \geqq 0$ が成り立つことを示せ．

(4) x 軸，直線 $x = n+1$，および曲線 $y = g(x)$ で囲まれる部分の面積 S_n を求めよ．

(5) $\dfrac{1}{n+1} < e - \left(1 + \dfrac{1}{n}\right)^n$ が成り立つことを示せ．

4 複素数平面上において，等式 $5x^2 + 5y^2 - 6xy = 8$ を満たす点 $x + y\,i$ 全体の表す曲線を C_0 とする．また，曲線 C_0 を原点のまわりに $\dfrac{\pi}{4}$ だけ回転させた曲線を C_1 とする．等式 $ax^2 + by^2 + cxy + dx + ey = 4$ を満たす点 $x + yi$ 全体の表す曲線が C_1 であるとき，次の問いに答えよ．ただし，x，y は実数，i は虚数単位，a，b，c，d，e は定数とする．

(1) 点 $p + q\,i$ を原点のまわりに $\dfrac{\pi}{4}$ だけ回転させた点を $s + t\,i$ とするとき，p と q を s と t を用いて表せ．ただし，p，q，s，t は実数とする．

(2) a，b，c，d，e の値を求めよ．

(3) 曲線 C_0 上の点で，原点からの距離が最大となる点をすべて求めよ．

5 座標平面内の 2 つの曲線 $C_1 : y = \log(2x)$，$C_2 : y = 2\log x$ の共通接線を l とする．

(1) 直線 l の方程式を求めよ．

(2) C_1，C_2 および l で囲まれる領域の面積を求めよ．

1 定積分 $\displaystyle\int_0^{\frac{\pi}{2}} |\cos 3x \cos x|\, dx$ を求めよ．

2 α を正の実数，β を複素数とする．複素数平面上の 3 点 0，α，β を頂点とする三角形の面積が 1 で，α と β が $5\alpha^2 - 4\alpha\beta + \beta^2 = 0$ を満たすとき，α と β の値を求めよ．

3 極限 $\displaystyle\lim_{x\to-\infty} \left(\sqrt{9x^2+x}+3x\right)$ を求めよ．

4 xy 座標平面上で，直線 $\ell : y = 1$ と点 A(0, 4) を考える．点 P が

$$\mathrm{AP} : (\text{点 P と直線 } \ell \text{ の距離}) = 2 : 1$$

を満たすとき，点 P の軌跡を求め，図示せよ．

5 曲線 $y = \dfrac{1}{6}x^3 + \dfrac{1}{2x}$ $(1 \leqq x \leqq 3)$ の長さを求めよ．

6 関数 $y = \sqrt[3]{x^2+10}$ のグラフの変曲点の座標をすべて求めよ．

7 不定積分 $\displaystyle\int \sqrt[3]{x^5+x^3}\,dx$ を求めよ．

1 媒介変数 θ を用いて表された曲線

$$x = \theta - \sin\theta, \quad y = 1 - \cos\theta \quad (0 \leqq \theta \leqq 2\pi)$$

について，次の問いに答えよ．

(1) この曲線の接線の傾き $\dfrac{dy}{dx}$ を θ を変数として求めよ．

(2) 接線の傾き $\dfrac{dy}{dx}$ が 0 となる曲線上の点 $(x,\ y)$ を求めよ．

(3) 極限 $\displaystyle\lim_{\theta\to+0}\frac{dy}{dx}$ および $\displaystyle\lim_{\theta\to 2\pi-0}\frac{dy}{dx}$ を求めよ．

(4) この曲線の概形を描け．

(5) この曲線と x 軸で囲まれた図形の面積を求めよ．

2 実数 a は $0 < a < 1$ を満たすとする．

$$a_1 = a, \qquad a_{n+1} = -\frac{1}{2}{a_n}^3 + \frac{3}{2}a_n \quad (n = 1,\ 2,\ 3,\ \cdots)$$

によって定義される数列 $\{a_n\}$ について次の問いに答えよ．

(1) すべての n について $0 < a_n < 1$ であることを示せ．

(2) a_n と a_{n+1} の大小関係を調べよ．

(3) $r = \dfrac{1-a_2}{1-a_1}$ とおく．次の不等式が成り立つことを示せ．

$$1 - a_{n+1} \leqq r(1 - a_n) \quad (n = 1,\ 2,\ 3,\ \cdots).$$

(4) 数列 $\{a_n\}$ は収束することを示し，その極限値 $\displaystyle\lim_{n\to\infty} a_n$ を求めよ．

3 定数 $a > 0$ に対し，曲線 $y = a\tan x$ の $0 \leqq x < \dfrac{\pi}{2}$ の部分を C_1，曲線 $y = \sin 2x$ の $0 \leqq x < \dfrac{\pi}{2}$ の部分を C_2 とする．

(1) C_1 と C_2 が原点以外に交点をもつための a の条件を求めよ．

(2) a が (1) の条件を満たすとき，原点以外の C_1 と C_2 の交点を P とし，P の x 座標を p とする．P における C_1 と C_2 のそれぞれの接線が直交するとき，a および $\cos 2p$ の値を求めよ．

(3) a が (2) で求めた値のとき，C_1 と C_2 で囲まれた図形の面積を求めよ．

4 座標空間内の 4 点 A$(1,\ 0,\ 0)$，B$(-1,\ 0,\ 0)$，C$(0,\ 1,\ \sqrt{2})$，D$(0,\ -1,\ \sqrt{2})$ を頂点とする四面体 ABCD を考える．

(1) 点 P$(0,\ 0,\ t)$ を通り z 軸に垂直な平面と辺 AC が点 Q において交わるとする．Q の座標を t で表せ．

(2) 四面体 ABCD(内部を含む) を z 軸の周りに 1 回転させてできる立体の体積を求めよ．

5 (1) $\displaystyle\int_{-\pi}^{\pi} x\sin 2x\,dx$ を求めよ．

(2) m，n が自然数のとき，$\displaystyle\int_{-\pi}^{\pi} \sin mx \sin nx\,dx$ を求めよ．

(3) a，b を実数とする．a，b の値を変化させたときの定積分 $I = \displaystyle\int_{-\pi}^{\pi} (x - a\sin x - b\sin 2x)^2 dx$ の最小値，およびそのときの a，b の値を求めよ．

1 2 次方程式 $3x^2+13x+5=0$ の 2 つの解を α, β とし，p を正の実数とする．放物線 $y=\alpha x^2+px+\beta$ の準線と放物線 $y=\beta x^2+px+\alpha$ の準線が一致するような p の値を求めよ．

2 関数 $y=\dfrac{2x+5}{x+2}$ $(0 \leqq x \leqq 2)$ の逆関数を求めよ．また，その定義域を求めよ．

3 複素数平面上で，二つの不等式

$$|z-(1+2i)| \leqq |z-(2+3i)|, \qquad |z-(1+2i)| \leqq 1$$

を同時に満たす複素数 z の存在範囲を描き，この部分の面積を求めよ．

4 極限 $\displaystyle\lim_{x\to a}\frac{a^2\sin^2 x-x^2\sin^2 a}{x-a}$ を求めよ．

5 定積分 $\displaystyle\int_{\sqrt{\sqrt{e}-1}}^{\sqrt{e^2-1}}\frac{x\log\bigl(\log(x^2+1)\bigr)}{x^2+1}\,dx$ を求めよ．

6 関数 $f(x)=\sqrt{2x-1}$ について，微分係数 $f'(5)$ を定義に基づいて求めよ．

7 $\displaystyle\frac{d}{dx}\int_0^x (x-t)f(t)\,dt=x^2\sin x$ を満たす連続関数 $f(x)$ を求めよ．

1

$$a_1 = 1, \qquad a_{n+1} = 2a_n + 1 \quad (n = 1,\ 2,\ 3,\ \cdots)$$

で定義される数列 $\{a_n\}$ を考え，$n = 1,\ 2,\ 3,\ \cdots$ に対し，ベクトル $\overrightarrow{p_n}$ を

$$\overrightarrow{p_n} = (a_n,\ a_{n+1})$$

で定める．また，2 つのベクトル $\overrightarrow{p_n}$ と $\overrightarrow{p_{n+1}}$ のなす角を θ_n $(0 \leqq \theta_n \leqq \pi)$ とする．

(1) $\{a_n\}$ の一般項を求めよ．

(2) $\tan\theta_n$ を n の式で表せ．

(3) $\displaystyle\lim_{n\to\infty} \theta_n = 0$ を示せ．ただし，必要であれば $0 < \theta < \dfrac{\pi}{2}$ のとき，$0 < \theta < \tan\theta$ であることを用いてよい．

(4) $\displaystyle\lim_{n\to\infty} 2^n\theta_n$ を求めよ．

2 すべての実数 x において，関数 $f(x)$ は微分可能で，その導関数 $f'(x)$ は連続とする．$f(x)$，$f'(x)$ が等式

$$\int_0^x \sqrt{1 + \left(f'(t)\right)^2}\,dt = -e^{-x} + f(x)$$

を満たすとき，以下の問いに答えよ．

(1) $f(x)$ を求めよ．

(2) 曲線 $y = f(x)$ と直線 $x = 1$，および x 軸，y 軸で囲まれた部分を，y 軸の周りに 1 回転させてできる立体の体積を求めよ．

3 関数 $f(x) = xe^{-\sqrt{x}}$ $(x \geqq 0)$ を考える．

(1) $f(x)$ の増減と曲線 $y = f(x)$ の凹凸を調べ，関数 $f(x)$ のグラフの概形を描け．

(2) xy 平面上において曲線 $y = f(x)$ と直線 $y = \dfrac{x}{e^2}$ で囲まれた部分の面積を求めよ．

4 2 つの複素数 z，w が $\overline{z}w = 3z + 10i$ を満たしているとする．

(1) 複素数 z が $|z| = 1$ を満たしながら複素数平面上を動くとき，$|w|$ の最大値を求めよ．また，そのときの z の値を求めよ．

(2) 複素数 z が $\begin{cases} |z| \geqq |z+2i|, \\ z^2 + (\overline{z})^2 = -20 \end{cases}$ を満たしながら複素数平面上を動くとき，w の実部の最大値を求めよ．また，そのときの z の値を求めよ．

5 (1) 定積分 $\displaystyle\int_{\frac{\pi}{4}}^{\frac{3\pi}{4}} \frac{1}{\sin x}dx$ の値を求めよ．

(2) 定積分 $\displaystyle\int_{\frac{\pi}{4}}^{\frac{3\pi}{4}} \frac{x - \frac{\pi}{2}}{\sin x}dx$ の値を求めよ．

(3) (1)，(2) の結果を用いて，定積分 $\displaystyle\int_{\frac{\pi}{4}}^{\frac{3\pi}{4}} \frac{x}{\sin x}dx$ の値を求めよ．

1 $x>0$ で定義された関数 $f(x)=x^{\sin x}$ の導関数を求めよ．

2 絶対値が 1 の複素数 α_1，α_2，α_3 が $\alpha_1+\alpha_2+\alpha_3=3$ を満たすとき，α_1，α_2，α_3 を求めよ．

3 定積分 $\displaystyle\int_0^2 \frac{2x+1}{\sqrt{x^2+4}}\,dx$ を求めよ．

4 楕円 $x^2+4y^2-4x+8y+4=0$ が，傾き 1 の直線から切りとる線分の長さの最大値を求めよ．

5 関数 $f(x)=2x-\sqrt{2}\sin x+\sqrt{6}\cos x\ \ (0\leqq x\leqq \pi)$ を考える．曲線 $y=f(x)$ の凹凸を調べ，$y=f(x)$ のグラフを描け．また，変曲点の座標を答えよ．

6 定積分 $\displaystyle\int_0^{\frac{\pi}{12}} \cos x\cos(2x)\cos(3x)\,dx$ を求めよ．

7 極限 $\displaystyle\lim_{n\to\infty}\sum_{k=n+1}^{2n}\frac{1}{k}$ を求めよ．

1 2 曲線 $y=e^x$, $y=\log x$ について，次の各問に答えよ．

(1) 曲線 $y=e^x$ 上の点 $(a,\ e^a)$ における接線の方程式を求めよ．

(2) (1) で求めた接線が曲線 $y=\log x$ に接するような a の条件式を求めよ．

(3) (2) の条件式を満たす a は $-2<a<-1$ と $1<a<2$ の範囲に 1 つずつあることを示せ．

2 楕円 $C_1 : \dfrac{x^2}{9}+\dfrac{y^2}{5}=1$ の焦点を F，F$'$ とする．ただし，F の x 座標は正である．正の実数 m に対し，2 直線 $y=mx$, $y=-mx$ を漸近線にもち，2 点 F，F$'$ を焦点とする双曲線を C_2 とする．第 1 象限にある C_1 と C_2 の交点を P とする．

(1) C_2 の方程式を m を用いて表せ．

(2) 線分 FP および線分 F$'$P の長さを m を用いて表せ．

(3) $\angle \mathrm{F'PF}=60^\circ$ となる m の値を求めよ．

3 a を正の定数とする．$f(x)=x^2-a$ として，曲線 $y=f(x)$ 上の点 $\bigl(x_n,\ f(x_n)\bigr)$ における接線が x 軸と交わる点の x 座標を x_{n+1} とする．このようにして，x_1 から順に x_2, x_3, x_4, $\cdots$ を作る．ただし，$x_1>\sqrt{a}$ とする．

(1) x_{n+1} を x_n を用いて表せ．

(2) $\sqrt{a}<x_{n+1}<x_n$ であることを示せ．

(3) $\left|x_{n+1}-\sqrt{a}\right|<\dfrac{1}{2}\left|x_n-\sqrt{a}\right|$ であることを示せ．

(4) $\displaystyle\lim_{n\to\infty} x_n$ を求めよ．

4 複素数 $z=\dfrac{1-\sin\theta+i\cos\theta}{1-\sin\theta-i\cos\theta}$ $\left(0<\theta<\dfrac{\pi}{2}\right)$ について，次の問いに答えよ．

(1) z の絶対値と偏角を求めよ．ただし，偏角は最小の正の角をとるものとする．

(2) $\theta=\dfrac{\pi}{13}$ のとき，z^n が実数となるような最小の自然数 n と，そのときの z^n の値を求めよ．

5 関数 $f(x)=2e^{-x}\sin x$ がある．曲線 $y=\left|f(x)\right|$ $(x \geqq 0)$ と x 軸で囲まれた図形について，y 軸に近い順にその面積をそれぞれ S_0, S_1, S_2, $\cdots$ とする．

(1) S_0 の値を求めよ．

(2) 非負の整数 k に対して，S_k を k を用いて表せ．

(3) $T_n=\displaystyle\sum_{k=0}^{n} S_k$ を n を用いて表せ．

(4) 極限 $\displaystyle\lim_{n\to\infty} T_n$ を求めよ．

1 $\displaystyle\lim_{x\to\infty}\left\{\sqrt{3x^2+2x+1}-(ax+b)\right\}=0$ が成り立つような定数 a，b の値を求めよ．

2 複素数 $\alpha=1-i$ に対して，

$$S_1=1+\alpha+\alpha^2+\cdots+\alpha^7,\qquad S_2=1+2\alpha+3\alpha^2+\cdots+8\alpha^7$$

とするとき，S_1 と S_2 の値を求めよ．

3 関数 $f(x)=\dfrac{ax^2+bx+c}{x^2+2}$ （a，b，c は定数）が $x=-2$ で極小値 $\dfrac{1}{2}$，$x=1$ で極大値 2 をもつ．このとき，a，b，c の値を求めよ．

4 定積分 $\displaystyle\int_0^4\sqrt{2-\sqrt{x}}\,dx$ の値を求めよ．

5 O を原点とする xy 平面上の 3 点 A，F，F$'$ の座標を A$(1,\ -2)$，F$(2+\sqrt{3},\ 2)$，F$'(2-\sqrt{3},\ 2)$ とする．点 P が PF $+$ PF$'=4$ を満たすとき，三角形 OPA の面積が最小となるように点 P の座標を定めよ．

6 極限 $\displaystyle\lim_{n\to\infty}n^3\left(2\tan\frac{\pi}{n}-\sin\frac{2\pi}{n}\right)$ を求めよ．

7 不定積分 $\displaystyle\int\frac{1}{\sqrt{x^2+1}}dx$ を $t=\sqrt{x^2+1}+x$ と置換することにより求めよ．

1 a を 1 より大きい実数とする．座標平面上に方程式 $x^2-\dfrac{y^2}{4}=1$ で定まる双曲線 H と，方程式 $\dfrac{x^2}{a^2}+y^2=1$ で定まる楕円 E が与えられている．H と E の第一象限における交点を P とし，P における H の接線を ℓ_1，P における E の接線を ℓ_2 とする．

(1) P の座標を求めよ．

(2) ℓ_1 の傾きと ℓ_2 の傾きを求めよ．

(3) ℓ_1 と ℓ_2 が垂直であることと，H と E の焦点が一致することは同値であることを示せ．

2 関数 $f(x)$ を

$$f(x)=\begin{cases} x^3\log|x| & (x\neq 0), \\ 0 & (x=0) \end{cases}$$

とするとき，次の各問いに答えよ．

(1) $0<x<1$ のとき，$0<-\log x<\dfrac{1}{x}$ が成り立つことを示せ．

(2) 微分係数の定義を用いて $f'(0)=0$ であることを示せ．

(3) $x\neq 0$ のとき $f'(x)$ を求めよ．

(4) 関数 $f(x)$ の極値を求めよ．

3 xyz 座標空間において，不等式

$$x^2+y^2+\log(1+z^2)\leqq\log 2$$

の定める立体の体積を求めよ．

4 0 でない複素数 z に対し，$w=z+\dfrac{4}{z}$ とする．

(1) z が複素数平面上で円 $|z|=1$ 上を動くとき，w が複素数平面上で描く図形を図示せよ．

(2) w が実数となるような z 全体が表す複素数平面上の図形を図示せよ．

(3) z が (2) で求めた図形上にあって，かつ $|z-2|\leqq 4$ であるとき，$|z-3-4i|$ の最大値を求めよ．

5 (1) $\displaystyle\int_0^{\frac{\pi}{4}}\log\cos\left(\theta-\frac{\pi}{4}\right)d\theta=\int_0^{\frac{\pi}{4}}\log\cos\theta\,d\theta$ を示せ．

(2) $x=\tan\theta$ とおくことで，$\displaystyle\int_0^1\frac{\log(1+x)}{1+x^2}dx$ の値を求めよ．

解　説

#1− A 1

定積分 $\displaystyle\int_1^4 \sqrt{x}\log(x^2)dx$ の値を求めよ.

【2023 京都大学】

解説

$$\int_1^4 \sqrt{x}\log(x^2)dx = 2\int_1^4 \sqrt{x}\log x\,dx$$

である. $\sqrt{x}=t$ とおいて置換積分を行うと, $x=t^2$ より, $dx=2tdt$ であり, $x:1\to 4$ のとき $t:1\to 2$ であるから,

これに帰着される

$$\int_1^4 \sqrt{x}\log x\,dx = \int_1^2 t\log(t^2)2t\,dt = 4\int_1^2 t^2\log t\,dt$$

である. 部分積分を用いて,

$$\begin{aligned}\int_1^2 t^2\log t\,dt &= \left[\frac{t^3}{3}\log t\right]_1^2 - \int_1^2 \frac{t^3}{3}\cdot\frac{1}{t}dt\\ &= \frac{8}{3}\log 2 - \int_1^2 \frac{t^2}{3}dt\\ &= \frac{8}{3}\log 2 - \frac{1}{3}\left[\frac{t^3}{3}\right]_1^2\\ &= \frac{8}{3}\log 2 - \frac{7}{9}.\end{aligned}$$

ゆえに, 求める積分値は

$$2\times 4\left(\frac{8}{3}\log 2 - \frac{7}{9}\right) = \mathbf{\frac{64}{3}\log 2 - \frac{56}{9}}. \qquad \cdots(答)$$

#1− A 2

無限級数

$$\frac{1}{4\cdot 1^2-1} + \frac{1}{4\cdot 2^2-1} + \cdots + \frac{1}{4\cdot n^2-1} + \cdots$$

の和を求めよ.

【2015 茨城大学】

解説 第 N 部分和を S_N とおくと,

$$\begin{aligned}S_N &= \sum_{n=1}^{N}\frac{1}{4n^2-1} = \sum_{n=1}^{N}\frac{1}{(2n-1)(2n+1)}\\ &= \frac{1}{2}\sum_{n=1}^{N}\left(\frac{1}{2n-1} - \frac{1}{2n+1}\right)\\ &= \frac{1}{2}\left(\frac{1}{1} - \frac{1}{2N+1}\right).\end{aligned}$$

これより,

$$\lim_{N\to\infty} S_N = \frac{1}{2}(1-0) = \frac{1}{2}$$

であるから, 求める無限級数の和は

$$\sum_{n=1}^{\infty}\frac{1}{4n^2-1} = \lim_{N\to\infty} S_N = \mathbf{\frac{1}{2}}. \qquad \cdots(答)$$

#1− A 3

$\displaystyle\lim_{x\to 0}\frac{\cos^2 x + a\cos x + b}{\sin^2 x} = 1$ を満たす定数 a, b の値を求めよ.

【2006 東京農工大学】

解説 $\displaystyle\lim_{x\to 0}(\cos^2 x + a\cos x + b) = 1+a+b$ であり, これが 0 でないとき, $\displaystyle\lim_{x\to 0}\frac{\cos^2 x + a\cos x + b}{\sin^2 x}$ は ($+\infty$ か ∞ に) 発散する.

つまり, $1+a+b=0$ が収束のための必要条件である.

$1+a+b=0$ のとき,

$$\begin{aligned}\frac{\cos^2 x + a\cos x + b}{\sin^2 x} &= \frac{\cos^2 x + a\cos x - a - 1}{\sin^2 x}\\ &= \frac{(\cos x+1)(\cos x-1) + a(\cos x-1)}{1-\cos^2 x}\\ &= \frac{(\cos x+1+a)(\cos x-1)}{-(\cos x+1)(\cos x-1)}\\ &= \frac{(\cos x+1+a)}{-(\cos x+1)}\\ &\to \frac{1+1+a}{-(1+1)} = -\frac{a+2}{2} \quad (x\to 0)\end{aligned}$$

より, 極限 $\displaystyle\lim_{x\to 0}\frac{\cos^2 x + a\cos x + b}{\sin^2 x}$ は収束し, 極限値は $-\dfrac{a+2}{2}$ である.

よって, 求める条件は,

$$1+a+b=0, \quad -\frac{a+2}{2} = 1$$

より,

$$a = \mathbf{-4}, \quad b = \mathbf{3}. \qquad \cdots(答)$$

注意

$$\begin{cases} 1+a+b\neq 0 \Longrightarrow \displaystyle\lim_{x\to 0}\frac{\cos^2 x + a\cos x + b}{\sin^2 x} \text{ は発散,}\\ 1+a+b=0 \Longrightarrow \displaystyle\lim_{x\to 0}\frac{\cos^2 x + a\cos x + b}{\sin^2 x} \text{ は収束}\end{cases}$$

により, $1+a+b=0$ は極限値 $\displaystyle\lim_{x\to 0}\frac{\cos^2 x + a\cos x + b}{\sin^2 x}$ が存在するための必要十分条件であることがわかる.

#1− A 4

複素数 $\alpha = \dfrac{1+i}{\sqrt{3}+i}$ について, α^n が正の実数となるような最小の正の整数 n を求めよ.

【2004 日本女子大学】

解説 $1+i$ を極形式に変換すると,

$$1+i = \sqrt{2}\left(\cos\frac{\pi}{4} + i\sin\frac{\pi}{4}\right)$$

であり, $\sqrt{3}+i$ を極形式に変換すると,

$$\sqrt{3}+i = 2\left(\cos\frac{\pi}{6} + i\sin\frac{\pi}{6}\right)$$

より，

$$\alpha=\frac{\sqrt{2}\left(\cos\frac{\pi}{4}+i\sin\frac{\pi}{4}\right)}{2\left(\cos\frac{\pi}{6}+i\sin\frac{\pi}{6}\right)}$$
$$=\frac{\sqrt{2}}{2}\left\{\cos\left(\frac{\pi}{4}-\frac{\pi}{6}\right)+i\sin\left(\frac{\pi}{4}-\frac{\pi}{6}\right)\right\}$$
$$=\frac{1}{\sqrt{2}}\left(\cos\frac{\pi}{12}+i\sin\frac{\pi}{12}\right).$$

de Moivre（ド モアブル）の定理により，

$$\alpha^n=\left(\frac{1}{\sqrt{2}}\right)^n\left(\cos\frac{n\pi}{12}+i\sin\frac{n\pi}{12}\right).$$

ゆえに，α^n が正の実数となるのは，$\frac{n\pi}{12}$ が 2π の整数倍となるときであり，求める最小の正の整数 n は

$$n=\mathbf{24}.$$ ···(答)

注意　α を

$$\alpha=\frac{(1+i)(\sqrt{3}-i)}{(\sqrt{3})^2+1^2}=\frac{\sqrt{3}+1}{4}+\frac{\sqrt{3}-1}{4}i$$

と変形してから極形式に変換しようとすると，少し困る事態となる．というのも，

$$\frac{\sqrt{3}+1}{4}=r\cos\theta,\quad \frac{\sqrt{3}-1}{4}=r\sin\theta \qquad \cdots①$$

となる実数 $r\ (\geqq 0)$，θ を見つけなくてはならない．r は

$$r=\sqrt{\left(\frac{\sqrt{3}+1}{4}\right)^2+\left(\frac{\sqrt{3}-1}{4}\right)^2}=\frac{1}{\sqrt{2}}$$

とすぐにわかるが，θ は① , ②より得られる

$$\cos\theta=\frac{\sqrt{6}+\sqrt{2}}{4},\quad \sin\theta=\frac{\sqrt{6}-\sqrt{2}}{4} \qquad \cdots②$$

を満たす θ の正体を明らかにしなければならない．多くの受験生にとってはそれほど馴染みのない (?) であろうこれらの値は，実は，

$$\cos\frac{\pi}{12}=\frac{\sqrt{6}+\sqrt{2}}{4},\quad \sin\frac{\pi}{12}=\frac{\sqrt{6}-\sqrt{2}}{4}$$

であり，この知識があれば $\theta=\frac{\pi}{12}$ とわかるが，気付けなければそこで行き詰まってしまう．**分母，分子が簡単に極形式に変換できる場合は，それぞれを極形式に変換してから商の計算を行う**ことで，この困難を克服することができる．本問での教訓としておこう．

#1−A 5

放物線 $y^2+3y-5x+1=0$ の焦点の座標は ア であり，準線の方程式は イ である．

【2020 山梨大学 (後期)】

解説

$$y^2+3y-5x+1=0 \iff \left(y+\frac{3}{2}\right)^2=5\left(x+\frac{1}{4}\right)$$

より，放物線 $y^2+3y-5x+1=0$ は放物線 $y^2=5x$ を x 軸方向に $-\frac{1}{4}$，y 軸方向に $-\frac{3}{2}$ だけ平行移動したもの．

放物線 $y^2=5x$，つまり，$y^2=4\cdot\frac{5}{4}\cdot x$ の焦点は $\left(\frac{5}{4},\ 0\right)$，準線の方程式は $x=-\frac{5}{4}$ であるから，放物線 $y^2+3y-5x+1=0$ の焦点の座標は $\left(\mathbf{1},\ -\frac{\mathbf{3}}{\mathbf{2}}\right)$ であり，準線の方程式は $x=-\frac{\mathbf{3}}{\mathbf{2}}$ である．（$\frac{5}{4}-\frac{1}{4}$）（$0-\frac{3}{2}$）··· (答)

放物線 $y^2=4px$ (p は 0 でない定数) の焦点の座標は $(p,\ 0)$ であり，準線の方程式は $x=-p$ である．

#1−A 6

関数 $y=\frac{x+1}{x^2+3}$ の $0\leqq x\leqq 2$ における最大値と最小値を求めよ．

【1966 埼玉大学】

解説　$f(x)=\frac{x+1}{x^2+3}$ とおく．

$$f'(x)=\frac{1\cdot(x^2+3)-(x+1)\cdot 2x}{(x^2+3)^2}$$
$$=\frac{-x^2-2x+3}{(x^2+3)^2}$$
$$=\underbrace{-\frac{x+3}{(x^2+3)^2}}_{0<x<2\ \text{でつねに負}}(x-1).$$

これより，$0\leqq x\leqq 2$ における $f(x)$ の増減は次のようになる．

x	0	$\cdots$	1	$\cdots$	2
$f'(x)$		$+$	0	$-$	
$f(x)$	$\frac{1}{3}$	↗	$\frac{1}{2}$	↘	$\frac{3}{7}$

（$\frac{1}{3}<\frac{3}{7}$）

よって，$f(x)$ $(0\leqq x\leqq 2)$ は

$x=1$ で最大値 $\frac{\mathbf{1}}{\mathbf{2}}$ をとり，
$x=0$ で最小値 $\frac{\mathbf{1}}{\mathbf{3}}$ をとる． ···(答)

参考　**分数関数の極値の計算**に関して，一般に次が成り立つ．

開区間 $I=(a,\ b)$ ($a,\ b$ は $a<b$ を満たす実数) で微分可能な関数 $p(x)$，$q(x)$ に対し，

$$f(x)=\frac{p(x)}{q(x)}$$

を考える．ただし，$q(x)$ は開区間 I で 0 にはならないとする．このとき，区間 I 内のある実数 c に対して，

$$f'(c)=0,\quad q'(c)\neq 0$$

が成り立つならば，

$$\boldsymbol{f(c)=\frac{p'(c)}{q'(c)}}$$

が成り立つ．

この計算法は，要するに「**分母，分子をそれぞれ微分した式に代入すればよい**」ことをいっている．これを用いると，分数関数の極値の計算が (次数が下がったりして) 少し楽になる!

<u>証明</u>

$$f'(x)=\frac{p'(x)q(x)-p(x)q'(x)}{\{q(x)\}^2}$$

であり，仮定 $f'(c)=0$ より，

$$p'(c)q(c)-p(c)q'(c)=0.$$
$$\therefore\ \ p'(c)q(c)=p(c)q'(c).$$

この両辺を $q(c)q'(c)\ \ (\neq 0)$ で割って，

$$\frac{p(c)}{q(c)}=\frac{p'(c)}{q'(c)}$$

より，

$$f(c)=\frac{p(c)}{q(c)}=\frac{p'(c)}{q'(c)}.$$ ■

#1− A 7

座標平面で，曲線 $y=e^x$ と x 軸，y 軸，および直線 $x=1$ とで囲まれた部分を D とする．D を x 軸のまわりに 1 回転させてできる回転体の体積 V と D を y 軸のまわりに 1 回転させてできる回転体の体積 W を求めよ．【2013 南山大学】

解説

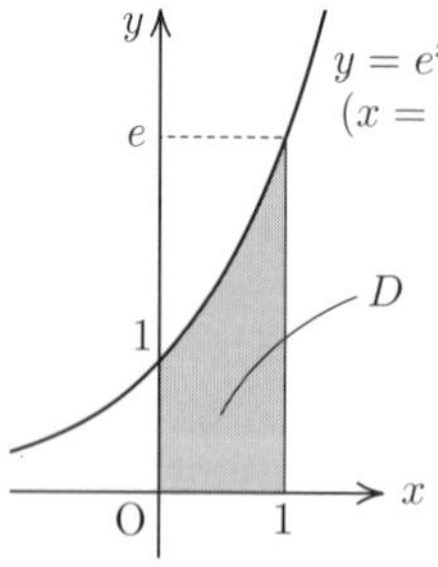

$$V=\int_0^1 \pi(e^x)^2dx=\int_0^1 \pi e^{2x}dx$$
$$=\pi\left[\frac{e^{2x}}{2}\right]_0^1=\boldsymbol{\frac{\pi(e^2-1)}{2}}.\qquad\cdots(答)$$

$$W=\underbrace{\pi\cdot 1^2\times e}_{円柱}-\underbrace{\int_1^e \pi(\log y)^2dy}_{くりぬき}$$

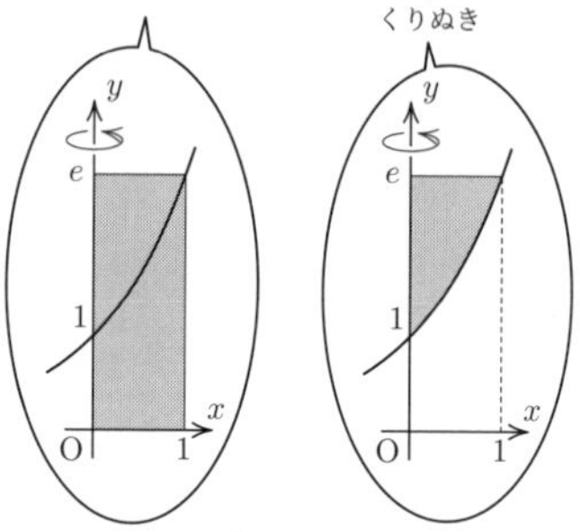

$$=\pi e-\pi\int_1^e(\log y)^2dy.$$

ここで，

$$\int_1^e(\log y)^2dy=\Big[y(\log y)^2\Big]_1^e-\int_1^e y\cdot 2\log y\cdot\frac{1}{y}dy$$
$$=e-2\int_1^e\log y\,dy$$
$$=e-2\Big[y\log y-y\Big]_1^e=e-2$$

より，

$$W=\pi e-\pi(e-2)=\boldsymbol{2\pi}.\qquad\cdots(答)$$

注意　log の積分は公式として覚えておこう!

$$\int\log x\,dx=x\log x-x+C\quad(C\text{ は積分定数}).$$

この公式の成立は

$$(x\log x-x)'=1\cdot\log x+x\cdot\frac{1}{x}-1=\log x$$

により確認できる．また，導出については，部分積分法により，

$$\int\log x dx=\int(x)'\cdot\log x dx$$
$$=x\log x-\int x\cdot\frac{1}{x}dx$$
$$=x\log x-\int dx$$
$$=x\log x-x+C\ \ (C\text{ は積分定数})$$

を得る．

巻末付録 3 参照

参考　W を shell integral (cylindrical integral) で計算すると，部分積分法の反復適用により，

巻末付録 1 参照

$$W=\int_0^1 2\pi xe^x dx$$
$$=2\pi\left\{\Big[xe^x-1\cdot e^x\Big]_0^1+\int_0^1 0\,dx\right\}$$
$$=\boldsymbol{2\pi}.$$

#1–B **1**

i を虚数単位とし，$z=\cos\dfrac{2\pi}{5}+i\sin\dfrac{2\pi}{5}$ とおく．

(1) z^5 および $z^4+z^3+z^2+z+1$ の値を求めよ．

(2) $t=z+\dfrac{1}{z}$ とおく．t^2+t の値を求めよ．

(3) $\cos\dfrac{2\pi}{5}$ の値を求めよ．

(4) 半径が 1 の円に内接する正五角形の一辺の長さの 2 乗を求めよ．　【2016 琉球大学】

解説　整数 n に対し，$(\cos\theta+i\sin\theta)^n=\cos n\theta+i\sin n\theta$.

(1) de Moivre（ド モアブル）の定理により，

$$z^5=\left(\cos\frac{2\pi}{5}+i\sin\frac{2\pi}{5}\right)^5=\cos 2\pi+i\sin 2\pi=\mathbf{1}. \quad \cdots(答)$$

また，（逆順にみて，初項 1，公比 $z\,(\neq 1)$ の等比数列の和と捉える）

$$z^4+z^3+z^2+z+1=\frac{1\cdot(z^5-1)}{z-1}=\mathbf{0}. \quad \cdots(答)$$

(2) z が $z^4+z^3+z^2+z+1=0$ を満たすことから，この両辺を $z^2\ (\neq 0)$ で割った

$$z^2+z+1+\frac{1}{z}+\frac{1}{z^2}=0$$

の成立がわかる．さらに，この式は

$$\underbrace{\left(z+\frac{1}{z}\right)^2-2}_{z^2+\frac{1}{z^2}}+\left(z+\frac{1}{z}\right)+1=0$$

と変形できるので，$t=z+\dfrac{1}{z}$ とおくと

$$t^2-2+t+1=0.$$

$$\therefore\quad t^2+t=\mathbf{1}. \quad \cdots(答)$$

(3) (2) より，$t=z+\dfrac{1}{z}$ は

$$t^2+t-1=0$$

を満たすことがわかる．さらに，$|z|=1$ より，

$$\frac{1}{z}=\frac{\overline{z}}{z\overline{z}}=\frac{\overline{z}}{|z|^2}=\overline{z}=\cos\frac{2\pi}{5}-i\sin\frac{2\pi}{5}$$

より，

$$z+\frac{1}{z}=2\cos\frac{2\pi}{5}>0.$$

これより，$z+\dfrac{1}{z}$ の値は t の 2 次方程式 $t^2+t-1=0$ の正の解である $\dfrac{-1+\sqrt{5}}{2}$ とわかる．

$$\therefore\quad \cos\frac{2\pi}{5}=\frac{1}{2}\left(z+\frac{1}{z}\right)=\frac{\mathbf{-1+\sqrt{5}}}{\mathbf{4}}. \quad \cdots(答)$$

(4) 半径が 1 の円に内接する正五角形の一辺の長さを l とすると，余弦定理により，

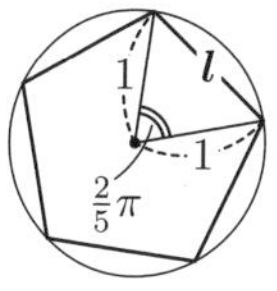

$$l^2=1^2+1^2-2\cdot1\cdot1\cdot\cos\frac{2\pi}{5}=2-2\cdot\frac{-1+\sqrt{5}}{4}=\frac{\mathbf{5-\sqrt{5}}}{\mathbf{2}}. \quad \cdots(答)$$

#1–B **2**

次の問いに答えよ．ただし，e は自然対数の底である．

(1) 関数 $f(x)=\dfrac{\log x}{x}$ について，極値を調べ，$y=f(x)$ のグラフの概形を描け．ただし，$\displaystyle\lim_{x\to\infty}\frac{\log x}{x}=0$ を用いてよい．

(2) $e^{\pi}>\pi^{e}$ を示せ．

(3) $e^{\sqrt{\pi}}<\pi^{\sqrt{e}}$ を示せ．　【2016 島根大学】

解説　$f(x)$ の定義域は $x>0$ である．（(分母) $\neq 0$ かつ (真数) >0）

(1) $x>0$ において，

$$f'(x)=\frac{\frac{1}{x}\cdot x-\log x\cdot 1}{x^2}=\frac{1-\log x}{x^2}.$$

（商の微分）

これより，$x>0$ における $f(x)$ の増減は次のようになる．

x	(0)	$\cdots$	e	$\cdots$
$f'(x)$		$+$	0	$-$
$f(x)$		↗	極大	↘

また，問題文にある $\displaystyle\lim_{x\to\infty}\frac{\log x}{x}=0$ と

$$\lim_{x\to+0}\frac{\log x}{x}=\lim_{x\to+0}\left(\log x\cdot\frac{1}{x}\right)=-\infty$$

（「$(-\infty)\times(+\infty)$」）

を踏まえて，$y=f(x)$ のグラフは次のようになる．

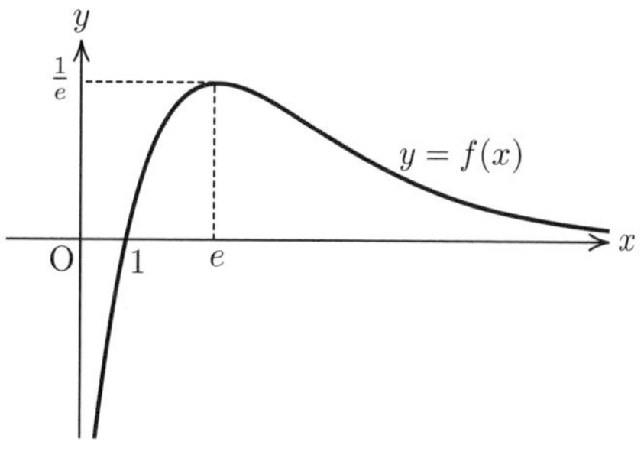

$\cdots$(答)

(2) $e=2.7\cdots<\pi=3.1\cdots$ であり，(1) より，$e \leqq x$ において $f(x)$ が単調減少であるから，$f(e)>f(\pi)$ であることがわかる．つまり，

$$\frac{\log e}{e}>\frac{\log \pi}{\pi}.$$

両辺に $e\pi$ をかけ，

$$\pi\log e>e\log\pi$$

すなわち

$$\log\left(e^{\pi}\right)>\log\left(\pi^{e}\right).$$

底 e は 1 より大きいので，これより，$e^{\pi}>\pi^{e}$ の成立がわかる．（証明終り）

(3) $\sqrt{e}<\sqrt{\pi}<\sqrt{4}=2<e=2.7\cdots$ であり，(1) より，$0<x<e$ において $f(x)$ が単調増加であるから，$f(\sqrt{e})<f(\sqrt{\pi})$ であることがわかる．つまり，

$$\frac{\log\sqrt{e}}{\sqrt{e}}<\frac{\log\sqrt{\pi}}{\sqrt{\pi}}.$$

両辺に $\sqrt{e\pi}$ をかけ，

$$\sqrt{\pi}\log\left(e^{\frac{1}{2}}\right)<\sqrt{e}\log\left(\pi^{\frac{1}{2}}\right)$$

すなわち

$$\log\left(e^{\sqrt{\pi}}\right)<\log\left(\pi^{\sqrt{e}}\right).$$

底 e は 1 より大きいので，これより，$e^{\sqrt{\pi}}<\pi^{\sqrt{e}}$ の成立がわかる．（証明終り）

注意　上では天下り的に (2)，(3) の証明を書いたが，次のような作戦を事前に立てている．

(2) では，$e^{\pi}>\pi^{e}$ を示したい．そのためには $\log\left(e^{\pi}\right)>\log\left(\pi^{e}\right)$ の成立が示せればよい．この不等式は $\pi\log e>e\log\pi$ を意味している．両辺を $e\pi$ で割った $\dfrac{\log e}{e}>\dfrac{\log\pi}{\pi}$ を示すことができればよいことがわかるが，これは，$f(e)>f(\pi)$ に他ならない．

また (3) では，$e^{\sqrt{\pi}}<\pi^{\sqrt{e}}$ を示したい．そのためには $\log\left(e^{\sqrt{\pi}}\right)<\log\left(\pi^{\sqrt{e}}\right)$ の成立が示せればよい．この不等式は $\sqrt{\pi}\log e<\sqrt{e}\log\pi$ を意味している．両辺を $\sqrt{e\pi}$ で割った $\dfrac{\log e}{\sqrt{e}}<\dfrac{\log\pi}{\sqrt{\pi}}$ を示すことができればよいことがわかるが，このままでは $f(x)$ の議論に繋げられない．そこで，真数に“ルート”を入れようと，この不等式の両辺を 2 で割った $\dfrac{\frac{1}{2}\log e}{\sqrt{e}}<\dfrac{\frac{1}{2}\log\pi}{\sqrt{\pi}}$ を考える．これより，示すべき式は，$\dfrac{\log\sqrt{e}}{\sqrt{e}}<\dfrac{\log\sqrt{\pi}}{\sqrt{\pi}}$ となり，$f(\sqrt{e})<f(\sqrt{\pi})$ に他ならない．

参考　問題文にある $\displaystyle\lim_{x\to\infty}\frac{\log x}{x}=0$ は覚えておいた方がよいだろう．問題文に書かれていない場合もあり，その場合は自分で極限を考えなければならない．次のように自然対数 (底が e の対数) を常用対数 (底が 10 の対数) に変換すれば感覚的にも明らかであろう．

$$f(x)=\frac{1}{x}\cdot\frac{\log_{10}x}{\log_{10}e}=\underbrace{\frac{1}{\log_{10}e}}_{\text{正の定数}}\cdot\frac{\log_{10}x}{x}$$

であるから，たとえば，

$$f(100\,\text{億})=f\left(10^{10}\right)=\underbrace{\frac{1}{\log_{10}e}}_{\text{正の定数}}\cdot\frac{10}{10000000000}$$

であり，これは，0 に十分近い正の値である．この見方なら $\displaystyle\lim_{x\to\infty}\frac{\log x}{x}=0$ も納得できるであろう．一応，きちんとした証明を書いておく．

$\displaystyle\lim_{x\to\infty}\frac{\log x}{x}=0$ の証明　十分大きな x に対して，

$$0<\frac{\log x}{x}=\frac{1}{x}\int_1^x\frac{dt}{t}<\frac{1}{x}\int_1^x\frac{dt}{\sqrt{t}}=\frac{2(\sqrt{x}-1)}{x}\xrightarrow[x\to\infty]{}0$$

であり，はさみうちの原理により，$\displaystyle\lim_{x\to\infty}\frac{\log x}{x}=0.$ ■

#1− B 3

楕円 E : $\dfrac{x^2}{25}+\dfrac{y^2}{16}=1$ の 2 つの焦点を F，F′ とする．ただし，F の x 座標は正とする．点 P$(a,\ b)$ は E 上の点で $b\neq0$ とし，点 P における楕円 E の接線を ℓ とする．F から ℓ に下ろした垂線と ℓ との交点を H とし，F′ から ℓ に下ろした垂線と ℓ との交点を H′ とする．

(1) 線分 FH，F′H′ の長さを a，b を用いて表せ．

(2) △PFH と △PF′H′ は相似であることを示せ．

【2019 弘前大学】

解説　焦点 F の座標は $(\sqrt{25-16},\ 0)$ つまり $(3,\ 0)$．もう一つの焦点 F′ の座標は $(-3,\ 0)$．

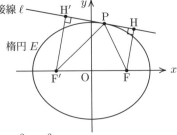

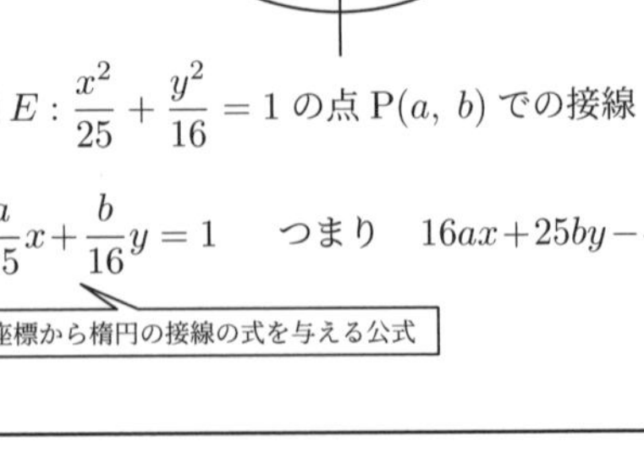

(1) 楕円 E : $\dfrac{x^2}{25}+\dfrac{y^2}{16}=1$ の点 P$(a,\ b)$ での接線 ℓ の式は

$$\ell:\frac{a}{25}x+\frac{b}{16}y=1\qquad\text{つまり}\qquad 16ax+25by-400=0.$$

接点の座標から楕円の接線の式を与える公式

ゆえに，直線 ℓ と点 $\mathrm{F}(3,\ 0)$ との距離 FH は

$$\mathrm{FH}=\frac{|16a\cdot 3+25b\cdot 0-400|}{\sqrt{(16a)^2+(25b)^2}}=\frac{16|3a-25|}{\sqrt{(16a)^2+(25b)^2}}.$$

また，直線 ℓ と点 $\mathrm{F}'(-3,\ 0)$ との距離 FH は

$$\mathrm{F'H}=\frac{|16a\cdot(-3)+25b\cdot 0-400|}{\sqrt{(16a)^2+(25b)^2}}=\frac{16|3a+25|}{\sqrt{(16a)^2+(25b)^2}}.$$

ここで，問題の設定により，$-5<a<5$ であるから，$-15<3a<15$ なので，

$$\mathrm{FH}=\boldsymbol{\frac{16(25-3a)}{\sqrt{(16a)^2+(25b)^2}}},\qquad\cdots(答)$$

$$\mathrm{F'H}=\boldsymbol{\frac{16(25+3a)}{\sqrt{(16a)^2+(25b)^2}}}.\qquad\cdots(答)$$

(2) 点 $\mathrm{P}(a,\ b)$ が楕円 $E:\dfrac{x^2}{25}+\dfrac{y^2}{16}=1$ 上の点であることから，$\dfrac{a^2}{25}+\dfrac{b^2}{16}=1$ が成り立つことに注意すると，

$$\begin{aligned}\mathrm{FP}&=\sqrt{(a-3)^2+(b-0)^2}\\&=\sqrt{(a-3)^2+16\left(1-\frac{a^2}{25}\right)}\\&=\sqrt{\frac{9}{25}a^2-6a+25}\\&=\sqrt{\frac{(3a-25)^2}{25}}=\frac{|3a-25|}{5}\\&=\frac{25-3a}{5}.\end{aligned}$$

（$b^2=16\left(1-\frac{a^2}{25}\right)$ として代入）

（2 次曲線上の点と焦点との距離はルートが外せる!）

また同様に，

$$\begin{aligned}\mathrm{F'P}&=\sqrt{(a+3)^2+(b-0)^2}\\&=\sqrt{(a+3)^2+16\left(1-\frac{a^2}{25}\right)}\\&=\sqrt{\frac{9}{25}a^2+6a+25}\\&=\sqrt{\frac{(3a+25)^2}{25}}=\frac{|3a+25|}{5}\\&=\frac{25+3a}{5}.\end{aligned}$$

（$b^2=16\left(1-\frac{a^2}{25}\right)$ として代入）

（2 次曲線上の点と焦点との距離はルートが外せる!）

これらと (1) の結果から，

$$\mathrm{FP}:\mathrm{F'P}=(25-3a):(25+3a)=\mathrm{FH}:\mathrm{F'H}$$

であることがわかる．これより，直角三角形 PFH と直角三角形 PF′H′ は相似である．　(証明終り)

注意　本問での「$b\neq 0$」という条件は，3 点 F，P，H や 3 点 F′，P，H′ が同一直線上にない条件である．

(2) により，$\angle\mathrm{FPH}=\angle\mathrm{F'PH'}$ がわかり，楕円の性質の一つである "反射の法則" (一方の焦点から出た光が楕円で反射されるともう一方の焦点を通る) が確かめられる．

"反射の法則" を証明するのに，次のように角の二等分線定理を用いる証明も有名である．本問の設定において，以下に掲載しておく．

角の二等分線定理を用いた "反射の法則" の証明

点 $\mathrm{P}(a,\ b)$ における楕円 E の法線を n とし，法線 n と x 軸との交点を Q とする．

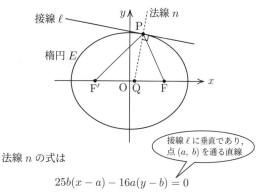

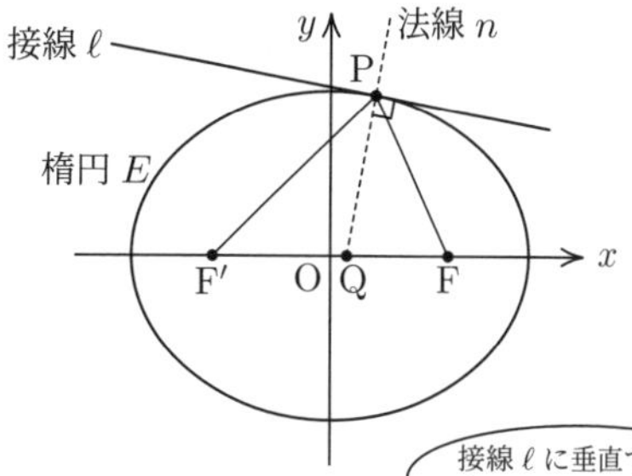

法線 n の式は

（接線 ℓ に垂直であり，点 $(a,\ b)$ を通る直線）

$$25b(x-a)-16a(y-b)=0$$

より，Q の x 座標は $\dfrac{9}{25}a$ である．$-5<a<5$ のとき，$\dfrac{9}{25}a$ は $(-3<)-\dfrac{9}{5}<\dfrac{9}{25}a<\dfrac{9}{5}(<3)$ を満たすので，点 Q は常に線分 FF′ 上にあることがわかる．ゆえに，

$$\mathrm{FQ}=3-\frac{9}{25}a=\frac{3}{25}(25-3a),$$

$$\mathrm{F'Q}=\frac{9}{25}a+3=\frac{3}{25}(25+3a)$$

であり，これらと (1) の結果から，

$$\mathrm{FP}:\mathrm{F'P}=(25-3a):(25+3a)=\mathrm{FQ}:\mathrm{F'Q}$$

であることがわかる．これより，**角の二等分線定理の逆**により，直線 PQ は $\angle\mathrm{F'PF}$ の二等分線であることがわかり，$\angle\mathrm{FPQ}=\angle\mathrm{F'PQ}$ が成り立つ．　■

参考　一般に，2 次曲線上の点と焦点との距離ではルートが外せて綺麗な式でかける．この背景には 2 次曲線の "**離心率**" という概念 (付録 5 を参照) が背景にある．

本問の楕円は離心率 $(0<)\,e=\dfrac{3}{5}\,(<1)$，

$$(焦点,\ 準線)=\left((3,\ 0),\ x=\frac{25}{3}\right),\ \left((-3,\ 0),\ x=-\frac{25}{3}\right)$$

の 2 次曲線とみなせる．つまり，楕円 E 上の点 $\mathrm{P}(a,\ b)$ は

$$\frac{点\mathrm{P}と焦点\mathrm{F}(3,\ 0)の距離}{点\mathrm{P}と準線x=\frac{25}{3}との距離}=\frac{3}{5}$$

を満たすので，楕円上の点 $\mathrm{P}(a,\ b)$ に対し，

$$\mathrm{FP}=\frac{3}{5}\left|\frac{25}{3}-a\right|=\frac{25-3a}{5}$$

と表せ，また，楕円 E 上の点 $\mathrm{P}(a,\ b)$ は

$$\frac{\text{点 P と焦点 F}'(-3,\ 0)\text{ の距離}}{\text{点 P と準線 } x=-\frac{25}{3}\text{ との距離}}=\frac{3}{5}$$

を満たすので，楕円上の点 $\mathrm{P}(a,\ b)$ に対し，

$$\mathrm{F'P}=\frac{3}{5}\left|-\frac{25}{3}-a\right|=\frac{25+3a}{5}$$

と表せることが納得できる．楕円上の点と準線との距離の離心率倍が焦点との距離を表すので，2 次曲線上の点と焦点との距離では "ルート" が外せて綺麗な式でかけるのである!

#1− B 4

a，b を定数とする．関数 $f(x)$ について，等式

$$\int_a^b f(x)\,dx=\int_a^b f(a+b-x)\,dx$$

が成り立つことを証明せよ．また，定積分

$$\int_1^2 \frac{x^2}{x^2+(3-x)^2}\,dx$$

を求めよ．　【2023 長崎大学】

解説　$\displaystyle\int_a^b f(a+b-x)\,dx$ において，$a+b-x=t$ とおく．$x: a\to b$ のとき，$t: b\to a$ であり，$-dx=dt$ であるから，

$$\begin{aligned}\int_a^b f(a+b-x)\,dx&=\int_b^a f(t)\,(-1)dt\\&=\int_a^b f(t)\,dt\\&=\int_a^b f(x)\,dx\end{aligned}$$

が成り立つ．　(証明終り)

また，$I=\displaystyle\int_1^2 \frac{x^2}{x^2+(3-x)^2}\,dx$ とおき，上で示した事柄を $a=1$，$b=2$，$f(x)=\dfrac{x^2}{x^2+(3-x)^2}$ に対して適用すると，

$$I=\int_1^2 \frac{(3-x)^2}{(3-x)^2+\{3-(3-x)\}^2}\,dx$$

つまり

$$I=\int_1^2 \frac{(3-x)^2}{(3-x)^2+x^2}\,dx$$

であることがわかる．これと $I=\displaystyle\int_1^2 \frac{x^2}{x^2+(3-x)^2}\,dx$ の辺々を加えて，

$$2I=\int_1^2 \frac{(3-x)^2}{(3-x)^2+x^2}\,dx+\int_1^2 \frac{x^2}{x^2+(3-x)^2}\,dx$$

つまり

$$2I=\int_1^2 \frac{x^2+(3-x)^2}{x^2+(3-x)^2}\,dx=\int_1^2 dx=1$$

（$\int_1^2 1\,dx$ のこと）

を得る．

$$\therefore\ I=\boldsymbol{\frac{1}{2}}.\qquad \cdots(\text{答})$$

参考　本問の積分計算テクニックは **Symmetric Border Flip** と呼ばれる (“How to Integrate It” (SEÁN M STEWART, Cambridge University Press) による)．

関数 $y=f(a+b-x)$ のグラフは関数 $y=f(x)$ のグラフと $x=\dfrac{a+b}{2}$ に関して対称であることに注意すると

$$\int_a^b f(x)\,dx=\int_a^b f(a+b-x)\,dx$$

はすぐに納得できるであろう．

#1− B 5

座標平面上の曲線 C を，媒介変数 t $(0\leqq t\leqq 1)$ を用いて

$$\begin{cases}x=1-t^2,\\ y=t-t^3\end{cases}$$

と定める．

(1) 曲線 C の概形を描け．

(2) 曲線 C と x 軸で囲まれた部分が，y 軸の周りに 1 回転してできる回転体の体積を求めよ．

【2012 神戸大学】

解説

(1) $0<t<1$ において，

$$\frac{dx}{dt}=-2t<0$$

であり，

$$\frac{dy}{dt}=1-3t^2=\underbrace{(1+\sqrt{3}\,t)}_{\text{つねに正}}(1-\sqrt{3}\,t)$$

より，t の変化に伴う曲線 C 上の点 $(x,\ y)$ の動きは次のよう．

t	0	$\cdots$	$\frac{1}{\sqrt{3}}$	$\cdots$	1
$\frac{dx}{dt}$		$-$	$-$	$-$	
$\frac{dy}{dt}$		$+$	0	$-$	
$(x,\ y)$	$(1,\ 0)$	$\nwarrow$	$\left(\frac{2}{3},\ \frac{2}{3\sqrt{3}}\right)$	$\swarrow$	$(0,\ 0)$

曲線 C の概形は次のようになる．

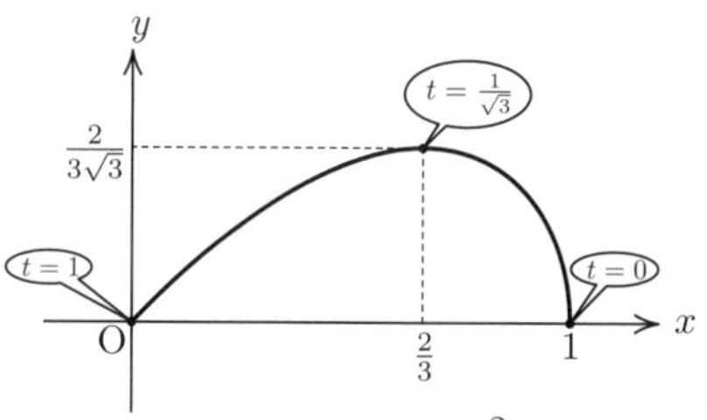

…(答)

(2) 次のように，曲線 C を $x=\dfrac{2}{3}$ を境に二つに分ける．

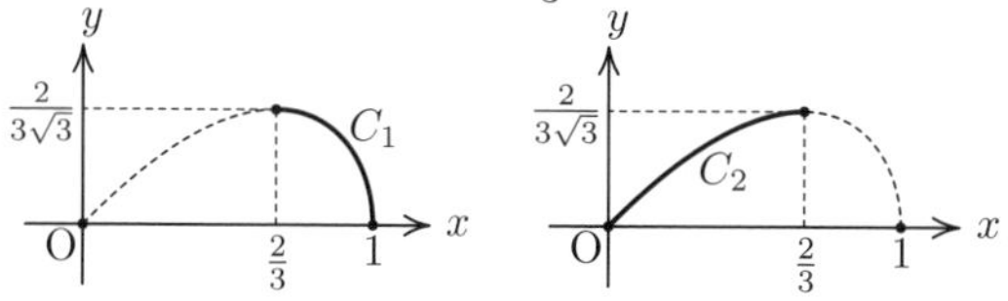

C_1 は C のうち，$0 \leqq t \leqq \dfrac{1}{\sqrt{3}}$ に対応する部分，C_2 は C のうち，$\dfrac{1}{\sqrt{3}} \leqq t \leqq 1$ に対応する部分とする．C 全体では y の値に対して x の値がただ一つに定まるわけではないが，C_1，C_2 の各々に限定するとただ一つに定まる．C_1 で y から定まる x を x_1，C_2 で y から定まる x を x_2 と表すことにする．

求める体積を V とすると，

$$S=\int_0^{\frac{2}{3\sqrt{3}}} \pi {x_1}^2 dy-\int_0^{\frac{2}{3\sqrt{3}}} \pi {x_2}^2 dy.$$

ここで，第一項の積分については，

$$x_1=1-t^2,\quad y=t-t^3,\quad 0 \leqq t \leqq \frac{1}{\sqrt{3}}$$

であり，$y:0 \to \dfrac{2}{3\sqrt{3}}$ と変化するとき，$t:0 \to \dfrac{1}{\sqrt{3}}$ と変化する．さらに，$dy=(1-3t^2)dt$ より，

$$\int_0^{\frac{2}{3\sqrt{3}}} \pi {x_1}^2 dy=\int_0^{\frac{1}{\sqrt{3}}} \pi(1-t^2)^2(1-3t^2)dt.$$

一方，第二項の積分については，

$$x_2=1-t^2,\quad y=t-t^3,\quad \frac{1}{\sqrt{3}} \leqq t \leqq 1$$

であり，$y:0 \to \dfrac{2}{3\sqrt{3}}$ と変化するとき，$t:1 \to \dfrac{1}{\sqrt{3}}$ と変化する．さらに，$dy=(1-3t^2)dt$ より，

$$\int_0^{\frac{2}{3\sqrt{3}}} \pi {x_2}^2 dy=\int_1^{\frac{1}{\sqrt{3}}} \pi(1-t^2)^2(1-3t^2)dt.$$

ゆえに，

$$\begin{aligned}
V&=\int_0^{\frac{1}{\sqrt{3}}} \pi(1-t^2)^2(1-3t^2)dt-\int_1^{\frac{1}{\sqrt{3}}} \pi(1-t^2)^2(1-3t^2)dt\\
&=\int_0^1 \pi(1-t^2)^2(1-3t^2)dt \qquad \boxed{\int_0^{\frac{1}{\sqrt{3}}}-\int_1^{\frac{1}{\sqrt{3}}}=\int_0^{\frac{1}{\sqrt{3}}}+\int_{\frac{1}{\sqrt{3}}}^1=\int_0^1}\\
&=\pi\int_0^1(-3t^6+7t^4-5t^2+1)dt\\
&=\pi\left[-\frac{3}{7}t^7+\frac{7}{5}t^5-\frac{5}{3}t^3+t\right]_0^1\\
&=\boldsymbol{\frac{32}{105}\pi}.
\end{aligned}$$

…(答)

参考　shell integral (巻末付録 3 を参照) で計算すると，

$$\begin{aligned}
V&=\int_0^1 2\pi xy\,dx\\
&=\int_1^0 2\pi(1-t^2)(t-t^3)(-2t)\,dt\\
&=4\pi\int_0^1(t^6-2t^4+t^2)\,dt\\
&=4\pi\left[\frac{1}{7}t^7-\frac{2}{5}t^5+\frac{1}{3}t^3\right]_0^1\\
&=\boldsymbol{\frac{32}{105}\pi}.
\end{aligned}$$

注意　(2) の計算で凹凸の情報が必要ではなかったので，(1) では曲線 C の凹凸までは調べずに概形を描いた．

C の凹凸を調べるには次のようにする．

$$\frac{dy}{dx}=\frac{\frac{dy}{dt}}{\frac{dx}{dt}}=\frac{1-3t^2}{-2t}=\frac{3t^2-1}{2t}.$$

また，

$$\begin{aligned}
\frac{d^2y}{dx^2}&=\frac{d}{dx}\left(\frac{dy}{dx}\right)=\frac{\frac{d}{dt}\left(\frac{dy}{dx}\right)}{\frac{dx}{dt}}=\frac{d}{dt}\left(\frac{dy}{dx}\right)\times\frac{1}{\frac{dx}{dt}}\\
&=\frac{6t\cdot 2t-(3t^2-1)\cdot 2}{4t^2}\times\frac{1}{-2t}\\
&=-\frac{3t^2+1}{4t^3}<0 \quad (0<t<1).
\end{aligned}$$

これより，C は上に凸の曲線である．

#2− A 1

無限級数 $\displaystyle\sum_{n=1}^{\infty}(9x^2+36x+34)^n$ が収束するような x の値の範囲を求めよ．また，この無限級数の和が 2 のときの x の値を求めよ．【2023 福岡大学】

解説 無限等比級数 $\displaystyle\sum_{n=1}^{\infty}(9x^2+36x+34)^n$ が収束する条件は

$$-1 < 9x^2+36x+34 < 1$$

すなわち，

$$\begin{cases} 9x^2+36x+35>0, \\ 9x^2+36x+33<0 \end{cases}$$

である．これを整理すると，

$$\begin{cases} x<-\dfrac{7}{3},\ -\dfrac{5}{3}<x, \\ \dfrac{-6-\sqrt{3}}{3}<x<\dfrac{-6+\sqrt{3}}{3} \end{cases}$$

より，求める x の値の範囲は

$$\boldsymbol{\frac{-6-\sqrt{3}}{3}<x<-\frac{7}{3},\quad -\frac{5}{3}<x<\frac{-6+\sqrt{3}}{3}}. \quad \cdots(\text{答})$$

この無限等比級数の和は

$$\frac{9x^2+36x+34}{1-(9x^2+36x+34)}$$

$\dfrac{(\text{初項})}{1-(\text{公比})}$

であり，これが 2 となる条件は

$$\frac{9x^2+36x+34}{1-(9x^2+36x+34)}=2$$

より

$$27x^2+108x+100=0.$$

$\dfrac{-6-\sqrt{3}}{3}<x<-\dfrac{7}{3},\ -\dfrac{5}{3}<x<\dfrac{-6+\sqrt{3}}{3}$ に注意してこれを解くと，

$$x=\boldsymbol{\frac{-18\pm 2\sqrt{6}}{9}}. \quad \cdots(\text{答})$$

無限等比級数が収束する条件は

$$(\text{初項})=0 \quad \text{または} \quad -1<(\text{公比})<1.$$

また，初項が 0 でない無限等比級数が収束するとき，その和は

$$\frac{(\text{初項})}{1-(\text{公比})}.$$

#2− A 2

定積分 $\displaystyle\int_0^{\sqrt{2}}\sqrt{1-\frac{x^2}{2}}\,dx$ を求めよ．

【2023 愛知医科大学】

解説

$$\int_0^{\sqrt{2}}\sqrt{1-\frac{x^2}{2}}\,dx=\frac{1}{\sqrt{2}}\int_0^{\sqrt{2}}\sqrt{2-x^2}\,dx.$$

ここで，$y=\sqrt{2-x^2}$ とおくと，これは

$$y\geqq 0,\qquad \underbrace{y^2=2-x^2}_{x^2+y^2=2}$$

を意味し，$\displaystyle\int_0^{\sqrt{2}}\sqrt{2-x^2}\,dx$ は次の斜線部分で示す四分円の面積を表すので，

$$\int_0^{\sqrt{2}}\sqrt{2-x^2}\,dx=\pi\left(\sqrt{2}\right)^2\times\frac{1}{4}=\frac{\pi}{2}.$$

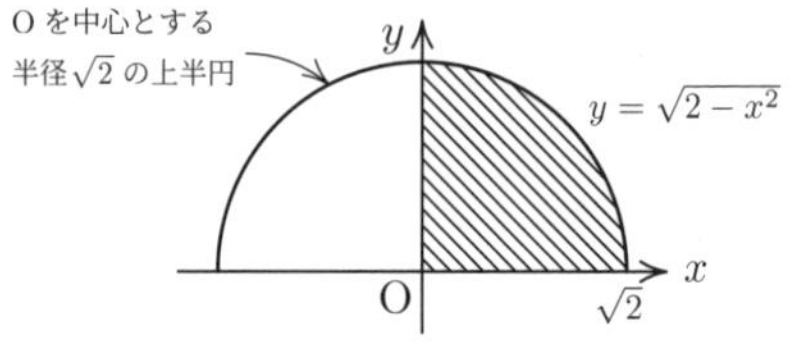

ゆえに，

$$\int_0^{\sqrt{2}}\sqrt{1-\frac{x^2}{2}}\,dx=\frac{1}{\sqrt{2}}\cdot\frac{\pi}{2}=\boldsymbol{\frac{\sqrt{2}}{4}\pi}. \quad \cdots(\text{答})$$

注意 $\displaystyle\int_0^{\sqrt{2}}\sqrt{1-\frac{x^2}{2}}\,dx$ の計算は $x=\sqrt{2}\sin\theta$ とおいて置換積分すること求めることもできる．しかし，上のように円の面積を考えた方が速い!

参考 $y=\sqrt{1-\dfrac{x^2}{2}}$ とおくと，これは

$$y\geqq 0,\qquad y^2=1-\frac{x^2}{2}$$

を意味し，xy 平面で 楕円 $\dfrac{x^2}{2}+y^2=1$ の上半分を表す．したがって，$\displaystyle\int_0^{\sqrt{2}}\sqrt{1-\frac{x^2}{2}}\,dx$ は次の斜線部分の面積を表し，その値は

$$\underbrace{\pi\times\sqrt{2}\times 1}_{\text{楕円の面積}}\times\frac{1}{4}=\boldsymbol{\frac{\sqrt{2}}{4}\pi}.$$

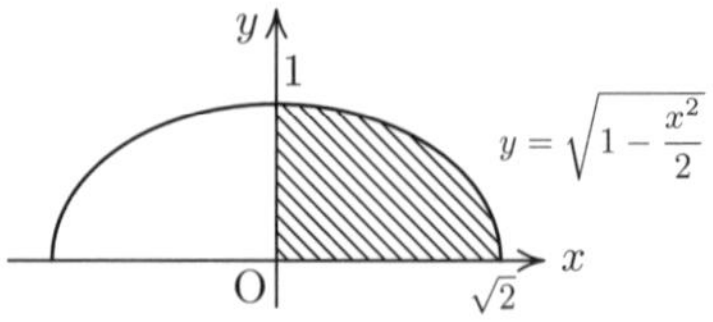

楕円 $\dfrac{x^2}{a^2}+\dfrac{y^2}{b^2}=1$ (で囲まれる部分) の面積は πab .

#2− A 3

複素数平面上に 3 点 A$(-1+5i)$, B$(2+3i)$, C$(3-2i)$ がある．三角形 ABC の重心を表す複素数は ア であり，∠ABC の大きさは イ である．

【2018 久留米大学】

解説　$-1+5i=\alpha$，$2+3i=\beta$，$3-2i=\gamma$ とおく．さらに，三角形 ABC の重心を G(g) とおくと，

$$g=\frac{\alpha+\beta+\gamma}{3}=\boldsymbol{\frac{4}{3}+2i}. \qquad \cdots(答)$$

$\overrightarrow{OG}=\dfrac{\overrightarrow{OA}+\overrightarrow{OB}+\overrightarrow{OC}}{3}$ に対応

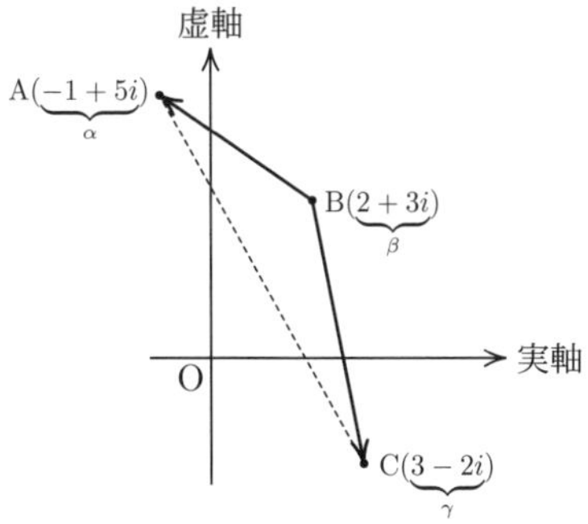

$$\frac{\gamma-\beta}{\alpha-\beta}=\frac{(3-2i)-(2+3i)}{(-1+5i)-(2+3i)}=\frac{1-5i}{-3+2i}$$
$$=\frac{(1-5i)(-3-2i)}{(-3+2i)(-3-2i)}$$
$$=\frac{-3-2i+15i+10i^2}{9+4}=\frac{-13+13i}{13}$$
$$=-1+i=\sqrt{2}\left(\cos\frac{3}{4}\pi+i\sin\frac{3}{4}\pi\right)$$

より，

$$\gamma-\beta=(\alpha-\beta)\cdot\sqrt{2}\left(\cos\frac{3}{4}\pi+i\sin\frac{3}{4}\pi\right).$$

これより，$\overrightarrow{BC}$ は $\overrightarrow{BA}$ を $\sqrt{2}$ 倍拡大，$\frac{3}{4}\pi$ 回転させたものであることがわかる．

$$\therefore\ \angle ABC=\boldsymbol{\frac{3}{4}\pi}. \qquad \cdots(答)$$

注意　一般に，Z(z)，W(w) に対して，複素数 $z-w$ はベクトル $\overrightarrow{WZ}$ に対応する．複素数平面を xy 平面と同一視したとき，複素数の実部，虚部がそれぞれ点の x 座標，y 座標に対応し，複素数の差の実部はベクトルの x 成分，虚部は y 成分に対応することから納得できるであろう．さらに，極形式で

$$r(\cos\theta+i\sin\theta)$$

と表される複素数をかけることは，ベクトルを

r 倍拡大，θ 回転

する操作に対応する．

#2− A 4

不定積分 $\displaystyle\int\frac{\cos^2 x-\sin^2 x}{1+2\sin x\cos x}dx$ を求めよ．

【1994 小樽商科大学】

解説　C を積分定数として，

$$\int\frac{\cos^2 x-\sin^2 x}{1+2\sin x\cos x}dx=\int\frac{\cos 2x}{1+\sin 2x}dx$$
$$=\frac{1}{2}\int\frac{2\cos 2x}{1+\sin 2x}dx$$
$$=\frac{1}{2}\int\frac{(1+\sin 2x)'}{1+\sin 2x}dx$$
$$\left(=\frac{1}{2}\log|1+\sin 2x|+C\right)$$
$$=\boldsymbol{\frac{1}{2}\log(1+\sin 2x)+C}. \cdots(答)$$

参考　$1=\sin^2 x+\cos^2 x$ に注目すると，次のように変形することもできる．

$$\int\frac{\cos^2 x-\sin^2 x}{1+2\sin x\cos x}dx=\int\frac{\cos^2 x-\sin^2 x}{\sin^2 x+\cos^2 x+2\sin x\cos x}dx$$
$$=\int\frac{(\cos x-\sin x)(\cos x+\sin x)}{(\cos x+\sin x)^2}dx$$
$$=\int\frac{\cos x-\sin x}{\sin x+\cos x}dx$$
$$=\boldsymbol{\log|\sin x+\cos x|+C}.$$

(分子) = (分母)′

注意　本問では次の公式を用いた．

$$\int\frac{f'(x)}{f(x)}dx=\log|f(x)|+C \quad (C\text{ は積分定数}).$$

この公式は

$$\int\frac{1}{x}dx=\log|x|+C \quad (C\text{ は積分定数})$$

という公式に由来するが，これは正確には，

$$\int\frac{1}{x}dx=\begin{cases}\log(-x)+C_1 & (x<0\text{ のとき}),\\ \log x+C_2 & (x>0\text{ のとき})\end{cases}$$

である．ここで，C_1 と C_2 は互いに独立した定数である．

分母が 0 となるところで縦の漸近線が発生するが，その左右での定数項の違いは微分すると消えてしまう．

たとえば，

$$\int\frac{3x^2-4}{(x+2)x(x-2)}dx=\int\frac{3x^2-4}{x^3-4x}dx$$
$$=\begin{cases}\log\{-(x^3-4x)\}+C_1 & (x<-2\text{ のとき}),\\ \log(x^3-4x)+C_2 & (-2<x<0\text{ のとき}),\\ \log\{-(x^3-4x)\}+C_3 & (0<x<2\text{ のとき}),\\ \log(x^3-4x)+C_4 & (2<x\text{ のとき})\end{cases}$$

となる．ここで，C_1，C_2，C_3，C_4 は互いに独立した定数である．

#2– A 5

曲線 $5x^2+4y^2-30x-16y+41=0$ は，楕円 $\dfrac{x^2}{\boxed{\text{ア}}}+\dfrac{y^2}{\boxed{\text{イ}}}=1$ を x 軸方向に $\boxed{\text{ウ}}$，y 軸方向に $\boxed{\text{エ}}$ だけ平行移動した楕円である．

【2012 法政大学】

解説

$$5x^2+4y^2-30x-16y+41=0$$
$$\iff \left\{5(x-3)^2-45\right\}+\left\{4(y-2)^2-16\right\}+41=0$$
$$\iff 5(x-3)^2+4(y-2)^2=20$$
$$\iff \frac{(x-3)^2}{4}+\frac{(y-2)^2}{5}=1$$

より，この曲線は楕円 $\dfrac{x^2}{\boxed{\mathbf{4}}}+\dfrac{y^2}{\boxed{\mathbf{5}}}=1$ を x 軸方向に $\boxed{\mathbf{3}}$，y 軸方向に $\boxed{\mathbf{2}}$ だけ平行移動した楕円である． …(答)

注意　本問では次のことを用いた．

曲線 $C: f(x,\ y)=0$ を x 軸方向に p，y 軸方向に q だけ平行移動した曲線の方程式は

$$f(x-p,\ y-q)=0$$

で与えられる．

参考　平行移動前の楕円の焦点は $(0,\ \pm\sqrt{5-4})$ つまり $(0,\ \pm 1)$ であり，平行移動後の楕円の焦点は $(3,\ 3)$，$(3,\ 1)$ である．

#2– A 6

極限 $\displaystyle\lim_{x\to 0}\frac{\sin 2x}{\sqrt{3x+1}-1}$ を求めよ．

【1970 鹿児島大学】

解説

$$\frac{\sin 2x}{\sqrt{3x+1}-1}=\frac{\sin 2x(\sqrt{3x+1}+1)}{(\sqrt{3x+1}-1)(\sqrt{3x+1}+1)}$$
$$=\frac{\sin 2x(\sqrt{3x+1}+1)}{(3x+1)-1}$$

$\dfrac{\sin★}{★}$ を作る!

$$=\frac{\sin 2x}{2x}\cdot\frac{2}{3}(\sqrt{3x+1}+1)$$
$$\to 1\cdot\frac{2}{3}(1+1)=\mathbf{\frac{4}{3}}\quad (x\to 0).$$ …(答)

注意　本問では次の公式を用いた．

$$\lim_{★\to 0}\frac{\sin★}{★}=1.$$

#2– A 7

$0\leqq x\leqq\dfrac{\pi}{2}$ において，曲線 $y=\sin x$ と直線 $y=\dfrac{2}{\pi}x$ で囲まれた部分を D とする．D を x 軸のまわりに 1 回転させてできる回転隊の体積を求めよ．

【2014 お茶の水女子大学】

解説

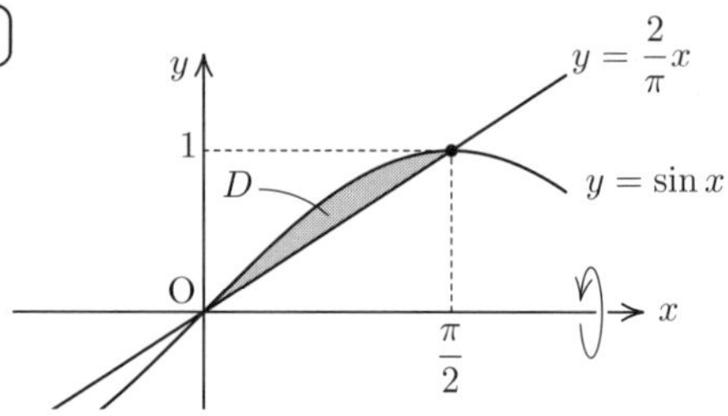

求める体積は，

$$\int_0^{\frac{\pi}{2}}\pi(\sin x)^2dx\ \ -\underbrace{\pi\cdot 1^2\times\frac{\pi}{2}\times\frac{1}{3}}_{\text{円錐}}$$

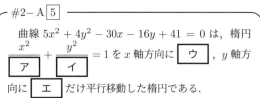

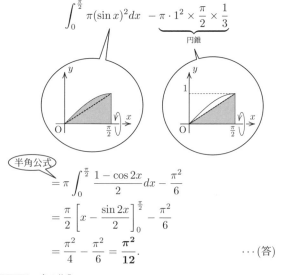

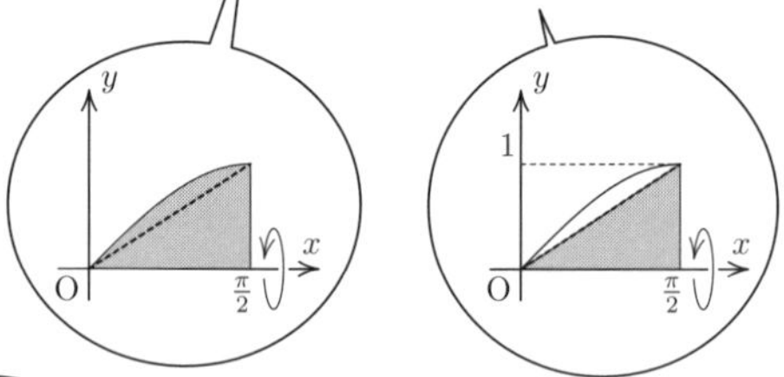

半角公式

$$=\pi\int_0^{\frac{\pi}{2}}\frac{1-\cos 2x}{2}dx-\frac{\pi^2}{6}$$
$$=\frac{\pi}{2}\left[x-\frac{\sin 2x}{2}\right]_0^{\frac{\pi}{2}}-\frac{\pi^2}{6}$$
$$=\frac{\pi^2}{4}-\frac{\pi^2}{6}=\boldsymbol{\frac{\pi^2}{12}}.$$ …(答)

参考　Wallis（ウォリス）積分（#5– B **1** 参照）の知識を用いると，

$$\int_0^{\frac{\pi}{2}}\sin^2 x\,dx=\frac{1}{2}\cdot\frac{\pi}{2}=\frac{\pi}{4}$$

と計算できる．

注意　回転体の体積の計算では，“関数の 2 乗” の積分を計算することになる．$\sin^2$ や $\cos^2$ の積分では，半角公式

$$\sin^2 x=\frac{1-\cos 2x}{2},\quad \cos^2 x=\frac{1+\cos 2x}{2}$$

で次数を下げて計算する．また，$\tan^2$ の積分においては，$\tan^2 x+1=\dfrac{1}{\cos^2 x}$ を用いて，

$$\int\tan^2 x\,dx=\int\left(\frac{1}{\cos^2 x}-1\right)dx=\tan x-x+C$$

によって計算する．

#2− B **1**

数列 $\{a_n\}$ は，すべての項が正であり，

$$\sum_{k=1}^{n} {a_k}^2 = 2n^2 + n \quad (n = 1,\ 2,\ 3,\ \cdots)$$

を満たすとする．$S_n = \sum_{k=1}^{n} a_k$ とおくとき，$\lim_{n\to\infty} \dfrac{S_n}{n\sqrt{n}}$ を求めよ． 【2023 信州大学】

解説　$n = 2,\ 3,\ 4,\ \cdots$ に対して，

（n を 1 つずらして和の違いに注目!）

$$\begin{aligned}{a_n}^2 &= \sum_{k=1}^{n} {a_k}^2 - \sum_{k=1}^{n-1} {a_k}^2 \\ &= 2n^2 + n - \{2(n-1)^2 + (n-1)\} \\ &= 2\{n^2 - (n-1)^2\} + \{n - (n-1)\} \\ &= 2(2n-1) + 1 = 4n - 1\end{aligned}$$

であり，また，

$${a_1}^2 = 2 \cdot 1^1 + 1 = 3$$

であることから，（$n = 1$ の場合も含めてまとめられた）

$${a_n}^2 = 4n - 1 \quad (n = 1,\ 2,\ 3,\ \cdots).$$

さらに，$a_n > 0 \quad (n = 1,\ 2,\ 3,\ \cdots)$ であることから，

$$a_n = \sqrt{4n-1} \quad (n = 1,\ 2,\ 3,\ \cdots).$$

これより，

$$\begin{aligned}\frac{S_n}{n\sqrt{n}} &= \frac{1}{n\sqrt{n}} \sum_{k=1}^{n} a_k = \frac{1}{n\sqrt{n}} \sum_{k=1}^{n} \sqrt{4k-1} \\ &= \frac{1}{n} \sum_{k=1}^{n} \sqrt{4 \cdot \frac{k}{n} - \frac{1}{n}}.\end{aligned}$$

（この極限は "$-\frac{1}{n}$" さえなければ区分求積法で求まる!）

ここで，

$$\frac{1}{n}\sum_{k=1}^{n}\sqrt{4 \cdot \frac{k-1}{n}} < \frac{1}{n}\sum_{k=1}^{n}\sqrt{4 \cdot \frac{k}{n} - \frac{1}{n}} < \frac{1}{n}\sum_{k=1}^{n}\sqrt{4 \cdot \frac{k}{n}}$$

であり，$n \to \infty$ のとき，

$$\frac{1}{n}\sum_{k=1}^{n}\sqrt{4 \cdot \frac{k-1}{n}} \to \int_0^1 \sqrt{4x}\,dx,$$

$$\frac{1}{n}\sum_{k=1}^{n}\sqrt{4 \cdot \frac{k}{n}} \to \int_0^1 \sqrt{4x}\,dx$$

であることから，はさみうちの原理により，

$$\lim_{n\to\infty} \frac{S_n}{n\sqrt{n}} = \int_0^1 \sqrt{4x}\,dx = \left[\frac{4}{3}x^{\frac{3}{2}}\right]_0^1 = \boldsymbol{\frac{4}{3}}. \quad \cdots(答)$$

#2− B **2**

複素数平面上の 3 点 A(α)，W(w)，Z(z) は原点 O(0) と異なり，

$$\alpha = -\frac{1}{2} + \frac{\sqrt{3}}{2}i, \quad w = (1+\alpha)z + 1 + \overline{\alpha}$$

とする．ただし，$\overline{\alpha}$ は α の共役な複素数とする．2 直線 OW，OZ が垂直であるとき，次の問に答えよ．

(1) $(1+\alpha)\beta + 1 + \overline{\alpha} = 0$ を満たす複素数 β を求めよ．

(2) $|z - \alpha|$ の値を求めよ．

(3) 三角形 OAZ が直角三角形になるときの複素数 z を求めよ． 【2016 山形大学】

解説

(1)

$$1 + \alpha = 1 + \left(-\frac{1}{2} + \frac{\sqrt{3}}{2}i\right) = \frac{1}{2} + \frac{\sqrt{3}}{2}i = \frac{1+\sqrt{3}\,i}{2}$$

であり，これより，

$$1 + \overline{\alpha} = \overline{1+\alpha} = \frac{1}{2} - \frac{\sqrt{3}}{2}i = \frac{1-\sqrt{3}\,i}{2}$$

なので，$(1+\alpha)\beta + 1 + \overline{\alpha} = 0$ を満たす複素数 β は

$$\beta = -\frac{1+\overline{\alpha}}{1+\alpha} = -\frac{1-\sqrt{3}\,i}{1+\sqrt{3}i} = \boldsymbol{\frac{1}{2} + \frac{\sqrt{3}}{2}i}. \quad \cdots(答)$$

(2)

$$\begin{aligned}|z-\alpha|^2 &= (z-\alpha)\overline{(z-\alpha)} \\ &= (z-\alpha)(\overline{z}-\overline{\alpha}) \\ &= z\overline{z} - z\overline{\alpha} - \alpha\overline{z} + \underbrace{\alpha\overline{\alpha}}_{|\alpha|^2=1} \\ &= z\overline{z} - z\overline{\alpha} - \alpha\overline{z} + 1. \quad \cdots ①\end{aligned}$$

ここで，2 直線 OW，OZ が垂直となる条件は $\dfrac{w}{z}$ が純虚数であること，つまり，

（設定より $\frac{w}{z} \neq 0$ のもとで考えている）

$$\frac{w}{z} + \overline{\left(\frac{w}{z}\right)} = 0$$

が成り立つことであり，これより，

$$\frac{(1+\alpha)z + 1 + \overline{\alpha}}{z} + \overline{\left(\frac{(1+\alpha)z + 1 + \overline{\alpha}}{z}\right)} = 0.$$

$$\frac{(1+\alpha)z + 1 + \overline{\alpha}}{z} + \frac{\overline{(1+\alpha)z + 1 + \overline{\alpha}}}{\overline{z}} = 0.$$

両辺に $z\overline{z}$ をかけて，

$$\overline{z}\{(1+\alpha)z + 1 + \overline{\alpha}\} + z\{\overline{(1+\alpha)z + 1 + \overline{\alpha}}\} = 0.$$

$$\overline{z}\{(1+\alpha)z + 1 + \overline{\alpha}\} + z\{(1+\overline{\alpha})\overline{z} + 1 + \alpha\} = 0.$$

いま，$1 + \alpha = -\overline{\alpha}$，$1 + \overline{\alpha} = -\alpha$ であることに注意すると，

（これを用いてよりコンパクトな式に書き換えていく）

$$\overline{z}\{-\overline{\alpha}\,z - \alpha\} + z\{-\alpha \cdot \overline{z} - \overline{\alpha}\} = 0.$$

$$-z\,\overline{z}\underbrace{(\alpha+\overline{\alpha})}_{=-1}-z\overline{\alpha}-\alpha\overline{z}=0. \qquad \cdots②$$

①，② より，OW と OZ が垂直になる条件として

$$|z-\alpha|^2=1$$

が得られる．よって，

$$|z-\alpha|=\mathbf{1}. \qquad \cdots(答)$$

(3) (2) より，点 Z(z) の軌跡は点 A(α) を中心とする半径 1 の円であることがわかる．

すると，三角形 OAZ が直角三角形になるのは，$\angle \mathrm{OAZ}=\dfrac{\pi}{2}$ となるときしかない．

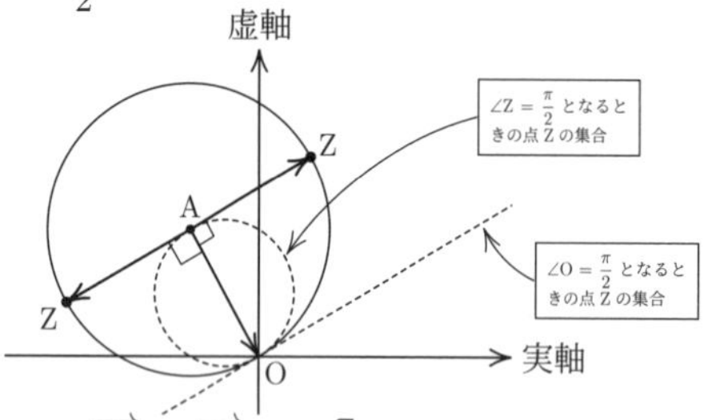

これより，$\overrightarrow{\mathrm{AZ}}$ は $\overrightarrow{\mathrm{AZ}}$ を $\pm\dfrac{\pi}{2}$ 回転させたものであるから，

$$z-\alpha=(0-\alpha)\times\left\{\cos\left(\pm\frac{\pi}{2}\right)+i\sin\left(\pm\frac{\pi}{2}\right)\right\}.$$

ゆえに，求める z は

$$\begin{aligned} z&=\alpha+(-\alpha)\times(\pm i)\\ &=\boldsymbol{\frac{-1\pm\sqrt{3}}{2}+\frac{\sqrt{3}\pm1}{2}i}. \qquad \cdots(答)\end{aligned}$$

注意　本問で用いた純虚数条件，および頻出の実数条件についてまとめておく．

> 複素数 z について，
>
> z が純虚数 $\iff z+\overline{z}=0,\ z\neq0,$
>
> z が実数 $\iff z=\overline{z}.$

#2−B **3**

a と b を正の実数とする．$y=a\cos x\ \left(0\leqq x\leqq\dfrac{\pi}{2}\right)$ のグラフを C_1，$y=b\sin x\ \left(0\leqq x\leqq\dfrac{\pi}{2}\right)$ のグラフを C_2 とし，C_1 と C_2 の交点を P とする．

(1) P の x 座標を t とする．このとき，$\sin t$ および $\cos t$ を a と b で表せ．

(2) C_1，C_2 と y 軸で囲まれた領域の面積 S を a と b で表せ．

(3) C_1，C_2 と直線 $x=\dfrac{\pi}{2}$ で囲まれた領域の面積を T とする．このとき，$T=2S$ となるための条件を a と b で表せ．　【2013 北海道大学】

解説

(1) $0\leqq x\leqq\dfrac{\pi}{2}$ において，$a\cos x=b\sin x$ を満たす x が t である．この t は $t\neq\dfrac{\pi}{2}$ であり，

$$\begin{aligned} a\cos t=b\sin t &\iff \frac{\sin t}{\cos t}=\frac{a}{b}\\ &\iff \tan t=\frac{a}{b}\end{aligned}$$

より，t は次の左図の鋭角である．

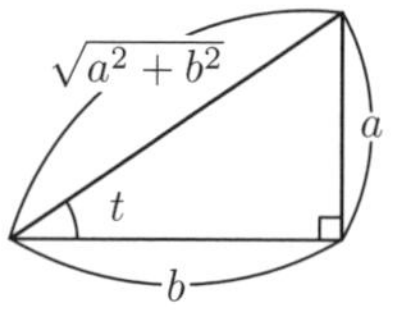

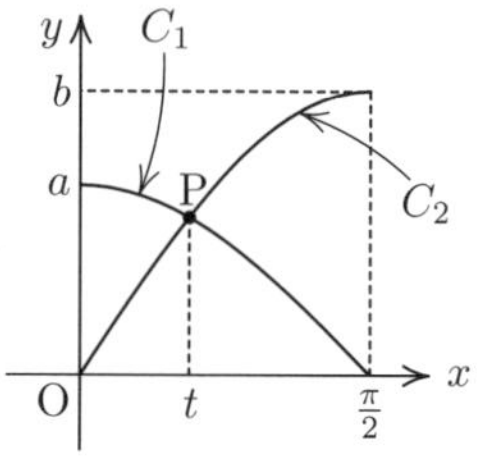

ゆえに，

$$\sin t=\boldsymbol{\frac{a}{\sqrt{a^2+b^2}}},\quad \cos t=\boldsymbol{\frac{b}{\sqrt{a^2+b^2}}}. \qquad \cdots(答)$$

(2)

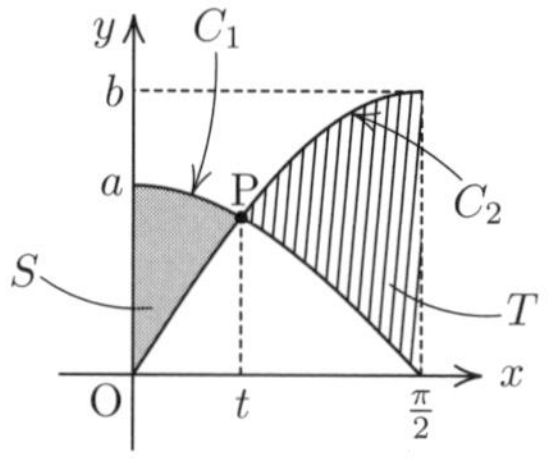

$$\begin{aligned} S&=\int_0^t(a\cos x-b\sin x)dx\\ &=\Big[a\sin x+b\cos x\Big]_0^t\\ &=a(\sin t-\sin 0)+b(\cos t-\cos 0)\\ &=a\cdot\frac{a}{\sqrt{a^2+b^2}}+b\left(\frac{b}{\sqrt{a^2+b^2}}-1\right)\\ &=\frac{a^2+b^2}{\sqrt{a^2+b^2}}-b=\boldsymbol{\sqrt{a^2+b^2}-b}. \qquad \cdots(答)\end{aligned}$$

(3)

$$\begin{aligned} T&=\int_t^{\frac{\pi}{2}}(b\sin x-a\cos x)dx\\ &=\Big[-b\cos x-a\sin x\Big]_t^{\frac{\pi}{2}}=\Big[b\cos x+a\sin x\Big]_{\frac{\pi}{2}}^t\\ &=b\left(\cos t-\cos\frac{\pi}{2}\right)+a\left(\sin t-\sin\frac{\pi}{2}\right)\\ &=b\cdot\frac{b}{\sqrt{a^2+b^2}}+a\left(\frac{a}{\sqrt{a^2+b^2}}-1\right)\\ &=\sqrt{a^2+b^2}-a.\end{aligned}$$

これより，$T=2S$ となるのは，

$$\sqrt{a^2+b^2}-a=2(\sqrt{a^2+b^2}-b)$$

つまり

$$\sqrt{a^2+b^2}=2b-a$$

のとき．この条件をもう少し整理すると，

$$a^2+b^2=(2b-a)^2, \qquad 2b-a \geqq 0$$

より　両辺を a^2 で割る　（$\frac{b}{a}$ をかたまりでみる!）

$$1+\left(\frac{b}{a}\right)^2=\left(2\cdot\frac{b}{a}-1\right)^2, \qquad \frac{b}{a}>\frac{1}{2}.$$

$$3\left(\frac{b}{a}\right)^2-4\left(\frac{b}{a}\right)=0, \qquad \frac{b}{a}>\frac{1}{2}.$$

$$\therefore\ \boldsymbol{\frac{b}{a}=\frac{4}{3}}. \qquad \cdots(答)$$

#2−B **4**

方程式 $\frac{x^2}{2}+y^2=1$ で定まる楕円 E とその焦点 F(1, 0) がある．E 上に点 P をとり，直線 PF と E との交点のうち P と異なる点を Q とする．F を通り直線 PF と垂直な直線と E との 2 つの交点を R，S とする．

(1) r を正の実数，θ を実数とする．点 $(r\cos\theta+1,\ r\sin\theta)$ が E 上にあるとき，r を θ で表せ．

(2) P が E 上を動くとき，PF + QF + RF + SF の最小値を求めよ．

【2015 北海道大学 (後期)】

解説

(1) 点 $(r\cos\theta+1,\ r\sin\theta)$ が楕円 $E:\frac{x^2}{2}+y^2=1$ 上にある条件は

$$\frac{(r\cos\theta+1)^2}{2}+(r\sin\theta)^2=1.$$

両辺 2 倍し，

$$r^2\cos^2\theta+2r\cos\theta+1+2r^2\sin^2\theta=2.$$

$\sin^2\theta=1-\cos^2\theta$ より，

$$(2-\cos^2\theta)r^2+2\cos\theta\cdot r-1=0.$$

この左辺を r の 2 次式とみて因数分解すると，

$$\Big\{\underbrace{(\sqrt{2}-\cos\theta)r+1}_{常に正}\Big\}\Big\{(\sqrt{2}+\cos\theta)r-1\Big\}=0.$$

$r>0$ より，

$$\boldsymbol{r=\frac{1}{\sqrt{2}+\cos\theta}}. \qquad \cdots(答)$$

(2) (1) で得た式は，焦点 F(1, 0) を極とし，F から x 軸の正の方向へ向かう半直線を始線とする楕円 E の極方程式である．$\frac{1}{\sqrt{2}+\cos\theta}=f(\theta)$ とおく．

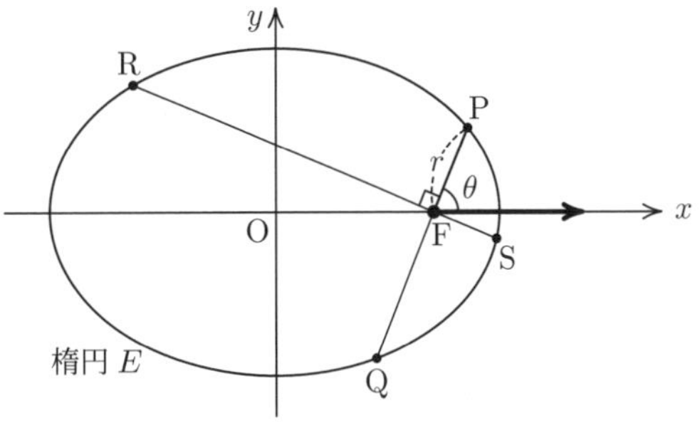

すると，

$$\mathrm{RF}=f\left(\theta+\frac{\pi}{2}\right)=\frac{1}{\sqrt{2}+\cos\left(\theta+\frac{\pi}{2}\right)}=\frac{1}{\sqrt{2}-\sin\theta},$$

$$\mathrm{QF}=f(\theta+\pi)=\frac{1}{\sqrt{2}+\cos(\theta+\pi)}=\frac{1}{\sqrt{2}-\cos\theta},$$

$$\mathrm{SF}=f\left(\theta+\frac{3}{2}\pi\right)=\frac{1}{\sqrt{2}+\cos\left(\theta+\frac{3}{2}\pi\right)}=\frac{1}{\sqrt{2}+\sin\theta}$$

と表せるので，

$$\begin{aligned}
&\mathrm{PF}+\mathrm{QF}+\mathrm{RF}+\mathrm{SF}\\
&=\frac{1}{\sqrt{2}+\cos\theta}+\frac{1}{\sqrt{2}-\cos\theta}+\frac{1}{\sqrt{2}-\sin\theta}+\frac{1}{\sqrt{2}+\sin\theta}\\
&=2\sqrt{2}\left(\frac{1}{2-\cos^2\theta}+\frac{1}{2-\sin^2\theta}\right)\\
&=2\sqrt{2}\cdot\frac{4-(\sin^2\theta+\cos^2\theta)}{(2-\cos^2\theta)(2-\sin^2\theta)}\\
&=2\sqrt{2}\cdot\frac{3}{4-2(\cos^2\theta+\sin^2\theta)+\cos^2\theta\sin^2\theta}\\
&=\frac{6\sqrt{2}}{2+\left(\frac{1}{2}\sin2\theta\right)^2}=\frac{24\sqrt{2}}{8+\sin^2 2\theta}.
\end{aligned}$$

ここで，θ は実数全体を動くので，$\sin^2\theta=1$ のとき，PF + QF + RF + SF は最小値

$$\frac{24\sqrt{2}}{8+1}=\boldsymbol{\frac{8\sqrt{2}}{3}} \qquad \cdots(答)$$

をとる．

参考　一般に，楕円 $\frac{x^2}{a^2}+\frac{y^2}{b^2}=1\ \ (0<b<a)$ に対して，$\sqrt{a^2-b^2}=c$，$e=\frac{c}{a}$，$l=\frac{b^2}{a}$ とおくと，焦点 $(c,\ 0)$ を極とする楕円の極方程式は

$$r=\frac{l}{1+e\cos\theta}$$

となる．ここで，e は**離心率** (巻末付録 5 を参照)，l は**通半径**とよばれる．焦点を極とする楕円の極方程式は，惑星の運動についての Kepler（ケプラー）の法則を数学的に説明する際などにも用いられる．

#2–B **5**

k を正の整数とする．定積分 $I_k = \int_k^{k+1} \frac{1}{\sqrt{x}}dx$ について，次の問いに答えよ．

(1) $S_n = \sum_{k=1}^{n} I_k$ とする．S_n を求めよ．

(2) 不等式 $\frac{1}{\sqrt{k+1}} < I_k < \frac{1}{\sqrt{k}}$ が成り立つことを示せ．

(3) $1 + \frac{1}{\sqrt{2}} + \frac{1}{\sqrt{3}} + \cdots + \frac{1}{\sqrt{100}}$ の整数部分を求めよ．

【2016 富山県立大学】

解説

(1)
$$\begin{aligned} S_n &= \sum_{k=1}^{n} I_k = \sum_{k=1}^{n} \int_k^{k+1} \frac{1}{\sqrt{x}}dx \\ &= \int_1^2 \frac{1}{\sqrt{x}}dx + \int_2^3 \frac{1}{\sqrt{x}}dx + \cdots + \int_n^{n+1} \frac{1}{\sqrt{x}}dx \\ &= \int_1^{n+1} \frac{1}{\sqrt{x}}dx \\ &= \Big[2\sqrt{x}\Big]_1^{n+1} = \boldsymbol{2\left(\sqrt{n+1}-1\right)}. \end{aligned}$$
$\cdots$(答)

(2) 関数 $y = \frac{1}{\sqrt{x}}$ $(x > 0)$ は単調減少であり，I_k は次の図の斜線部分の面積を表す．一方，$\frac{1}{\sqrt{k+1}}$ は左図の長方形の面積，$\frac{1}{\sqrt{k}}$ は右図の長方形の面積を表す．

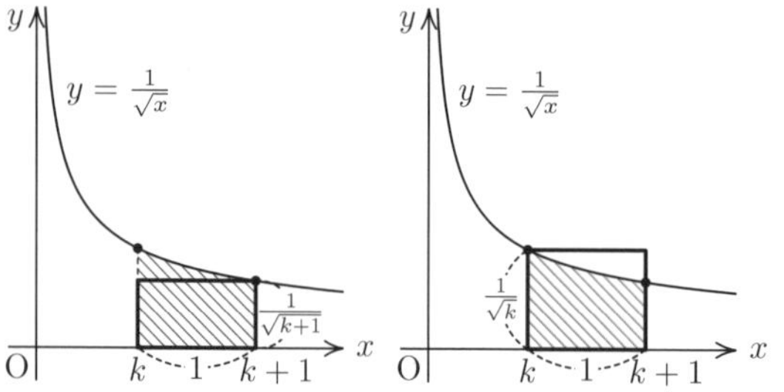

斜線部分は左図の長方形をすっぽり覆っていることから，

$$\frac{1}{\sqrt{k+1}} < I_k$$

であることがいえ，斜線部分が右図の長方形にすっぽり覆われていることから，

$$I_k < \frac{1}{\sqrt{k}}$$

であることがいえるので，不等式

$$\frac{1}{\sqrt{k+1}} < I_k < \frac{1}{\sqrt{k}}$$

の成立が示される．（証明終り）

(3) $1 + \frac{1}{\sqrt{2}} + \frac{1}{\sqrt{3}} + \cdots + \frac{1}{\sqrt{100}} = T$ とおく．

(2) の不等式に $k = 1,\ 2,\ 3,\ \cdots,\ 99$ を代入した式を辺々加えると，

$$\sum_{k=1}^{99} \frac{1}{\sqrt{k+1}} < \sum_{k=1}^{99} I_k < \sum_{k=1}^{99} \frac{1}{\sqrt{k}}$$

つまり，

$$T - \frac{1}{\sqrt{1}} < S_{99} < T - \frac{1}{\sqrt{100}}$$

が成り立つ．これを T について解くと，

$$S_{99} + \frac{1}{10} < T < S_{99} + 1.$$

ここで，(1) により，

$$S_{99} = 2\left(\sqrt{99+1} - 1\right) = 18$$

であることから，

$$18.1 < T < 19$$

が成り立つことがわかるので，T の整数部分は

$$\mathbf{18}$$
$\cdots$(答)

である．

参考　(2) では不等式の成立を，図形の包含関係から従う面積の大小関係によって確認した．$\frac{1}{\sqrt{k+1}}$ や $\frac{1}{\sqrt{k}}$ を**長さ**ではなく，横幅 1 の長方形の**面積**と解釈するところがポイントである．不等式を図形的な性質によって確かめる場合には数式による証明は必要ないが，不等式の成立を数式で説明しようとするなら，次のようになる．

不等式の成立の積分を用いた数式による説明

$k \leqq x \leqq k+1$ のとき，

$$\frac{1}{\sqrt{k+1}} \leqq \frac{1}{\sqrt{x}} \leqq \frac{1}{\sqrt{k}}$$

が成り立つ．ここで等号は $k < x < k+1$ では成り立たず，$x = k,\ k+1$ でしか成り立たないことに注意すると，

$$\int_k^{k+1} \frac{1}{\sqrt{k+1}}dx < \int_k^{k+1} \frac{1}{\sqrt{x}}dx < \int_k^{k+1} \frac{1}{\sqrt{k}}dx$$

つまり

$$\frac{1}{\sqrt{k+1}} < I_k < \frac{1}{\sqrt{k}}$$

が成り立つことがわかる．■

(3) では，$T = 1 + \frac{1}{\sqrt{2}} + \frac{1}{\sqrt{3}} + \cdots + \frac{1}{\sqrt{100}}$ の整数部分がわかるような不等式が得られればそれでよいわけであるから，(2) の不等式に $k = 1,\ 2,\ 3,\ \cdots,\ $**99** を代入した式を辺々加えて考えた．$k$ にどんな値を代入した式を辺々加えればうまくいくのかはいろいろと試行錯誤してみればよい．

Coffee Break ここでは,

$$(\sin\theta)' = \cos\theta, \quad (\cos\theta)' = -\sin\theta$$

であることの図による説明を紹介したい.

$(\sin\theta)' = \cos\theta$ は θ の微小変化量 $d\theta$ に対して, $\underbrace{\sin\theta}_{y\text{ 座標}}$ の微小変化量 $d\sin\theta$ は

$$d\sin\theta = \cos\theta\, d\theta$$

となっている, つまり, $d\theta$ の $\cos\theta$ 倍とみなせることを意味している. また, $(\cos\theta)' = -\sin\theta$ は θ の微小変化量 $d\theta$ に対して, $\underbrace{\cos\theta}_{x\text{ 座標}}$ の微小変化量 $d\cos\theta$ は

$$d\cos\theta = -\sin\theta\, d\theta$$

となっている, つまり, $d\theta$ の $-\sin\theta$ 倍とみなせることを意味している.

次の図で説明しよう. 本来なら, $d\theta$ はもっともっと小さい状況を想定しているが, 見やすくするために誇張した図だと思って欲しい.

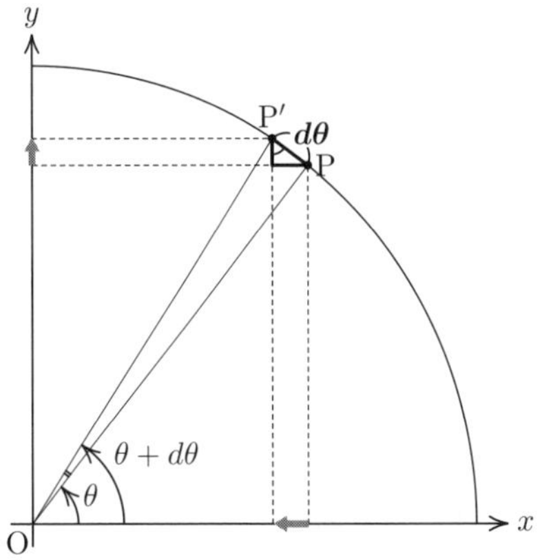

単位円周上の点 $\mathrm{P}(\cos\theta,\ \sin\theta)$ に対して, θ を微小量 $d\theta$ だけ変化させた単位円周上の点 $\mathrm{P}'(\cos(\theta + d\theta),\ \sin(\theta + d\theta))$ をとり, x 座標, y 座標の変化をみてみよう. $d\theta$ が微小だから, 図の太線部分は PP' を斜辺とする直角三角形とみなせる. 斜辺 PP' の長さは $d\theta$, $\angle\mathrm{P}' = \theta$ と考えてよく, すると, θ を $d\theta$ だけ増加させると, P から P′ への変化として,

y 座標は $d\theta\cos\theta$ だけ増加する

ことから,

$$d\sin\theta = d\theta\cos\theta$$

すなわち

$$\frac{d}{d\theta}\sin\theta = \cos\theta$$

の成立がわかり,

x 座標は $d\theta\sin\theta$ だけ減少する

ことから,

$$d\cos\theta = -d\theta\sin\theta$$

すなわち

$$\frac{d}{d\theta}\cos\theta = -\sin\theta$$

の成立がわかる.

#3– A 1

極限 $\displaystyle\lim_{x\to 0}\frac{2^x-1}{\sin 2x}$ を求めよ． 【2020 愛知医科大学】

解説

$$\frac{2^x-1}{\sin 2x}=\frac{\frac{2^x-1}{x}\cdot x}{\frac{\sin 2x}{2x}\cdot 2x}=\frac{\frac{2^x-1}{x}}{\frac{\sin 2x}{2x}}\cdot\frac{1}{2}$$
$$\to\frac{\log 2}{1}\cdot\frac{1}{2}=\boldsymbol{\frac{\log 2}{2}}\quad(x\to 0).\qquad\cdots(答)$$

注意 本問では次の公式を用いた．

$$\lim_{\bigstar\to 0}\frac{\sin\bigstar}{\bigstar}=1,\qquad \lim_{\bigstar\to 0}\frac{a^{\bigstar}-1}{\bigstar}=\log a.$$

$\displaystyle\lim_{\bigstar\to 0}\frac{a^{\bigstar}-1}{\bigstar}=\log a$ の左辺は指数関数 $f(x)=a^x$ における $f'(0)$ を表している．$f'(x)=a^x\log a$ であり，$f'(0)=\log a$ が得られる．一般に，1 でない正の実数 a に対して，指数関数 a^x の導関数が $a^x\log a$ となることは以下のように確かめられる．

$$\begin{aligned}\frac{a^{x+h}-a^x}{h}&=\frac{a^x\cdot a^h-a^x}{h}\\&=a^x\cdot\frac{a^h-1}{h}\\&=a^x\cdot\frac{\left(e^{\log a}\right)^h-1}{h}\\&=a^x\cdot\frac{e^{h\log a}-1}{h\log a}\cdot\log a\\&\to a^x\cdot 1\cdot\log a\quad(h\to 0).\end{aligned}$$

ここで，極限の公式

$$\lim_{\bigstar\to 0}\frac{e^{\bigstar}-1}{\bigstar}=1.$$

を用いた（$\bigstar=h\log a$ とした）．

#3– A 2

$y=\log_e(\log_2 x^3)$ を微分せよ． 【2020 福島大学】

解説

$$\begin{aligned}y&=\log_e(\log_2 x^3)\\&=\log_e(3\log_2 x)\\&=\underbrace{\log_e 3}_{定数}+\log_e(\log_2 x)\end{aligned}$$

より，

$$\begin{aligned}y'&=\frac{1}{\log_2 x}\cdot\frac{1}{x\log 2}\\&=\boldsymbol{\frac{1}{x\log x}}.\end{aligned}\qquad\cdots(答)$$

（$\log_2 x=\dfrac{\log x}{\log 2}$）

注意 本問では次の公式を用いた．

$(\log_a x)'=\dfrac{1}{x\log a}$．特に $a=e$ なら，$(\log x)'=\dfrac{1}{x}$．

参考 本問での「2」や「3」の部分を他の正の数（ただし，底は 1 でない数）に取り替えても同じ結論になる．実際，a を 1 でない正の数，b を正の数として，

$$\begin{aligned}y&=\log_e(\log_a x^b)\\&=\log_e(b\log_a x)\\&=\underbrace{\log_e b}_{定数}+\log_e(\log_a x)\end{aligned}\qquad\cdots(\bigstar)$$

に対して，

$$\begin{aligned}y'&=\frac{1}{\log_a x}\cdot\frac{1}{x\log a}\\&=\frac{1}{x\log x}.\end{aligned}$$

（$\log_a x=\dfrac{\log x}{\log a}$）

($\bigstar$) をさらに，

$$\begin{aligned}y&=\log b+\log\left(\frac{\log x}{\log a}\right)\\&=\underbrace{\log b-\log(\log a)}_{定数}+\log(\log x)\end{aligned}$$

まで変形してから微分してもよく，この場合，

$$y'=\Big(\log(\log x)\Big)'=\frac{1}{\log x}\cdot(\log x)'=\frac{1}{x\log x}$$

となる．

#3– A 3

定積分 $\displaystyle\int_0^1\frac{1}{e^x+1}\,dx$ を求めよ．

【2002 芝浦工業大学】

解説

（分母・分子に e^{-x} をかける）

$$\begin{aligned}\int_0^1\frac{1}{e^x+1}\,dx&=\int_0^1\frac{e^{-x}}{1+e^{-x}}\,dx\\&=-\int_0^1\frac{(1+e^{-x})'}{1+e^{-x}}\,dx\\&=\Big[-\log(1+e^{-x})\Big]_0^1\\&=\log 2-\log(1+e^{-1})\\&=\log\frac{2}{1+e^{-1}}=\boldsymbol{\log\frac{2e}{e+1}}.\end{aligned}\qquad\cdots(答)$$

注意 上の計算では次の公式を用いた．

$$\int\frac{f'(x)}{f(x)}dx=\log|f(x)|+C\quad(C\text{ は積分定数}).$$

この公式が使える形にもちこむために，被積分関数の分母，分子を e^x で割ったわけである．このような工夫は是非とも習得してもらいたい!

本問では次のように置換積分によって計算することも可能である．$e^x=t$ とおくと，$e^xdx=dt$ より，$dx=\dfrac{dt}{t}$ であり，$x:0\to 1$ のとき，$t:1\to e$ であるから，

$$\int_0^1 \frac{1}{e^x+1}\,dx = \int_1^e \frac{1}{t+1}\cdot\frac{dt}{t}$$
$$= \int_1^e \left(\frac{1}{t} - \frac{1}{t+1}\right) dt$$
$$= \Big[\log t - \log(t+1)\Big]_1^e$$
$$= \log e - \log(e+1) - \log 1 + \log 2$$
$$= \boldsymbol{\log\frac{2e}{e+1}}.$$

#3– A 4

放物線 $y = x^2 - 4x + 5$ の焦点の座標および準線の方程式を求めよ. 【1970 東京農工大学】

解説 放物線 $y = x^2 - 4x + 5$ つまり $y = (x-2)^2 + 1$ は放物線 $y = x^2$ を x 軸方向に 2, y 軸方向に 1 だけ平行移動したもの.

放物線 $y = x^2$ つまり $x^2 = 4\cdot\frac{1}{4}\cdot y$ の焦点の座標は $\left(0,\ \frac{1}{4}\right)$, 準線の式は $y = -\frac{1}{4}$ であるから, 放物線 $y = x^2 - 4x + 5$ の焦点の座標は $\boldsymbol{\left(2,\ \frac{5}{4}\right)}$, 準線の式は $\boldsymbol{y = \frac{3}{4}}$ である. …(答)

($0+2$)　($\frac{1}{4}+1$)　($-\frac{1}{4}+1$)

放物線 $x^2 = 4py$ (p は 0 でない定数) の焦点の座標は $(0,\ p)$ であり, 準線の方程式は $y = -p$ である.

#3– A 5

$z^3 = i$ を満たす複素数 z をすべて求め, 複素数平面上に図示せよ. 【2017 福島大学】

解説

$$z = r(\cos\theta + i\sin\theta) \quad (r \geqq 0,\quad 0 \leqq \theta < 2\pi)$$

(極形式でおく!)

とおくと, de Moivre (ド モアブル) の定理により,

$$z^3 = r^3(\cos 3\theta + i\sin 3\theta).$$

これが $i = 1\left(\cos\frac{\pi}{2} + i\sin\frac{\pi}{2}\right)$ と一致する条件は

$$r^3 = 1,\quad 3\theta = \frac{\pi}{2} + 2n\pi \quad (n \text{ は整数}).$$

$r \geqq 0$ より, $r = 1$ であり, $0 \leqq \theta < 2\pi$ より, $0 \leqq 3\theta < 6\pi$ であるから,

$$3\theta = \frac{\pi}{2},\quad \frac{\pi}{2} + 2\pi,\quad \frac{\pi}{2} + 4\pi.$$
$$\therefore\ \theta = \frac{\pi}{6},\quad \underbrace{\frac{\pi}{6} + \frac{2}{3}\pi}_{\frac{5}{6}\pi},\quad \underbrace{\frac{\pi}{6} + \frac{4}{3}\pi}_{\frac{3}{2}\pi}.$$

ゆえに, 求める複素数 z は

$$z = 1\left(\cos\frac{\pi}{6} + i\sin\frac{\pi}{6}\right) = \boldsymbol{\frac{\sqrt{3}}{2} + \frac{1}{2}i},$$
$$1\left(\cos\frac{5}{6}\pi + i\sin\frac{5}{6}\pi\right) = \boldsymbol{-\frac{\sqrt{3}}{2} + \frac{1}{2}i}, \quad \cdots(\text{答})$$
$$1\left(\cos\frac{3}{2}\pi + i\sin\frac{3}{2}\pi\right) = \boldsymbol{-i}.$$

これら 3 つの z を複素数平面上に図示すると, 次のように正三角形の 3 頂点をなす.

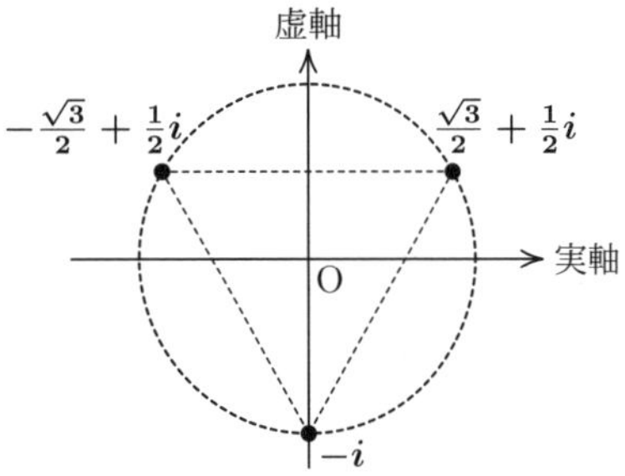

注意 z^3 の計算がしやすいよう, z を $x + yi$ の形ではなく, **極形式** (極座標の発想で $r(\cos\theta + i\sin\theta)$ の形の式) でおくのがポイント! 極形式では n 乗計算が **de Moivre** (ド モアブル) **の定理**のおかげで簡単に計算できる!

#3– A 6

定積分 $\displaystyle\int_0^1 x^3\log(x^2+1)\,dx$ の値を求めよ.

【2021 神戸大学】

解説 部分積分法により,

$$\int_0^1 x^3\log(x^2+1)\,dx$$
$$= \left[\frac{x^4-1}{4}\log(x^2+1)\right]_0^1 - \int_0^1 \frac{x^4-1}{4}\cdot\frac{2x}{x^2+1}dx$$

(上手い!)　(分母が約分で消せる!)

$$= -\frac{1}{2}\int_0^1 x(x^2-1)dx$$
$$= -\frac{1}{2}\left[\frac{x^4}{4} - \frac{x^2}{2}\right]_0^1 = \boldsymbol{\frac{1}{8}}. \quad \cdots(\text{答})$$

注意 素直 (?) な解答者は次のようにやるのではないだろうか?! 部分積分法を用いて,

$$\int_0^1 x^3\log(x^2+1)\,dx$$
$$= \left[\frac{x^4}{4}\log(x^2+1)\right]_0^1 - \int_0^1 \frac{x^4}{4}\cdot\frac{2x}{x^2+1}dx$$
$$= \frac{\log 2}{4} - \frac{1}{2}\int_0^1 \frac{x^5}{x^2+1}dx.$$

ここで，x^5 を x^2+1 で割ると，商が x^3-x で余りが x であるから，

$$\int_0^1 \frac{x^5}{x^2+1}dx = \int_0^1 \left(x^3 - x + \frac{x}{x^2+1}\right)dx = \left[\frac{x^4}{4} - \frac{x^2}{2} + \frac{1}{2}\log(x^2+1)\right]_0^1 = \frac{1}{4} - \frac{1}{2} + \frac{\log 2}{2}.$$

ゆえに，

$$\int_0^1 x^3 \log(x^2+1)\,dx = \frac{\log 2}{4} - \frac{1}{2}\left(\frac{1}{4} - \frac{1}{2} + \frac{\log 2}{2}\right) = \frac{1}{8}.$$

解けないわけではないが，本解に比べると手数がかかっているのがわかるだろう．その違いは x^3 を $\left(\frac{x^4-1}{4}\right)'$ とみるか，$\left(\frac{x^4}{4}\right)'$ とみるかの違いから生じている．一般には，C を任意の定数として，$\frac{x^4}{4}+C$ (あるいは $\frac{x^4+C}{4}$ と表現しても C は任意だから同じこと) が x^3 を積分したものであるので，部分積分したときに，

$$\int_0^1 x^3 \log(x^2+1)\,dx = \left[\frac{x^4+C}{4}\log(x^2+1)\right]_0^1 - \int_0^1 \frac{x^4+C}{4}\cdot\frac{2x}{x^2+1}dx$$

となる．C として -1 を採択したものが本解であり，C として 0 を採択したものが直前での計算である．$C=-1$ とすると，後半の積分は

$$\int_0^1 \frac{x^4-1}{4}\cdot\frac{2x}{x^2+1}dx$$

となるが，

$$x^4-1 = (x^2+1)(x^2-1)$$

と因数分解すると，分母の x^2+1 が約分によって消せ，

$$\int_0^1 \frac{(x^2+1)(x^2-1)}{4}\cdot\frac{2x}{x^2+1}dx = \int_0^1 \frac{(x^2-1)x}{2}dx$$

と 3 次関数の積分に帰着できる．部分積分法を用いる際には，定数項を意識することはあまり多くない．それは定数項を 0 として計算することが多いからであるが，0 以外の数を採択した方が後の計算が簡単になることもある．本問でそのことを学んで欲しい．

#3− A 7

無限級数 $\displaystyle\sum_{n=1}^{\infty} \frac{2}{n(n+1)(n+2)}$ の和を求めよ．

【1987 岩手大学】

解説　第 N 部分和を S_N とおくと，

$$S_N = \sum_{n=1}^{N} \frac{2}{n(n+1)(n+2)}$$

部分分数分解

$$= \sum_{n=1}^{N}\left(\frac{1}{n(n+1)} - \frac{1}{(n+1)(n+2)}\right)$$

望遠鏡和

$$= \frac{1}{1\cdot 2} - \frac{1}{(N+1)(N+2)}.$$

これより，

$$\lim_{N\to\infty} S_N = \frac{1}{1\cdot 2} - 0 = \frac{1}{2}$$

であるから，求める無限級数の和は

$$\boldsymbol{\frac{1}{2}}. \qquad \cdots(答)$$

Coffee Break　2 次曲線の分野では，楕円，双曲線，放物線の性質を学習するが，ここでは，楕円に関連して

“スーパー楕円”

と呼ばれる図形を紹介しよう．

この “スーパー楕円” は，楕円に近い形状で，次の図のような “楕円と長方形の中間” の形状である．

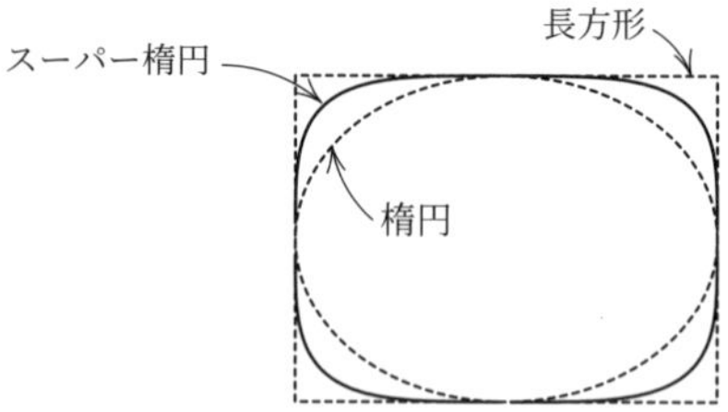

この “スーパー楕円” を思い付いたのは，デンマークの数学者，デザイナーであり詩人でもある Piet Hein(ピート・ハイン，1905 - 1996) である．彼は，1950 年代の後半にストックホルムの交通問題を解決するためにロータリー交差点のデザインにこの “スーパー楕円” を採用し，渋滞を解消した．インテリア・アクセサリーのデザインなどでも大活躍したピート・ハインの名は，いまではブランド名にもなっており，“スーパー楕円” が使われた魅力的なデザインのテーブルや照明が作られている．

#3– B **1**

方程式 $2x^2-8x+y^2-6y+11=0$ が表す 2 次曲線 C_1 について，次の問に答えよ．

(1) C_1 の概形を描け．

(2) C_1 の焦点の座標を求めよ．

(3) a，b，$c\ (c>0)$ を定数とし，方程式

$$(x-a)^2-\frac{(y-b)^2}{c^2}=1$$

が表す双曲線を C_2 とする．C_1 の 2 つの焦点と C_2 の 2 つの焦点が正方形の 4 つの頂点となるとき，a，b，c の値を求めよ．　【2022 名城大学】

解説

(1) C_1 の式は

$$\begin{aligned}&2x^2-8x+y^2-6y+11=0\\ \Longleftrightarrow\ &2(x-2)^2-8+(y-3)^2-9+11=0\\ \Longleftrightarrow\ &2(x-2)^2+(y-3)^2=6\\ \Longleftrightarrow\ &\frac{(x-2)^2}{3}+\frac{(y-3)^2}{6}=1\end{aligned}$$

と変形できることから，C_1 は楕円 $\dfrac{x^2}{3}+\dfrac{y^2}{6}=1$ を x 軸方向に 2，y 軸方向に 3 だけ平行移動したものであり，C_1 の概形は次．

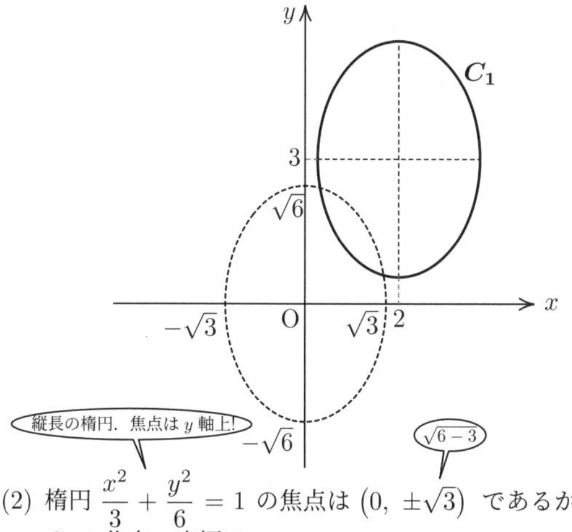

(2) 楕円 $\dfrac{x^2}{3}+\dfrac{y^2}{6}=1$ の焦点は $\left(0,\ \pm\sqrt{3}\right)$ であるから，C_1 の焦点の座標は

$$\left(\mathbf{2},\ \mathbf{3}\pm\sqrt{\mathbf{3}}\right).\qquad\cdots(答)$$

(3) 双曲線 C_2 : $(x-a)^2-\dfrac{(y-b)^2}{c^2}=1$ は双曲線 $x^2-\dfrac{y^2}{c^2}=1$ を x 軸方向に a，y 軸方向に b だけ平行移動したものであり，双曲線 $x^2-\dfrac{y^2}{c^2}=1$ の焦点の座標は $(\pm\sqrt{1+c^2},0)$ であるから，双曲線 C_2 の焦点の座標は $(a\pm\sqrt{1+c^2},b)$ である．

C_1 の 2 つの焦点と C_2 の 2 つの焦点が正方形の 4 つの頂点となるのは，次の図の状況のときである．

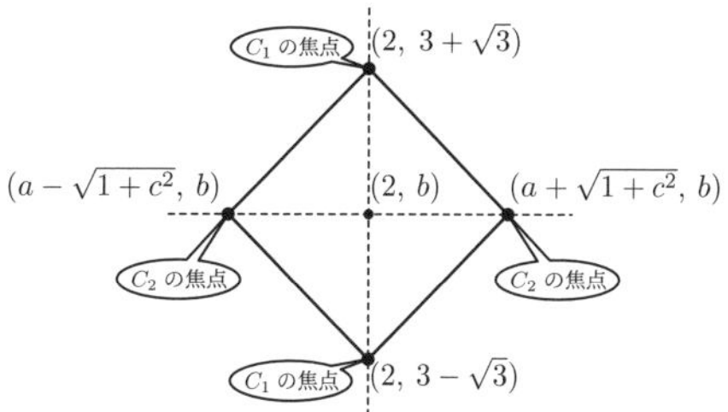

このとき，$\sqrt{1+c^2}=\sqrt{3}$ であり，

$$a=\mathbf{2},\quad b=\mathbf{3},\quad c=\sqrt{\mathbf{2}}.\qquad\cdots(答)$$

注意　最後は「2 本の対角線の中点が一致し，かつ，対角線の長さが等しい」ことから求めてもよい．

#3– B **2**

関数 $f(x)=\pi x\cos(\pi x)-\sin(\pi x)$, $g(x)=\dfrac{\sin(\pi x)}{x}$ を考える．ただし，x の範囲は $0<x\leqq 2$ とする．

(1) 関数 $f(x)$ の増減を調べ，グラフの概形を描け．

(2) $f(x)=0$ の解がただ一つ存在し，それが $\dfrac{4}{3}<x<\dfrac{3}{2}$ の範囲にあることを示せ．

(3) n を整数とする．各 n について，直線 $y=n$ と曲線 $y=g(x)$ の共有点の個数を求めよ．

【2018 お茶の水女子大学】

解説

(1)

$$\begin{aligned}f'(x)&=\pi\cos(\pi x)+\pi x\{-\sin(\pi x)\cdot\pi\}-\cos(\pi x)\cdot\pi\\ &=-\pi^2x\sin(\pi x).\end{aligned}$$

これより，$f(x)$ の $0<x\leqq 2$ における増減は次のようになる．

x	(0)	$\cdots$	1	$\cdots$	2
$f'(x)$		$-$	0	$+$	
$f(x)$	(0)	↘	$-\pi$	↗	2π

さらに，$y=f(x)$ の $0<x\leqq 2$ におけるグラフの概形は次のようになる．

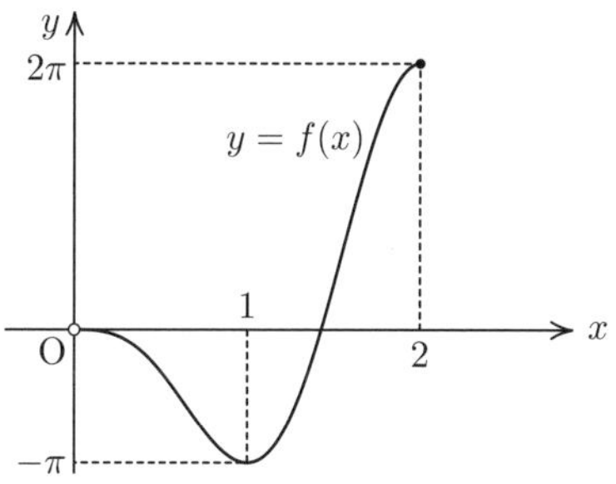

(2) (1) より，$f(x)=0,\ 0<x\leqq 2$ を満たす x はただ一つ存在し，さらに $1<x<2$ の範囲にある．
さらに，

$$f\left(\frac{4}{3}\right)=\frac{4\pi}{3}\cos\frac{4\pi}{3}-\sin\frac{4\pi}{3}$$
$$=\frac{4\pi}{3}\left(-\frac{1}{2}\right)-\left(-\frac{\sqrt{3}}{2}\right)$$
$$=\frac{1}{2}\left(\sqrt{3}-4\cdot\frac{\pi}{3}\right)<0$$

であり，　$\left(\frac{\pi}{3}>1\right)$

$$f\left(\frac{3}{2}\right)=\frac{3\pi}{2}\cos\frac{3\pi}{2}-\sin\frac{3\pi}{2}$$
$$=1>0$$

であるので，$f(x)=0,\ 0<x\leqq 2$ を満たす x はただ一つ存在し，それは $\frac{4}{3}<x<\frac{3}{2}$ の範囲にあることがわかる．　(証明終り)

(3) 曲線 $y=g(x)=\dfrac{\sin(\pi x)}{x}$ $(0<x\leqq 2)$ を調べる．

$$g'(x)=\frac{\cos(\pi x)\cdot\pi\cdot x-\sin(\pi x)\cdot 1}{x^2}=\frac{f(x)}{x^2}$$

であるから，(2) で調べた $f(x)=0,\ \frac{4}{3}<x<\frac{3}{2}$ を満たす x を α とおくと，$g(x)$ の $0<x\leqq 2$ における増減は次のようになる．$g(x)$ の符号は $f(x)$ の符号と一致していることに注意!

x	(0)	$\cdots$	α	$\cdots$	2
$g'(x)$		$-$	0	$+$	
$g(x)$		↘		↗	0

$$\lim_{x\to+0}g(x)=\lim_{x\to+0}\frac{\sin(\pi x)}{x}=\lim_{x\to+0}\left(\frac{\sin(\pi x)}{\pi x}\cdot\pi\right)=\pi.$$

また，$g(\alpha)=\dfrac{\sin(\pi\alpha)}{\alpha}$ について，$\frac{4}{3}<\alpha<\frac{3}{2}$ であるから，$\frac{4}{3}\pi<\pi\alpha<\frac{3}{2}\pi$ なので，

$$-1<\sin(\pi\alpha)<-\frac{\sqrt{3}}{2}$$

であり，これと $\frac{2}{3}<\frac{1}{\alpha}<\frac{3}{4}$ により，

$$-\frac{3}{4}<\frac{\sin(\pi\alpha)}{\alpha}<-\frac{\sqrt{3}}{3}$$

が成り立つ．これより，$-1<g(\alpha)<0$ である．
ゆえに，$y=g(x)$ のグラフと直線 $y=n$ (n は整数) の位置関係は次のようになる．

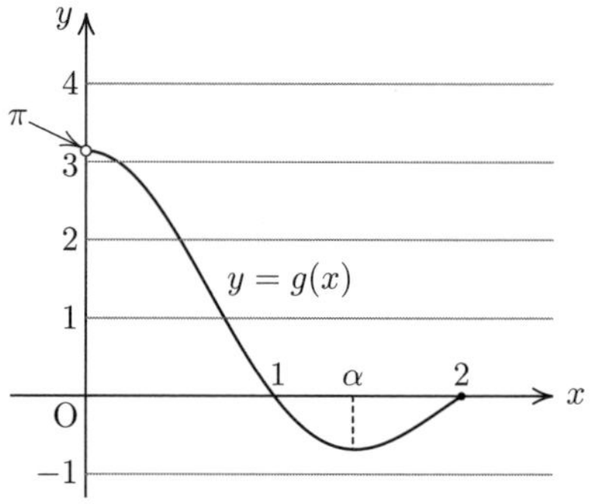

以上より，各整数 n に対して，$0<x\leqq 2$ における直線 $y=n$ と $y=g(x)$ のグラフの共有点の個数は

$$\begin{cases}\boldsymbol{n\leqq -1,\ 4\leqq n} \textbf{ のとき，0 個，}\\ \boldsymbol{n=0} \textbf{ のとき，2 個，}\\ \boldsymbol{n=1,\ 2,\ 3} \textbf{ のとき，1 個．}\end{cases}\quad\cdots(答)$$

#3− B **3**

複素数平面上で $z_0=1+i$ が表す点を A_0 とし，z_0 と $\alpha=\dfrac{\sqrt{3}}{6}+\dfrac{i}{2}$ の積 $z_1=\alpha z_0$ が表す点を A_1 とする．以下，同様に

$$z_n=\alpha z_{n-1}\quad(n=2,\ 3,\ \cdots)$$

が表す点を A_n とするとき，次の各問に答えよ．
(1) α を極形式で表せ．
(2) 三角形 $OA_{n-1}A_n$ の面積 S_n $(n\geqq 1)$ を求めよ．
また，$\displaystyle\sum_{n=1}^{\infty}S_n$ を求めよ．
(3) 三角形 $OA_{n-1}A_n$ の外接円の面積 T_n $(n\geqq 1)$ を求めよ．
(4) 三角形 OA_4A_5 の外接円の中心を表す複素数の実部と虚部を求めよ．　【2013 同志社大学】

解説

(1)
$$\alpha=\frac{\sqrt{3}}{6}+\frac{i}{2}=\frac{1}{\sqrt{3}}\left(\frac{1}{2}+\frac{\sqrt{3}}{2}i\right)$$
$$=\boldsymbol{\frac{1}{\sqrt{3}}\left(\cos\frac{\pi}{3}+i\sin\frac{\pi}{3}\right)}.\quad\cdots(答)$$

(2) $z_n=z_{n-1}\times\alpha$ $(n=1,\ 2,\ 3,\ \cdots)$ と (1) より，$n\geqq 1$ に対して，$\overrightarrow{OA_n}$ は $\overrightarrow{OA_{n-1}}$ を $\frac{1}{\sqrt{3}}$ 倍拡大し，反時計回りに $\frac{\pi}{3}$ 回転したものであることがわかる．これより，三角形 $OA_{n-1}A_n$ と三角形 OA_nA_{n+1} は相似であり，その相似比は

$$OA_{n-1}:OA_n=1:\frac{1}{\sqrt{3}}$$

であるから，

$$S_{n-1}:S_n=1:\left(\frac{1}{\sqrt{3}}\right)^2$$

であり，$\{S_n\}$ は公比 $\left(\dfrac{1}{\sqrt{3}}\right)^2=\dfrac{1}{3}$ の等比数列をなす．
ここで，

$$S_1=\frac{1}{2}\mathrm{OA}_0\cdot\mathrm{OA}_1\sin\frac{\pi}{3}=\frac{1}{2}|z_0||\alpha z_0|\cdot\frac{\sqrt{3}}{2}$$
$$=\frac{1}{2}\sqrt{2}\cdot\frac{1}{\sqrt{3}}\cdot\sqrt{2}\cdot\frac{\sqrt{3}}{2}=\frac{1}{2}$$

であるから，

$$S_n=S_1\cdot\left(\frac{1}{3}\right)^{n-1}=\boldsymbol{\frac{1}{2\cdot 3^{n-1}}}. \qquad \cdots(答)$$

さらに，$\displaystyle\sum_{n=1}^{\infty}S_n$ は初項 $S_1=\dfrac{1}{2}$，公比 $\dfrac{1}{3}$ の無限等比級数であり，公比の絶対値が 1 未満であるので収束し，その和は

$$\sum_{n=1}^{\infty}S_n=\frac{S_1}{1-\frac{1}{3}}=\frac{\frac{1}{2}}{\frac{2}{3}}=\boldsymbol{\frac{3}{4}}. \qquad \cdots(答)$$

(3) 三角形 $\mathrm{OA}_{n-1}\mathrm{A}_n$ の外接円を U_n とおく．(2) より，円 U_{n+1} は円 U_n を原点を中心に $\dfrac{1}{\sqrt{3}}$ 倍拡大し，反時計回りに $\dfrac{\pi}{3}$ 回転したものであることがわかる (n が一つ増えるにつれ，三角形に回転・拡大が施され，外接円も同様の回転・拡大が施されることになる)．これより，$\{T_n\}$ は公比

（面積比は相似比の 2 乗）

$$\left(\frac{1}{\sqrt{3}}\right)^2=\frac{1}{3}$$

の等比数列をなす．
そこで，U_1 を調べよう．((4) のことも踏まえて，U_1 の半径だけでなく中心も調べておく．)

$$z_1=\alpha z_0$$
$$=\left(\frac{\sqrt{3}}{6}+\frac{i}{2}\right)(1+i)$$
$$=\frac{\sqrt{3}-3}{6}+\frac{\sqrt{3}+3}{6}i$$

より，$\mathrm{A}_1(z_1)$ は xy 座標平面の $\mathrm{A}_1\left(\dfrac{\sqrt{3}-3}{6},\ \dfrac{\sqrt{3}+3}{6}\right)$ に対応する．そこで，xy 平面で 3 点 $\mathrm{O}(0,\ 0)$，$\mathrm{A}_0(1,\ 1)$，$\mathrm{A}_1\left(\dfrac{\sqrt{3}-3}{6},\ \dfrac{\sqrt{3}+3}{6}\right)$ を通る円を調べる．原点を通るこの円の式は，l，m を定数として

$$x^2+y^2+lx+my=0$$

とおけ，A_0，A_1 を通ることから，

$$\begin{cases}1^2+1^2+1\cdot l+1\cdot m=0,\\ \left(\dfrac{\sqrt{3}-3}{6}\right)^2+\left(\dfrac{\sqrt{3}+3}{6}\right)^2+\dfrac{\sqrt{3}-3}{6}l+\dfrac{\sqrt{3}+3}{6}m=0.\end{cases}$$

$$\therefore\ l=-\frac{1+\sqrt{3}}{3},\quad m=-\frac{5-\sqrt{3}}{3}.$$

これより，この円の方程式は

$$x^2+y^2-\frac{1+\sqrt{3}}{3}x-\frac{5-\sqrt{3}}{3}y=0$$

であり，この式は

$$\left(x-\frac{1+\sqrt{3}}{6}\right)^2+\left(y-\frac{5-\sqrt{3}}{6}\right)^2=\underbrace{\frac{8-2\sqrt{3}}{9}}_{(半径)^2}$$

（中心の x 座標）（中心の y 座標）

と変形できることから，円 U_1 の面積 T_1 は

$$T_1=\frac{8-2\sqrt{3}}{9}\pi$$

である．

（半径は $\sqrt{\frac{8-2\sqrt{3}}{9}}$）

以上より，

$$T_n=T_1\cdot\left(\frac{1}{3}\right)^{n-1}=\boldsymbol{\frac{8-2\sqrt{3}}{3^{n+1}}\pi}. \qquad \cdots(答)$$

(4) $n=1,\ 2,\ 3,\ \cdots$ に対して，円 U_n の中心を $\mathrm{P}_n(w_n)$ とすると，P_{n+1} は P_n を原点を中心に $\dfrac{1}{\sqrt{3}}$ 倍拡大し，反時計回りに $\dfrac{\pi}{3}$ 回転したものであり，$w_{n+1}=\alpha w_n$ が成り立つ (n が一つ増えるにつれ，三角形に回転・拡大が施され，外心も同様の回転・拡大が施されることになる)．これより，三角形 $\mathrm{OA}_4\mathrm{A}_5$ の外接円の中心を表す複素数 w_5 について，

$$w_5=w_1\cdot\alpha^4$$

が成り立つ．

（w_1 は (3) で求めている）

整数 n に対し，$(\cos\theta+i\sin\theta)^n=\cos n\theta+i\sin n\theta$.

ここで，de Moivre（ド・モアブル）の定理により，

$$\alpha^4=\left\{\frac{1}{\sqrt{3}}\left(\cos\frac{\pi}{3}+i\sin\frac{\pi}{3}\right)\right\}^4$$
$$=\left(\frac{1}{\sqrt{3}}\right)^4\left(\cos\frac{4\pi}{3}+i\sin\frac{4\pi}{3}\right)$$
$$=\frac{1}{9}\left(-\frac{1}{2}-\frac{\sqrt{3}}{2}i\right)$$

であるから，

$$w_5=w_1\cdot\alpha^4$$
$$=\left(\frac{1+\sqrt{3}}{6}+\frac{5-\sqrt{3}}{6}i\right)\cdot\frac{1}{9}\left(-\frac{1}{2}-\frac{\sqrt{3}}{2}i\right)$$
$$=\frac{\sqrt{3}-1}{27}-\frac{2}{27}i.$$

よって，w_5 の

$$\begin{cases}実部は\ \boldsymbol{\dfrac{\sqrt{3}-1}{27}},\\ 虚部は\ \boldsymbol{-\dfrac{2}{27}}.\end{cases} \qquad \cdots(答)$$

#3– B **4**

n を自然数とし，$t>0$ とする．曲線 $y=x^ne^{-nx}$ と x 軸および 2 直線 $x=t$, $x=2t$ で囲まれた図形の面積を $S_n(t)$ とする．このとき，次の問に答えよ．

(1) 関数 $f(x)=xe^{-x}$ の極値を求めよ．

(2) $S_1(t)$ を t を用いて表せ．

(3) 関数 $S_1(t)$ $(t>0)$ の最大値を求めよ．

(4) $\dfrac{d}{dt}S_n(t)$ を求めよ．

(5) 関数 $S_n(t)$ $(t>0)$ が最大値をとるときの t の値 t_n と極限値 $\displaystyle\lim_{n\to\infty}t_n$ を求めよ．【2016 山形大学】

解説

(1) $f(x)=xe^{-x}$ により，

$$f'(x)=1\cdot e^{-x}+x\cdot e^{-x}\cdot(-1)=(1-x)e^{-x}.$$

これより，$f(x)$ の増減は次のようになる．

x	$\cdots$	1	$\cdots$
$f'(x)$	$+$	0	$-$
$f(x)$	↗	極大	↘

$f(x)$ は極小値をもたず，$x=1$ で**極大値** $\boldsymbol{f(1)=\dfrac{1}{e}}$ をもつ．$\cdots$(答)

(2) $t>0$ により，$t<2t$ であり，$t\leqq x\leqq 2t$ において，$xe^{-x}>0$ であるから，

$$\begin{aligned}S_1(t)&=\int_t^{2t}xe^{-x}dx\\&=\left[x\cdot\frac{e^{-x}}{-1}-1\cdot e^{-x}\right]_t^{2t}+\int_t^{2t}0\,dx\\&=\Big[(x+1)e^{-x}\Big]_{2t}^{t}\\&=\boldsymbol{(t+1)e^{-t}-(2t+1)e^{-2t}}.\end{aligned}\quad\cdots(答)$$

（部分積分の反復適用 (付録 1 参照)）

(3)

$$\begin{aligned}\frac{d}{dt}S_1(t)&=\frac{d}{dt}\int_t^{2t}xe^{-x}dx\\&=2te^{-2t}\cdot2-te^{-t}\cdot1\\&=te^{-2t}(4-e^t)\end{aligned}$$

（後の 注意 参照）

より，$S_1(t)$ の $t>0$ における増減は次のようになる．

t	(0)	$\cdots$	$2\log2$	$\cdots$
$S'(t)$		$+$	0	$-$
$S(t)$		↗	極大	↘

ゆえに，$S_1(t)$ $(t>0)$ の最大値は

$$\begin{aligned}S_1(2\log2)&=(2\log2+1)\cdot\frac{1}{4}-(4\log2+1)\cdot\frac{1}{16}\\&=\boldsymbol{\frac{3+4\log2}{16}}.\end{aligned}\quad\cdots(答)$$

(4) $t>0$ により，$t<2t$ であり，$t\leqq x\leqq 2t$ において，$xe^{-nx}>0$ であるから，

$$S_n=\int_t^{2t}x^ne^{-nx}dx.$$

これより，

$$\begin{aligned}\frac{d}{dt}S_n(t)&=\frac{d}{dt}\int_t^{2t}x^ne^{-nx}dx\\&=(2t)^ne^{-n\cdot2t}\cdot2-t^ne^{-nt}\cdot1\\&=\boldsymbol{t^ne^{-2nt}(2^{n+1}-e^{nt})}.\end{aligned}\quad\cdots(答)$$

（後の 注意 参照）

(5) (4) より，$S_n(t)$ の $t>0$ における増減は次のようになる．

（$e^{nt}=2^{n+1}$ を t について解く）

t	(0)	$\cdots$	$\frac{n+1}{n}\log2$	$\cdots$
$S'(t)$		$+$	0	$-$
$S(t)$		↗	極大	↘

ゆえに，関数 $S_n(t)$ $(t>0)$ が最大値をとるときの t の値 t_n は

$$t_n=\boldsymbol{\frac{n+1}{n}\log2}\quad\cdots(答)$$

であり，

$$\lim_{n\to\infty}t_n=\lim_{n\to\infty}\left(1+\frac{1}{n}\right)\log2=\boldsymbol{\log2}.\quad\cdots(答)$$

注意　(3), (4) では次の公式を用いた．

> 連続関数 f と微分可能な関数 g_1, g_2 に対して，
>
> $$\frac{d}{dx}\int_{g_1(x)}^{g_2(x)}f(t)\,dt=f(g_2(x))g_2'(x)-f(g_1(x))g_1'(x).$$

これは合成関数の微分法によって示される．以下に証明を記載しておく．

証明　F を f の原始関数であるとすると，

$$\begin{aligned}\int_{g_1(x)}^{g_2(x)}f(t)\,dt&=\Big[F(t)\Big]_{g_1(x)}^{g_2(x)}\\&=F\big(g_2(x)\big)-F\big(g_1(x)\big)\end{aligned}$$

より，

$$\begin{aligned}\frac{d}{dx}\int_{g_1(x)}^{g_2(x)}f(t)\,dt&=\frac{d}{dx}F\big(g_2(x)\big)-\frac{d}{dx}F\big(g_1(x)\big)\\&=\frac{d}{dg_2(x)}F\big(g_2(x)\big)\cdot\frac{dg_2(x)}{dx}\\&\quad-\frac{d}{dg_1(x)}F\big(g_1(x)\big)\cdot\frac{dg_1(x)}{dx}\\&=f\big(g_2(x)\big)g_2'(x)-f\big(g_1(x)\big)g_1'(x)\end{aligned}$$

を得る．■

#3– B **5**

連立不等式

$$0 \leqq z \leqq e^{-(x^2+y^2)}, \qquad x^2+y^2 \leqq 1$$

を満たす座標空間の点 $(x,\ y,\ z)$ 全体がつくる領域を M とする.

(1) $0 \leqq t \leqq 1$ とするとき，平面 $z=t$ による M の切り口の面積 $S(t)$ を求めよ.

(2) M の体積を求めよ.【2001 大阪市立大学 (後期)】

解説

(1) $0 \leqq t \leqq 1$ に対して，平面 $z=t$ による M の切り口は平面 $z=t$ 上の点 $(x,\ y,\ t)$ で

$$t \leqq e^{-(x^2+y^2)} \quad \text{かつ} \quad x^2+y^2 \leqq 1 \qquad \cdots(*)$$

を満たす点の集合である.

（$t=0$ の場合は後述に当てはまらない "例外" であり，先に処理している.）

$t=0$ のとき，$(*)$ は

$$0 \leqq e^{-(x^2+y^2)} \quad \text{かつ} \quad x^2+y^2 \leqq 1$$

となり，これを満たす $x,\ y$ の条件は

$$x^2+y^2 \leqq 1$$

である．また，$0 < t \leqq 1$ のとき，$(*)$ は

$$e^{\log t} \leqq e^{-(x^2+y^2)}$$

より

$$\log t \leqq -(x^2+y^2) \quad \text{かつ} \quad x^2+y^2 \leqq 1$$

つまり

$$x^2+y^2 \leqq -\log t \quad \text{かつ} \quad x^2+y^2 \leqq 1$$

となり，これはつまり，（最小値）

$$x^2+y^2 \leqq \min\{-\log t,\ 1\}$$

ということ．ここで，

$$\min\{-\log t,\ 1\} = \begin{cases} 1 & \left(0 < t \leqq \dfrac{1}{e} \text{ の場合}\right), \\ -\log t & \left(\dfrac{1}{e} \leqq t \leqq 1 \text{ の場合}\right) \end{cases}$$

であることから，$(*)$ は

$$\begin{cases} 0 < t \leqq \dfrac{1}{e} \text{のとき},\ x^2+y^2 \leqq 1 \\ \dfrac{1}{e} \leqq t \leqq 1 \text{ のとき},\ x^2+y^2 \leqq -\log t \end{cases}$$

となる．$t=0$ の場合の結果もあわせると，平面 $z=t$ による M の切り口は，平面 $z=t$ 上で，

$$\begin{cases} 0 \leqq t \leqq \dfrac{1}{e} \text{のとき},\ x^2+y^2 \leqq 1, \\ \dfrac{1}{e} \leqq t \leqq 1 \text{ のとき},\ x^2+y^2 \leqq -\log t \end{cases}$$

であり，切り口の面積 $S(t)$ は

$$S(t) = \begin{cases} \boldsymbol{\pi} & \left(0 \leqq t \leqq \dfrac{1}{e} \text{のとき}\right), \\ \boldsymbol{-\pi \log t} & \left(\dfrac{1}{e} \leqq t \leqq 1 \text{ のとき}\right). \end{cases} \qquad \cdots(\text{答})$$

(2) $0 \leqq z \leqq e^{-(x^2+y^2)} \leqq 1$ より，M が存在するのは $0 \leqq z \leqq 1$ の範囲内に限られることに注意すると，M の体積は

$$\begin{aligned} \int_0^1 S(t)dz &= \int_0^1 S(t)dt \\ &= \int_0^{\frac{1}{e}} \pi dt + \int_{\frac{1}{e}}^1 -\pi \log t dt \\ &= \frac{\pi}{e} - \pi \Big[t\log t - t \Big]_{\frac{1}{e}}^1 \\ &= \boldsymbol{\pi \left(1 - \frac{1}{e}\right)}. \end{aligned} \qquad \cdots(\text{答})$$

参考　M の体積は shell integralで計算すると，（巻末付録 3 を参照）

$$\begin{aligned} \int_0^1 2\pi r \cdot e^{-r^2} dr &= -\pi \int_0^1 e^{-r^2} \cdot (-2r)dt \\ &= -\pi \Big[e^{-r^2} \Big]_0^1 \\ &= -\pi \left(\frac{1}{e} - 1\right) = \boldsymbol{\pi \left(1 - \frac{1}{e}\right)} \end{aligned}$$

となる.

#4− A 1

極限 $\displaystyle\lim_{n\to\infty}\frac{1}{n\sqrt{n}}\left(\sqrt{2}+\sqrt{4}+\cdots+\sqrt{2n}\right)$ を求めよ．

【2001 芝浦工業大学】

解説

（$\frac{1}{n}$ を作る）（$\frac{k}{n}$ を作る）

$$\lim_{n\to\infty}\frac{1}{n\sqrt{n}}\sum_{k=1}^{n}\sqrt{2k}=\lim_{n\to\infty}\frac{1}{n}\sum_{k=1}^{n}\sqrt{2\cdot\frac{k}{n}}$$
$$=\int_0^1\sqrt{2x}\,dx=\sqrt{2}\int_0^1 x^{\frac{1}{2}}\,dx$$
$$=\sqrt{2}\left[\frac{2}{3}x^{\frac{3}{2}}\right]_0^1$$
$$=\frac{\mathbf{2\sqrt{2}}}{\mathbf{3}}.\qquad\cdots(答)$$

注意　次の**区分求積法**の公式を用いた．

$$\lim_{n\to\infty}\frac{a_n}{n}=\alpha,\quad \lim_{n\to\infty}\frac{b_n}{n}=\beta\ のとき，$$

$$\lim_{n\to\infty}\frac{1}{n}\sum_{k=a_n}^{b_n}f\left(\frac{k}{n}\right)=\int_\alpha^\beta f(x)dx.$$

特に，

$$\lim_{n\to\infty}\frac{1}{n}\sum_{k=0}^{n-1}f\left(\frac{k}{n}\right)=\int_0^1 f(x)dx,$$

$$\lim_{n\to\infty}\frac{1}{n}\sum_{k=1}^{n}f\left(\frac{k}{n}\right)=\int_0^1 f(x)dx.$$

#4− A 2

関数 $f(x)=|x^3|$ が $x=0$ で微分可能であるかどうか調べよ．

【2012 東京慈恵会医科大学】

解説

$$f(x)=|x^3|=\begin{cases}x^3 & (x>0\ のとき),\\ 0 & (x=0\ のとき),\\ -x^3 & (x<0\ のとき)\end{cases}$$

に対して，極限値

$$\lim_{h\to0}\frac{f(h)-f(0)}{h}$$

が存在するかどうかを調べる．

$$\lim_{h\to+0}\frac{f(h)-f(0)}{h}=\lim_{h\to+0}\frac{h^3-0}{h}$$
$$=\lim_{h\to+0}h^2=0$$

であり，

$$\lim_{h\to-0}\frac{f(h)-f(0)}{h}=\lim_{h\to-0}\frac{-h^3-0}{h}$$
$$=\lim_{h\to+0}(-h^2)=0$$

であるから，

$$\lim_{h\to+0}\frac{f(h)-f(0)}{h}=\lim_{h\to-0}\frac{f(h)-f(0)}{h}=0.$$

したがって，

（極限値が存在!）

$$\lim_{h\to0}\frac{f(h)-f(0)}{h}=0.$$

ゆえに，$f(x)$ は $x=0$ で微分可能である．　$\cdots$(答)

参考　$f'(0)=0$ である．このことは，$f(x)$ のグラフからでも確認できる．

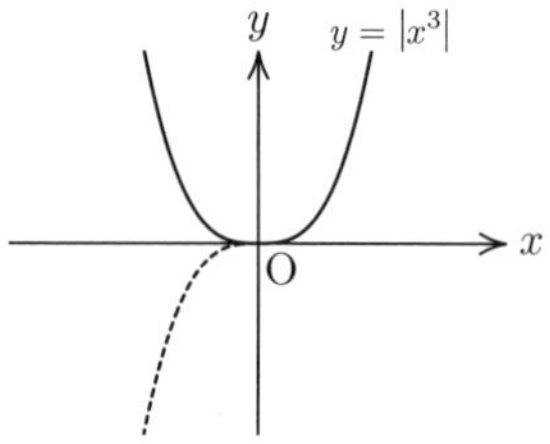

#4− A 3

楕円 $x^2+4y^2+6x-40y+101=0$ 上の点 $(-1,\ 6)$ における接線 l の方程式は $x+$ [ア] $y=$ [イ] である．また，この楕円の 2 つの焦点と l の距離の積は [ウ] である．

【2014 関西大学】

解説　楕円の式 $x^2+4y^2+6x-40y+101=0$ は

$$x^2+6x+4y^2-40y=-101$$

と変形でき，この式の両辺を x で微分すると，

$$(2x+6)+(8y-40)\frac{dy}{dx}=0.$$

$(x,\ y)=(-1,\ 6)$ において，

$$\{2\cdot(-1)+6\}+(8\cdot6-40)\frac{dy}{dx}=0\quad より\quad \frac{dy}{dx}=-\frac{1}{2}.$$

これが接線 l の傾きであるから，l の方程式は

$$y=-\frac{1}{2}\{x-(-1)\}+6\quad つまり\quad y=-\frac{1}{2}x+\frac{11}{2}.$$

よって，

$$l:x+\boxed{\mathbf{2}}\,y=\boxed{\mathbf{11}}.\qquad\cdots(答)$$

また，

$$x^2+4y^2+6x-40y+101=0$$
$$\iff(x+3)^2-9+4(y-5)^2-100+101=0$$
$$\iff(x+3)^2+4(y-5)^2=8$$
$$\iff\frac{(x+3)^2}{8}+\frac{(y-5)^2}{2}=1$$

より，この楕円の 2 焦点は

$$\left(\pm\sqrt{8-2}-3,\ 0+5\right)\quad つまり\quad \left(-3\pm\sqrt{6},\ 5\right)$$

ゆえに，求める距離の積は

$$\frac{\left|-3+\sqrt{6}+2\cdot 5-11\right|}{\sqrt{1^2+2^2}}=\frac{4-\sqrt{6}}{\sqrt{5}}$$

と

$$\frac{\left|-3-\sqrt{6}+2\cdot 5-11\right|}{\sqrt{1^2+2^2}}=\frac{4+\sqrt{6}}{\sqrt{5}}$$

との積であり，その値は

$$\frac{4-\sqrt{6}}{\sqrt{5}}\cdot\frac{4+\sqrt{6}}{\sqrt{5}}=\frac{16-6}{5}=\boxed{\mathbf{2}}. \quad \cdots(答)$$

参考　一般に，楕円の接線と 2 焦点からの距離の積は，接点の位置によらず一定値をとる．その値は (短半径)^2 である．本問の楕円は $\dfrac{x^2}{8}+\dfrac{y^2}{2}=1$ と合同であり，この楕円の短半径は $\sqrt{2}$ であることからも，$\boxed{\text{ウ}}=2$ であることは確認できる．

以下，a，b は $a>b>0$ を満たす定数として，楕円 $E:\dfrac{x^2}{a^2}+\dfrac{y^2}{b^2}=1$ についてこの性質を証明してみる．

焦点と接線との距離の積が常に b^2 で一定となることの証明

楕円 E の点 $\mathrm{P}(a\cos\theta,\ b\sin\theta)$ における接線 ℓ の式は

$$\frac{a\cos\theta}{a^2}x+\frac{b\sin\theta}{b^2}y=1$$

つまり

$$(b\cos\theta)x+(a\sin\theta)y-ab=0.$$

これと E の焦点 $\mathrm{F}_1(\sqrt{a^2-b^2},\ 0)$ との距離 d_1 は

$$d_1=\frac{\left|(b\cos\theta)\sqrt{a^2-b^2}-ab\right|}{\sqrt{(b\cos\theta)^2+(a\sin\theta)^2}}=b\cdot\frac{a-\cos\theta\sqrt{a^2-b^2}}{\sqrt{(b\cos\theta)^2+(a\sin\theta)^2}}$$

であり，E の焦点 $\mathrm{F}_2(-\sqrt{a^2-b^2},\ 0)$ との距離 d_2 は

$$d_2=\frac{\left|-(b\cos\theta)\sqrt{a^2-b^2}-ab\right|}{\sqrt{(b\cos\theta)^2+(a\sin\theta)^2}}=b\cdot\frac{a+\cos\theta\sqrt{a^2-b^2}}{\sqrt{(b\cos\theta)^2+(a\sin\theta)^2}}.$$

ゆえに，

$$\begin{aligned}d_1d_2&=b^2\cdot\frac{a^2-\cos^2\theta(a^2-b^2)}{(b\cos\theta)^2+(a\sin\theta)^2}\\&=b^2\cdot\frac{a^2(1-\cos^2\theta)+b^2\cos^2\theta}{(b\cos\theta)^2+(a\sin\theta)^2}\\&=b^2\cdot\underbrace{\frac{a^2\sin^2\theta+b^2\cos^2\theta}{(b\cos\theta)^2+(a\sin\theta)^2}}_{\theta\text{によらずつねに }1}=b^2.\end{aligned}$$

■

#4− A $\boxed{4}$

定積分 $I=\displaystyle\int_0^{\frac{3\pi}{4}}\frac{\sin\theta+\cos\theta}{8+\sin 2\theta}\,d\theta$ において，$t=\sin\theta-\cos\theta$ とおく置換積分によって I の値を計算せよ．　【1994 立命館大学】

解説　$t=\sin\theta-\cos\theta$ とおくと，

$$t^2=1-2\sin\theta\cos\theta=1-\sin 2\theta.$$
$$\therefore\ \sin 2\theta=1-t^2.$$

これより，

$$8+\sin 2\theta=8+(1-t^2)=9-t^2.$$

（実は，これを見越しての置換!）

また，$dt=(\cos\theta+\sin\theta)d\theta$ であり，$\theta:0\to\dfrac{3\pi}{4}$ と変化するとき，$t:-1\to\sqrt{2}$ と変化するので，

$$\begin{aligned}I&=\int_{-1}^{\sqrt{2}}\frac{1}{9-t^2}dt\\&=\int_{-1}^{\sqrt{2}}\frac{1}{(3+t)(3-t)}dt\\&=\int_{-1}^{\sqrt{2}}\left(\frac{\frac{1}{6}}{3+t}+\frac{\frac{1}{6}}{3-t}\right)dt\\&=\frac{1}{6}\int_{-1}^{\sqrt{2}}\left(\frac{1}{t+3}-\frac{1}{t-3}\right)dt\\&=\frac{1}{6}\Big[\log|t+3|-\log|t-3|\Big]_{-1}^{\sqrt{2}}\\&=\frac{1}{6}\left[\log\left|\frac{t+3}{t-3}\right|\right]_{-1}^{\sqrt{2}}\\&=\frac{1}{6}\left(\log\frac{3+\sqrt{2}}{3-\sqrt{2}}-\log\frac{1}{2}\right)=\frac{1}{6}\log\left(\frac{3+\sqrt{2}}{3-\sqrt{2}}\cdot 2\right)\\&=\boldsymbol{\frac{1}{6}\log\frac{2(3+\sqrt{2})^2}{7}}.\quad\cdots(答)\end{aligned}$$

（ヘビサイドの cover up で部分分数分解　付録 2 参照）

#4− A $\boxed{5}$

i を虚数単位とする．条件

$|z+1|=1$ かつ $|z-1-2i|=\sqrt{5}$ かつ $z\neq 0$

を満たす複素数 z を求めよ．　【2019 立教大学】

解説　複素数平面上で，$|z+1|=1$ を満たす点 z の軌跡は，点 -1 を中心とする半径 1 の円周であり，$|z-1-2i|=\sqrt{5}$ を満たす点 z の軌跡は，点 $1+2i$ を中心とする半径 $\sqrt{5}$ の円周である．

これら 2 円の交点のうちの 1 点は O(0) である．求める z は O(0) でない方の交点を表す複素数である．

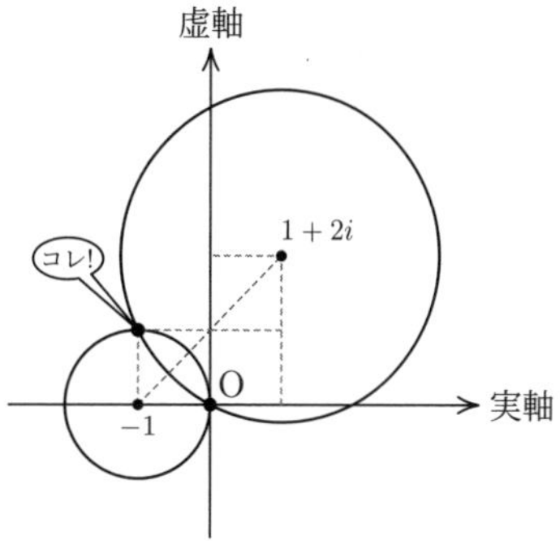

2 円の交点は 2 円の中心を通る直線に関して対称な位置にあることから，求める z は

$$z = \boldsymbol{-1+i}. \qquad \cdots(答)$$

注意　複素数平面を xy 座標平面と同一視し，2 円 $(x+1)^2+y^2=1^2$，$(x-1)^2+(y-2)^2=(\sqrt{5})^2$ の共有点のうち原点でないものを，連立方程式を解くことで求めてもよい．

#4− A 6

a，b を正の数とするとき，$\displaystyle\lim_{n\to\infty}\log\left(1+\frac{a+b}{n}+\frac{ab}{n^2}\right)^n$ を求めよ．　【2014 関西大学】

解説

$$\begin{aligned}
&\log\left(1+\frac{a+b}{n}+\frac{ab}{n^2}\right)^n\\
&=n\cdot\log\left(1+\frac{a+b}{n}+\frac{ab}{n^2}\right)\\
&=n\cdot\frac{\log\left(1+\frac{a+b}{n}+\frac{ab}{n^2}\right)}{\frac{a+b}{n}+\frac{ab}{n^2}}\cdot\left(\frac{a+b}{n}+\frac{ab}{n^2}\right)\\
&=\frac{\log\left(1+\frac{a+b}{n}+\frac{ab}{n^2}\right)}{\frac{a+b}{n}+\frac{ab}{n^2}}\cdot\left(a+b+\frac{ab}{n}\right)\\
&\to 1\times(a+b)=\boldsymbol{a+b}\quad(n\to\infty). \qquad \cdots(答)
\end{aligned}$$

注意　本問では次の公式を用いた．

$$\lim_{\bigstar\to 0}\frac{\log(1+\bigstar)}{\bigstar}=1.$$

この式は $\bigstar$ が十分小さいとき，$\log(1+\bigstar)$ の値はほぼ $\bigstar$ と見なせることを意味している．ほぼ等しいことを記号「$\sim$」で表すことにすると，次のように捉えることができる．$\log(1+\bigstar)\sim\bigstar$ を $\bigstar=\frac{a+b}{n}+\frac{ab}{n^2}$ に適用し，

$$n\log\left(1+\tfrac{a+b}{n}+\tfrac{ab}{n^2}\right)\sim n\left(\tfrac{a+b}{n}+\tfrac{ab}{n^2}\right)=a+b+\tfrac{ab}{n}\sim a+b.$$

これをきちんとした数式で表現したのが上の式変形である．このような変形は sin がらみの極限でもしばしばやっている．$\bigstar$ が十分小さいとき，$\sin\bigstar$ の値はほぼ $\bigstar$ とみなせる $\left(公式\ \displaystyle\lim_{\bigstar\to 0}\frac{\sin\bigstar}{\bigstar}=1\ の意味\right)$ ことから，たとえば $x\to 0$ のとき，

$$\frac{5x+\sin x}{\sin 4x+\sin 6x}\sim\frac{5x+x}{4x+6x}=\frac{3}{5}$$

であり，これをちゃんと式で書くときには，

$$\begin{aligned}
\frac{5x+\sin x}{\sin 4x+\sin 6x}&=\frac{5x+\frac{\sin x}{x}\cdot x}{\frac{\sin 4x}{4x}\cdot 4x+\frac{\sin 6x}{6x}\cdot 6x}\\
&=\frac{5+\frac{\sin x}{x}}{\frac{\sin 4x}{4x}\cdot 4+\frac{\sin 6x}{6x}\cdot 6}\\
&\to\frac{5+1}{1\cdot 4+1\cdot 6}=\frac{3}{5}\quad(x\to 0)
\end{aligned}$$

のように表現する．

注意　本問は次のように，式の特性 (因数分解) を利用した解答が可能である．

$$\begin{aligned}
&\log\left(1+\frac{a+b}{n}+\frac{ab}{n^2}\right)^n\\
&=\log\left\{\left(1+\frac{a}{n}\right)\left(1+\frac{b}{n}\right)\right\}^n\\
&=\log\left\{\left(1+\frac{a}{n}\right)^n\cdot\left(1+\frac{b}{n}\right)^n\right\}\\
&=\log\left[\left\{\left(1+\frac{a}{n}\right)^{\frac{n}{a}}\right\}^a\cdot\left\{\left(1+\frac{b}{n}\right)^{\frac{n}{b}}\right\}^b\right]\\
&\to\log\left(e^a\cdot e^b\right)=\boldsymbol{a+b}\quad(n\to\infty).
\end{aligned}$$

ここでは，e についての次の式を用いた．

$$\lim_{\bigstar\to 0}(1+\bigstar)^{\frac{1}{\bigstar}}=e.$$

#4− A 7

曲線 $x=t^2$，$y=t^3$　$(0\leqq t\leqq\sqrt{5})$ の長さを求めよ．　【1985 信州大学】

解説　$\dfrac{dx}{dt}=2t$，$\dfrac{dy}{dt}=3t^2$ より，求める長さは

$$\begin{aligned}
\int_0^{\sqrt{5}}\sqrt{\left(\frac{dx}{dt}\right)^2+\left(\frac{dy}{dt}\right)^2}\,dt&=\int_0^{\sqrt{5}}\sqrt{(2t)^2+(3t^2)^2}\,dt\\
&=\int_0^{\sqrt{5}}|t|\sqrt{4+9t^2}\,dt\\
&=\int_0^{\sqrt{5}}t\sqrt{4+9t^2}\,dt\\
&=\left[\frac{1}{27}(9t^2+4)^{\frac{3}{2}}\right]_0^{\sqrt{5}}\\
&=\frac{49^{\frac{3}{2}}-4^{\frac{3}{2}}}{27}\\
&=\frac{7^3-2^3}{27}=\boldsymbol{\frac{335}{27}}. \qquad \cdots(答)
\end{aligned}$$

($0\leqq t\leqq\sqrt{5}$ においてはつねに $|t|=t$)

注意　次の曲線の長さについての公式を用いた．

曲線上の点の座標 $(x,\ y)$ が $x=f(t)$，$y=g(t)$ と表されるとき，曲線の $\alpha\leqq t\leqq\beta$ の部分の長さは

$$\int_\alpha^\beta\sqrt{\{f'(t)\}^2+\{g'(t)\}^2}\,dt$$

で与えられる．

#4–B **1**

z を虚部が正である複素数とし, O(0), P(2), Q($2z$) を複素数平面上の 3 点とする. △OPR, △PQS, △QOT は △OPQ の内部と重ならない正三角形とし, 3 点 U, V, W をそれぞれ △OPR, △PQS, △QOT の重心とする.

(1) 3 点 U, V, W が表す複素数を z で表せ.

(2) △UVW は正三角形であることを示せ.

(3) z が $|z-i| = \dfrac{1}{2}$ を満たしながら動くとき, △UVW の重心 G の軌跡を複素数平面上に図示せよ. ただし, i は虚数単位を表す.

【2018 北海道大学 (後期)】

解説 R(r), S(s), T(t), U(u), V(v), W(w) とする.

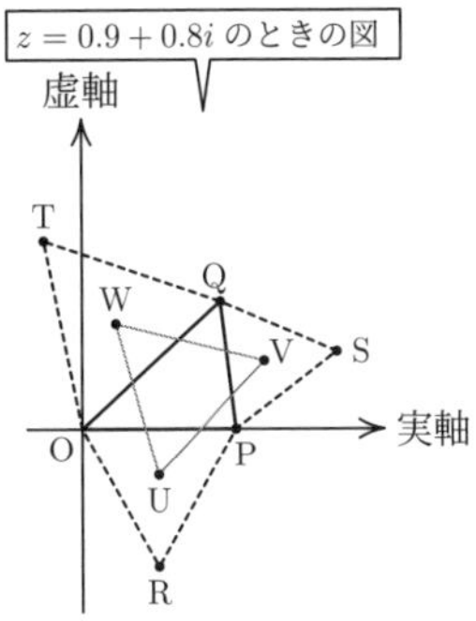

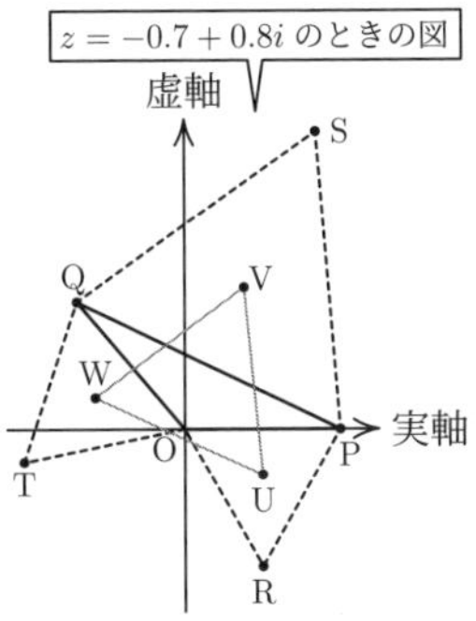

(1) $\overrightarrow{\mathrm{OR}}$ は $\overrightarrow{\mathrm{OP}}$ を時計回りに $\dfrac{\pi}{3}$ 回転したものであるから,

$$\begin{aligned} r &= \left\{\cos\left(-\frac{\pi}{3}\right) + i\sin\left(-\frac{\pi}{3}\right)\right\}\cdot 2 \\ &= \left(\frac{1}{2} - \frac{\sqrt{3}}{2}i\right)\cdot 2 \\ &= 1-\sqrt{3}i \end{aligned}$$

(図からほぼ明らか!)

であり, 三角形 OPR の重心 U を表す複素数 u は

$$u = \frac{0+2+r}{3} = \boldsymbol{1 - \frac{\sqrt{3}}{3}i}. \qquad \cdots(答)$$

($\overrightarrow{\mathrm{OU}} = \frac{1}{3}\left(\overrightarrow{\mathrm{OO}} + \overrightarrow{\mathrm{OP}} + \overrightarrow{\mathrm{OR}}\right)$ に対応)

$\overrightarrow{\mathrm{PS}}$ は $\overrightarrow{\mathrm{PQ}}$ を時計回りに $\dfrac{\pi}{3}$ 回転したものであるから,

$$\begin{aligned} s-2 &= \left\{\cos\left(-\frac{\pi}{3}\right) + i\sin\left(-\frac{\pi}{3}\right)\right\}\cdot(2z-2) \\ &= \left(\frac{1}{2} - \frac{\sqrt{3}}{2}i\right)\cdot 2(z-1) \\ &= (1-\sqrt{3}i)(z-1) \end{aligned}$$

より,

$$s = 2 + (1-\sqrt{3}i)(z-1) = (1-\sqrt{3}i)z + 1 + \sqrt{3}i$$

であり, 三角形 PQS の重心 V を表す複素数 v は

$$v = \frac{2+2z+s}{3} = \boldsymbol{\left(1 - \frac{\sqrt{3}}{3}i\right)z + 1 + \frac{\sqrt{3}}{3}i}. \qquad \cdots(答)$$

($\overrightarrow{\mathrm{OV}} = \frac{1}{3}\left(\overrightarrow{\mathrm{OP}} + \overrightarrow{\mathrm{OQ}} + \overrightarrow{\mathrm{OS}}\right)$ に対応)

$\overrightarrow{\mathrm{OT}}$ は $\overrightarrow{\mathrm{OQ}}$ を反時計回りに $\dfrac{\pi}{3}$ 回転したものであるから,

$$\begin{aligned} t &= \left(\cos\frac{\pi}{3} + i\sin\frac{\pi}{3}\right)\cdot 2z \\ &= \left(\frac{1}{2} + \frac{\sqrt{3}}{2}i\right)\cdot 2z \\ &= (1+\sqrt{3}i)z \end{aligned}$$

であり, 三角形 QOT の重心 W を表す複素数 w は

$$w = \frac{2z+0+t}{3} = \boldsymbol{\left(1 + \frac{\sqrt{3}}{3}i\right)z}. \qquad \cdots(答)$$

($\overrightarrow{\mathrm{OW}} = \frac{1}{3}\left(\overrightarrow{\mathrm{OQ}} + \overrightarrow{\mathrm{OO}} + \overrightarrow{\mathrm{OT}}\right)$ に対応)

(2) (1) での計算から,

$$\begin{cases} w-u = \left(1 + \dfrac{\sqrt{3}}{3}i\right)z - 1 + \dfrac{\sqrt{3}}{3}i, \\ v-u = \left(1 - \dfrac{\sqrt{3}}{3}i\right)z + \dfrac{2\sqrt{3}}{3}i. \end{cases}$$

ここで,

$$\begin{aligned} &\left(\cos\frac{\pi}{3} + i\sin\frac{\pi}{3}\right)(v-u) \\ &= \frac{1}{2}\left(1+\sqrt{3}i\right)\left\{\left(1 - \frac{\sqrt{3}}{3}i\right)z + \frac{2\sqrt{3}}{3}i\right\} \\ &= \left(1 + \frac{\sqrt{3}}{3}i\right)z - 1 + \frac{\sqrt{3}}{3}i \\ &= w-u \end{aligned}$$

となることから, $\overrightarrow{\mathrm{UW}}$ は $\overrightarrow{\mathrm{UV}}$ を反時計回りに $\dfrac{\pi}{3}$ 回転したものであることがわかる.

よって, △UVW は正三角形である. (証明終り)

(3) △UVW の重心 G を表す複素数を g とすると,

$$g = \frac{u+v+w}{3} = \frac{2z+2}{3} = \frac{2}{3}(z+1).$$

($\overrightarrow{\mathrm{OG}} = \frac{1}{3}\left(\overrightarrow{\mathrm{OU}} + \overrightarrow{\mathrm{OV}} + \overrightarrow{\mathrm{OW}}\right)$ に対応)

点 z に対して, 点 G(g) は点 z を実軸方向に 1 だけ移動したあと, 原点から向きは等しく, 原点からの距離を $\dfrac{2}{3}$ 倍した位置にある.

z が $|z-i| = \dfrac{1}{2}$ を満たしながら動くとき, 点 z は点 i を中心とする半径 $\dfrac{1}{2}$ の円上を動くので, それに伴い,

対応する点 G(g) は点 $(i+1)\cdot\frac{2}{3}=\frac{2}{3}+\frac{2}{3}i$ を中心とする半径 $\frac{1}{2}\times\frac{2}{3}=\frac{1}{3}$ の次の右図の太線で示すような円を描く．　$\cdots$(答)

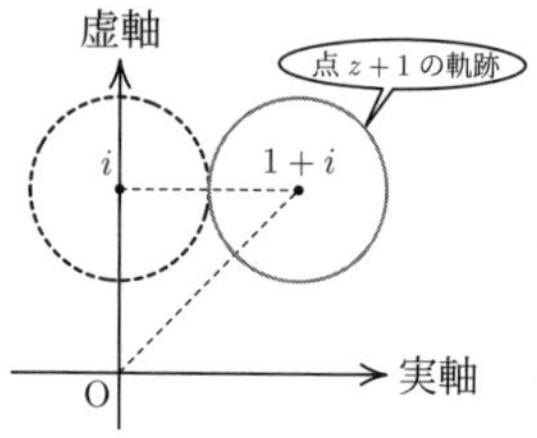

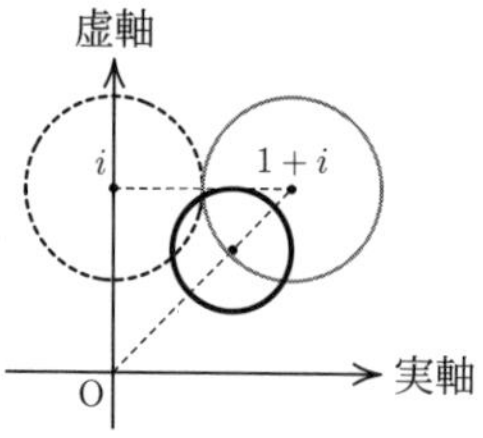

参考　任意の三角形に対し，各辺の外側に正三角形をくっつけ，その 3 つの正三角形の重心を結ぶと必ず正三角形ができる．これはナポレオンの定理として知られる．このナポレオンは，世界史でも有名なフランスの皇帝であり，彼は自然科学への関心が高かった．しかし，この正三角形の定理を最初に発見したのがナポレオンかどうかは怪しい (“Is Napoleon’s Theorem Really Napoleon’s Theorem?” (*The American Mathematical Monthly*, Vol.119, No.6, pp.495 - 501))．彼は多くの学者と親交を結び，政治に数学者も起用した．また，皇帝になる前の 1798 年のエジプト遠征の際には多くの学者を連れていった．これについては，ニナ・バーリー (著)，竹内和世 (訳)：『ナポレオンのエジプト』，白揚社 の一読をお勧めする．

ナポレオンの定理については，本問のように三角形の外側に 3 つの正三角形を考えて，その 3 つの正三角形の重心を結んで得られる正三角形をナポレオンの外正三角形というが，実は内側に正三角形を考えても正三角形ができる．これをナポレオンの内正三角形という．外正三角形と内正三角形の面積の差はもとの三角形の面積と一致することが知られている．

#4− B **2**

(1) 0 以上の実数 x に対して，不等式

$$x-\frac{1}{2}x^2 \leqq \log(1+x) \leqq x$$

が成り立つことを示せ．

(2) 数列 $\{a_n\}$ を

$$a_n=n^2\int_0^{\frac{1}{n}}\log(1+x)\,dx \quad (n=1,\ 2,\ 3,\ \cdots)$$

によって定めるとき，$\lim_{n\to\infty} a_n$ を求めよ．

(3) 数列 $\{b_n\}$ を

$$b_n=\sum_{k=1}^{n}\log\left(1+\frac{k}{n^2}\right) \quad (n=1,\ 2,\ 3,\ \cdots)$$

によって定めるとき，$\lim_{n\to\infty} b_n$ を求めよ．

【2012 新潟大学】

解説

(1) 示すべき不等式は積分を用いて

$$\int_0^x(1-t)dt \leqq \int_0^x\frac{1}{1+t}dt \leqq \int_0^x 1\,dt \qquad \cdots(*)$$

と表すことができる．実際，

$$\int_0^x(1-t)dt=\left[t-\frac{1}{2}t^2\right]_0^x=x-\frac{1}{2}x^2,$$

$$\int_0^x\frac{1}{1+t}dt=\Big[\log(1+t)\Big]_0^x=\log(1+x),$$

$$\int_0^x 1dt=\Big[\,t\,\Big]_0^x=x.$$

以下，$x\geqq 0$ において $(*)$ の成立を示す．$0\leqq t\leqq x$ を満たす t に対し，

$$1-t^2\leqq 1\leqq 1+t$$

が成り立つので，辺々を $1+t\,(>0)$ で割って得られる

$$1-t\leqq\frac{1}{1+t}\leqq 1$$

も成り立つ．したがって，辺々を区間 $[0,\ x]$ において t で積分した $(*)$ の成立も確かめられる．　(証明終り)

(2) (1) で示した不等式の辺々を $\left[0,\ \frac{1}{n}\right]$ で積分し，さらに n^2 をかけて，

$$n^2\int_0^{\frac{1}{n}}\left(x-\frac{1}{2}x^2\right)dx \leqq \underbrace{n^2\int_0^{\frac{1}{n}}\log(1+x)dx}_{=a_n} \leqq n^2\int_0^{\frac{1}{n}}x\,dx$$

を得る．ここで，

$$\int_0^{\frac{1}{n}}\left(x-\frac{1}{2}x^2\right)dx=\left[\frac{1}{2}x^2-\frac{1}{6}x^3\right]_0^{\frac{1}{n}}=\frac{1}{2n^2}-\frac{1}{6n^3},$$

$$\int_0^{\frac{1}{n}}xdx=\left[\frac{1}{2}x^2\right]_0^{\frac{1}{n}}=\frac{1}{2n^2}$$

より，

$$\frac{1}{2}-\frac{1}{6n}\leqq a_n\leqq\frac{1}{2}$$

が成り立つことがわかる．$\lim_{n\to\infty}\left(\frac{1}{2}-\frac{1}{6n}\right)=\frac{1}{2}$ であるから，はさみうちの原理により，

$$\lim_{n\to\infty}a_n=\boldsymbol{\frac{1}{2}}. \qquad \cdots(答)$$

(3) (1) で示した不等式において $x=\frac{1}{n^2},\ \frac{2}{n^2},\ \cdots,\ \frac{n}{n^2}$ とした不等式の辺々を加えて，

$$\sum_{k=1}^{n}\left\{\frac{k}{n^2}-\frac{1}{2}\left(\frac{k}{n^2}\right)^2\right\}\leqq\underbrace{\sum_{k=1}^{n}\log\left(1+\frac{k}{n^2}\right)}_{=b_n}\leqq\sum_{k=1}^{n}\frac{k}{n^2}.$$

ここで，

$$\begin{aligned}
&\sum_{k=1}^{n}\left\{\frac{k}{n^2}-\frac{1}{2}\left(\frac{k}{n^2}\right)^2\right\}\\
&=\frac{1}{n^2}\sum_{k=1}^{n}k-\frac{1}{2n^4}\sum_{k=1}^{n}k^2\\
&=\frac{1}{n^2}\cdot\frac{n(n+1)}{2}-\frac{1}{2n^4}\cdot\frac{n(n+1)(2n+1)}{6}\\
&=\frac{1}{2}\left(1+\frac{1}{n}\right)-\frac{1}{12n}\left(1+\frac{1}{n}\right)\left(2+\frac{1}{n}\right)\\
&\to\frac{1}{2}\cdot 1-0\cdot 1\cdot 2=\frac{1}{2}\quad(n\to\infty)
\end{aligned}$$

であり，また，（上の計算の一部）

$$\sum_{k=1}^{n}\frac{k}{n^2}=\frac{1}{2}\left(1+\frac{1}{n}\right)\to\frac{1}{2}\cdot 1=\frac{1}{2}\quad(n\to\infty)$$

であるから，はさみうちの原理により，

$$\lim_{n\to\infty}b_n=\boldsymbol{\frac{1}{2}}.\qquad\cdots(答)$$

参考　(3) での $\displaystyle\sum_{k=1}^{n}\frac{k}{n^2}$ の極限は区分求積法によって次のように計算することもできる．

$$\sum_{k=1}^{n}\frac{k}{n^2}=\frac{1}{n}\sum_{k=1}^{n}\frac{k}{n}\to\int_0^1 x\,dx=\frac{1}{2}\quad(n\to\infty).$$

また，$\displaystyle\sum_{k=1}^{n}\left\{\frac{k}{n^2}-\frac{1}{2}\left(\frac{k}{n^2}\right)^2\right\}$ の極限についても，

$$\begin{aligned}
&\sum_{k=1}^{n}\left\{\frac{k}{n^2}-\frac{1}{2}\left(\frac{k}{n^2}\right)^2\right\}\\
&=\frac{1}{n}\sum_{k=1}^{n}\frac{k}{n}-\frac{1}{2}\cdot\frac{1}{n}\cdot\frac{1}{n}\sum_{k=1}^{n}\left(\frac{k}{n}\right)^2\\
&\to\int_0^1 x\,dx-\frac{1}{2}\cdot 0\cdot\int_0^1 x^2dx=\frac{1}{2}\quad(n\to\infty)
\end{aligned}$$

と計算できる．

区分求積法によって極限計算を積分計算に帰着できる!

#4−B 3

座標平面上を運動する点 $\mathrm{P}(x,\ y)$ の時刻 t における座標が

$$x=\frac{4+5\cos t}{5+4\cos t},\qquad y=\frac{3\sin t}{5+4\cos t}$$

であるとき，以下の問に答えよ．

(1) 点 P と原点 O との距離を求めよ．

(2) 点 P の時刻 t における速度 $\vec{v}=\left(\dfrac{dx}{dt},\ \dfrac{dy}{dt}\right)$ と速さ $\left|\vec{v}\right|$ を求めよ．

(3) 定積分 $\displaystyle\int_0^{\pi}\frac{dt}{5+4\cos t}$ を求めよ．【2021 神戸大学】

解説

(1) 点 $\mathrm{P}(x,\ y)$ と原点 O との距離 OP は，

$$\begin{aligned}
\mathrm{OP}&=\sqrt{x^2+y^2}\\
&=\sqrt{\left(\frac{4+5\cos t}{5+4\cos t}\right)^2+\left(\frac{3\sin t}{5+4\cos t}\right)^2}\\
&=\sqrt{\frac{16+40\cos t+25\cos^2 t+9\sin^2 t}{25+40\cos t+16\cos^2 t}}\\
&=\sqrt{\frac{16+40\cos t+25\cos^2 t+9(1-\cos^2 t)}{25+40\cos t+16\cos^2 t}}\\
&=\sqrt{\frac{25+40\cos t+16\cos^2 t}{25+40\cos t+16\cos^2 t}}=\mathbf{1}.\qquad\cdots(答)
\end{aligned}$$

(2) $x=\dfrac{4+5\cos t}{5+4\cos t}$ より，

$$\begin{aligned}
\frac{dx}{dt}&=\frac{-5\sin t(5+4\cos t)-(4+5\cos t)\cdot(-4\sin t)}{(5+4\cos t)^2}\\
&=\frac{-9\sin t}{(5+4\cos t)^2}.
\end{aligned}$$

また，$y=\dfrac{3\sin t}{5+4\cos t}$ より，

$$\begin{aligned}
\frac{dy}{dt}&=3\cdot\frac{\cos t(5+4\cos t)-\sin t\cdot(-4\sin t)}{(5+4\cos t)^2}\\
&=\frac{3(4+5\cos t)}{(5+4\cos t)^2}.
\end{aligned}$$

ゆえに，点 P の時刻 t における速度 $\vec{v}=\left(\dfrac{dx}{dt},\ \dfrac{dy}{dt}\right)$ は，

$$\vec{v}=\left(\boldsymbol{\frac{-9\sin t}{(5+4\cos t)^2}},\ \boldsymbol{\frac{3(4+5\cos t)}{(5+4\cos t)^2}}\right).\qquad\cdots(答)$$

さらにこの $\vec{v}$ は，

$$\vec{v}=\frac{3}{5+4\cos t}\left(\frac{-3}{5+4\cos t},\ \frac{4+5\cos t}{5+4\cos t}\right)=\frac{3}{5+4\cos t}(-y,\ x)$$

と表されることから，速さ $\left|\vec{v}\right|$ は

$$\left|\vec{v}\right|=\underbrace{\frac{3}{5+4\cos t}}_{正}\underbrace{\sqrt{(-y)^2+x^2}}_{\mathrm{OP}=1}=\boldsymbol{\frac{3}{5+4\cos t}}.$$

$\cdots$(答)

(3) (2) の結果を用いて，

$$\int_0^{\pi}\frac{dt}{5+4\cos t}=\int_0^{\pi}\frac{1}{3}\left|\vec{v}\right|dt=\frac{1}{3}\int_0^{\pi}\left|\vec{v}\right|dt$$

と表される．ここで，$\displaystyle\int_0^{\pi}\left|\vec{v}\right|dt$ の幾何的な意味は，$0\leqq t\leqq\pi$ のときに点 P が描く曲線の長さ，すなわち，単位円の上半分の弧の長さであることから，

$$\int_0^{\pi}\left|\vec{v}\right|dt=\pi$$

であることがわかるので，

$$\int_0^{\pi} \frac{dt}{5+4\cos t} = \frac{\boldsymbol{\pi}}{\mathbf{3}}. \qquad \cdots(答)$$

参考　本問にはリンケージ (**linkage**) と呼ばれる幾何 (図形) 的な背景がある．そのことを説明しよう．

xy 平面上に上半円 $C : x^2+y^2=1,\ y \geqq 0$ と下半円 $C' : (x-2)^2+y^2=1,\ y \leqq 0$ を用意し，点 $(2,\ 0)$ を中心に点 $(3,\ 0)$ を時計回りに $t\ \ (0 \leqq t \leqq \pi)$ だけ回転させた点を Q_t とする．さらに，Q_t から距離 2 だけ離れたところにある C 上の点がただ一つとれる．この点を P_t とすると，

$$\mathrm{P}_t\left(\frac{4+5\cos t}{5+4\cos t},\ \frac{3\sin t}{5+4\cos t}\right)$$

とパラメータ表示されることが座標の計算をすればわかる．この P_t が本問の点 P の正体である．

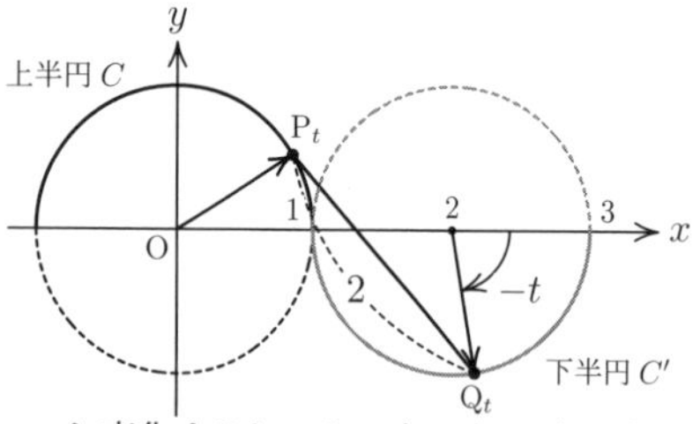

$t : 0 \to \pi$ と変化すると，$\mathrm{Q}_t : (3,\ 0) \to (1,\ 0)$ と下半円に沿って動き，それに伴い，点 P_t は $(1,\ 0) \to (-1,\ 0)$ と上半円に沿って動いていく (t が一定の増加の仕方で増えていっても，点 P_t は等速円運動をするわけではなく，(2) の結果を見ればわかるように t が大きくなるにつれ，P の動きはどんどん速くなる!).

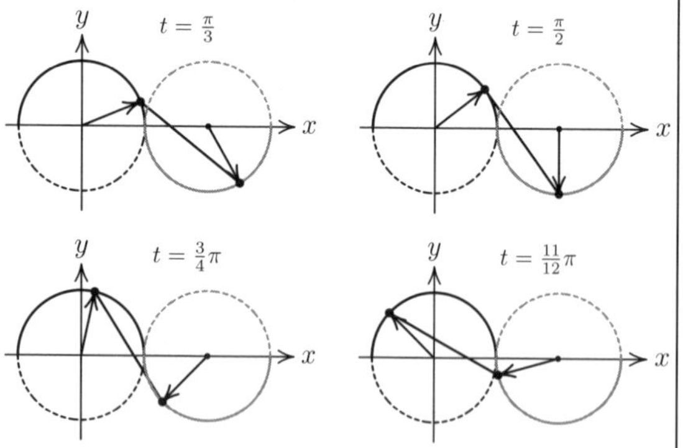

“リンケージ” とは，いくつかの線分を端点で接続してできる折れ線のことである．本問には，点 $(2,\ 0)$ と原点でそれぞれ長さ 1 の線分の端が固定され，各々の他方の端点が長さ 2 の線分 (線分 $\mathrm{P}_t\mathrm{Q}_t$) で接続されているリンケージが背景にある．読者の中にはこのような工学的な応用に関心のある人もいると思うので，2 冊だけ参考文献をあげておく．勉強の息抜きに読んでみるのも良いだろうし，更なる学習のモチベーションとするのも良いであろう．

- デビッド・W・ヘンダーソン，ダイナ・タイミナ (著)，鈴木治郎 (訳)：『体験する幾何学』，ピアソン・エデュケーション
- エリック・D・ドメイン，ジョセフ・オルーク (著)，上原隆平 (訳)：『幾何的な折りアルゴリズム　リンケージ，折り紙，多面体』，近代科学社

#4−B **4**

p を正の実数とする．放物線 $y^2=4px$ 上の点 Q における接線 ℓ が準線 $x=-p$ と交わる点を A とし，Q から準線 $x=-p$ に下ろした垂線と準線 $x=-p$ との交点を H とする．ただし，Q の y 座標は正とする．

(1) Q の x 座標を α とするとき，三角形 AQH の面積を，α と p を用いて表せ．

(2) Q における法線が準線 $x=-p$ と交わる点を B とするとき，三角形 AQH の面積は線分 AB の長さの $\dfrac{p}{2}$ 倍に等しいことを示せ．【2021 弘前大学】

解説

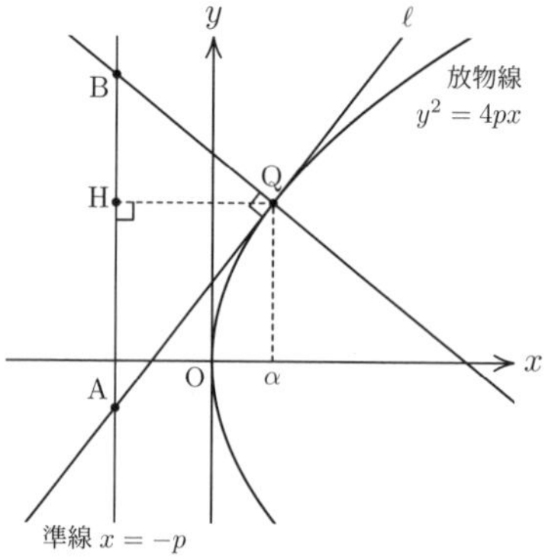

(1) 点 Q は放物線上の x 座標が α で，y 座標が正である点であるから，$\mathrm{Q}(\alpha,\ 2\sqrt{p\alpha})$ である．$y^2=4px$ より，この両辺を x で微分すると，

$$2y\frac{dy}{dx}=4p.$$

$y \neq 0$ のとき，$\dfrac{dy}{dx}=\dfrac{2p}{y}$ であり，接線 ℓ の傾きは，これに $y=2\sqrt{p\alpha}$ を代入した

$$\frac{2p}{2\sqrt{p\alpha}}=\sqrt{\frac{p}{\alpha}}$$

であるので，接線 ℓ の式は

$$\begin{aligned} y &= \sqrt{\frac{p}{\alpha}}(x-\alpha)+2\sqrt{p\alpha} \\ &= \sqrt{\frac{p}{\alpha}}(x+\alpha) \end{aligned}$$

($2\sqrt{p\alpha}=\sqrt{\dfrac{p}{\alpha}}\times 2\alpha$)

である．

したがって，接線 ℓ と準線 $x=-p$ との交点は

$$\mathrm{A}\left(-p,\ \sqrt{\frac{p}{\alpha}}(\alpha-p)\right).$$

ゆえに，

（$2\sqrt{p\alpha}=\sqrt{\frac{p}{\alpha}}\times 2\alpha$）

$$\begin{aligned}\mathrm{AH}&=\left|2\sqrt{p\alpha}-\sqrt{\frac{p}{\alpha}}(\alpha-p)\right|\\&=\left|\sqrt{\frac{p}{\alpha}}(\alpha+p)\right|=\sqrt{\frac{p}{\alpha}}(\alpha+p)\end{aligned}$$

であり，$\mathrm{QH}=|\alpha-(-p)|=\alpha+p$ なので，

$$\begin{aligned}\triangle\mathrm{AQH}&=\frac{1}{2}\mathrm{AH}\cdot\mathrm{QH}\\&=\frac{1}{2}\times\sqrt{\frac{p}{\alpha}}(\alpha+p)\times(\alpha+p)\\&=\boldsymbol{\frac{1}{2}\sqrt{\frac{p}{\alpha}}(\alpha+p)^2}.\end{aligned}$$ $\cdots$(答)

(2) Q における放物線の法線の傾きは $-\sqrt{\dfrac{\alpha}{p}}$ であるから，法線の式は

（傾き $\sqrt{\frac{p}{\alpha}}$ の ℓ に垂直）

$$y=-\sqrt{\frac{\alpha}{p}}(x-\alpha)+2\sqrt{p\alpha}.$$

これより，点 B の y 座標は

$$-\sqrt{\frac{\alpha}{p}}(-p-\alpha)+2\sqrt{p\alpha}=\sqrt{\frac{\alpha}{p}}(3p+\alpha)$$

であり，

$$\begin{aligned}\mathrm{AB}&=\left|\sqrt{\frac{\alpha}{p}}(3p+\alpha)-\sqrt{\frac{p}{\alpha}}(\alpha-p)\right|\\&=\frac{1}{\sqrt{p\alpha}}\left\{\alpha(3p+\alpha)-p(\alpha-p)\right\}\\&=\frac{1}{\sqrt{p\alpha}}\left(\alpha^2+2p\alpha+p^2\right)\\&=\frac{1}{\sqrt{p\alpha}}(\alpha+p)^2.\end{aligned}$$

これより，

$$(\alpha+p)^2=\sqrt{p\alpha}\mathrm{AB}$$

であり，(1) の結果に代入すると

$$\triangle\mathrm{AQH}=\frac{1}{2}\sqrt{\frac{p}{\alpha}}\sqrt{p\alpha}\,\mathrm{AB}=\frac{p}{2}\mathrm{AB}$$

が成り立つ．　　　　(証明終り)

#4−B **5**

a，b を正の数とし，座標平面上の曲線

$$C_1: y=e^{ax},\qquad C_2: y=\sqrt{2x-b}$$

を考える．

(1) 関数 $y=e^{ax}$ と関数 $y=\sqrt{2x-b}$ の導関数を求めよ．

(2) 曲線 C_1 と曲線 C_2 が 1 点 P を共有し，その点において共通の接線をもつとする．このとき，b と点 P の座標を a を用いて表せ．

(3) (2) において，曲線 C_1，曲線 C_2，x 軸，y 軸で囲まれた図形の面積を a を用いて表せ．

【2023 新潟大学】

解説

(1) $y=e^{ax}$ について，

$$y'=\boldsymbol{ae^{ax}}.$$ $\cdots$(答)

$y=(2x-b)^{\frac{1}{2}}$ について，

$$y'=\frac{1}{2}(2x-b)^{-\frac{1}{2}}\cdot 2=\boldsymbol{\frac{1}{\sqrt{2x-b}}}.$$ $\cdots$(答)

(2) 接点 P の x 座標を p とおく．$\underbrace{2p-b}_{\text{ルート内}}\geqq 0$ である．

条件により，

（y の値が同じ）

$$\begin{cases}e^{ap}=\sqrt{2p-b},\\ ae^{ap}=\dfrac{1}{\sqrt{2p-b}}\end{cases}$$

（y' の値が同じ）

が成り立つ．

これらを掛けあわせることで $\sqrt{2p-b}$ が消去でき，

$$a(e^{ap})^2=1.$$

$$\therefore\ e^{ap}=\frac{1}{\sqrt{a}}.$$

これより，

$$ap=\log\frac{1}{\sqrt{a}}\qquad\text{つまり}\qquad ap=-\frac{1}{2}\log a$$

であり，

$$p=-\frac{\log a}{2a}.$$

また，$e^{ap}=\sqrt{2p-b}$ の両辺を 2 乗して，

$$(e^{ap})^2=2p-b$$

より，

$$\begin{aligned}b&=2p-(e^{ap})^2\\&=2\cdot\left(-\frac{\log a}{2a}\right)-\left(\frac{1}{\sqrt{a}}\right)^2\\&=\boldsymbol{-\frac{\log a+1}{a}}.\end{aligned}$$ $\cdots$(答)

点 P の座標 $(p,\ e^{ap})$ は

$$\left(-\frac{\log a}{2a},\ \ \frac{1}{\sqrt{a}}\right). \qquad \cdots(答)$$

(3) 求める面積を S_a と表すことにする．S_a は次の図の斜線部分の面積である．

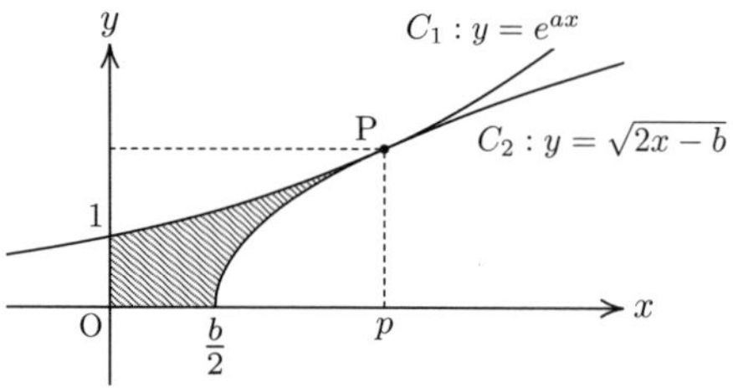

$$
\begin{aligned}
S_a &= \int_0^p e^{ax}dx - \int_{\frac{b}{2}}^p \sqrt{2x-b}\,dx \\
&= \left[\frac{1}{a}e^{ax}\right]_0^p - \left[\frac{1}{3}(2x-b)^{\frac{3}{2}}\right]_{\frac{b}{2}}^p \\
&= \frac{1}{a}\left(e^{ap}-1\right) - \frac{1}{3}(2p-b)^{\frac{3}{2}}
\end{aligned}
$$

（$e^{ap} = \frac{1}{\sqrt{a}}$）（$p = -\frac{\log a}{2a}$）（$b = -\frac{\log a + 1}{a}$）

$$
\begin{aligned}
&= \frac{1}{a}\left(\frac{1}{\sqrt{a}}-1\right) - \frac{1}{3}\left(-\frac{\log a}{a} + \frac{\log a + 1}{a}\right)^{\frac{3}{2}} \\
&= \frac{1}{a\sqrt{a}} - \frac{1}{a} - \frac{1}{3}\left(\frac{1}{a}\right)^{\frac{3}{2}} \\
&= \frac{3-3\sqrt{a}-1}{3a\sqrt{a}} \\
&= \boldsymbol{\frac{2-3\sqrt{a}}{3a\sqrt{a}}}. \qquad \cdots(答)
\end{aligned}
$$

注意　「2 曲線がある点を共有し，かつ，その共有点で共通の接線をもつ」ことが「2 曲線が接する」ことの定義である．その数式表現は次のようになる．

> 微分可能な関数 $f(x)$, $g(x)$ に対し，2 曲線 $y = f(x)$ と $y = g(x)$ が x 座標を t とする点で接する条件は，その接点で共通接線をもつこと，すなわち，
>
> （y の値が同じ）
>
> $$\begin{cases} f(t) = g(t), \\ f'(t) = g'(t). \end{cases}$$
>
> （y' の値が同じ）
>
> 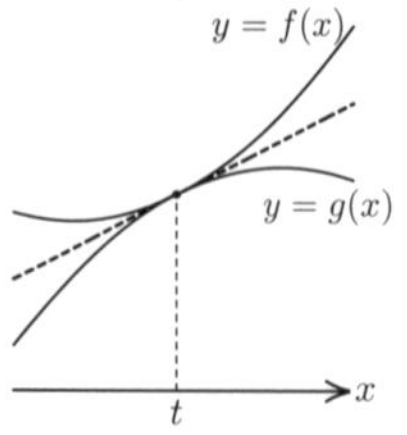
>

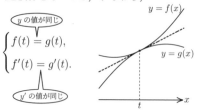

なお，本問において，$b > 0$ であることから，(2) の結果により $\log a < -1$ つまり $0 < a < \frac{1}{e}$ でなければならないことがわかる．

Coffee Break 無限級数に関する一つの小噺を紹介しよう．これは，“fly puzzle” に関する数学者ノイマン (John Von Neumann) の有名なエピソードである (数学者ハルモスが 1973 年に The American Mathematical Monthly という雑誌で紹介している)．

“fly puzzle”

南北一直線の道路上，20 キロ離れた 2 台の自転車が，向かい合って同時に時速 10 キロで走りだす．その瞬間，北向きの自転車のタイヤからハエが飛びたって，時速 15 キロで北に飛び，南向きの自転車のタイヤにタッチするなり引き返し，北向きの自転車に着けばまた U ターンする．それをひたすら繰り返す．

さて，2 台のタイヤに挟まれたハエはいずれペシャンコとなるが，それまでにハエは合計何キロ飛ぶことになるであろうか?

生真面目な人は，最初にハエが南向きの自転車に着くまでの距離を出し，次に北向きの自転車に着くまでの距離を出し $\cdots$ の無限回の繰り返しで和を求める．見事にひっかかってその長たらしい計算をやる数学者もいるらしい．2 台の自転車がきっかり 1 時間でぶつかると気づけばやさしく，ハエの時速は 15 キロだから飛ぶ距離はちょうど 15 キロ．ノイマンは問題を聞くなりダンスを始めたと思った次の瞬間に「15 キロ」と答えた (ノイマンはダンスをしながら考える癖があった)．「なんだ，トリックを知ってたんだね?」と出題者はくやしがった．「トリックって?」とノイマンは怪訝(けげん)な顔になり，「僕は無限級数の和を求めただけなんだけどね」と答えたという．

真面目に無限級数を計算すると，次のようになる．

n 回目のタッチから $n+1$ 回目のタッチまでにかかる時間を t_n (時間) とおく ($n=0,\ 1,\ 2,\ \cdots$)．

また，n 回目のタッチの直後の 2 台の自転車間の距離を ℓ_n (km) とおく ($n=0,\ 1,\ 2,\ \cdots$)．すると，

$$t_n = \frac{\ell_n}{10+15}, \qquad \ell_{n+1} = \ell_n - (10+10)\,t_n$$

より，

$$t_{n+1} = \frac{\ell_{n+1}}{25} = \frac{\ell_n - 20\,t_n}{25} = \frac{1}{5}t_n.$$

これより，$\{t_n\}$ は公比 $\dfrac{1}{5}$ の等比数列であり，

$$t_0 = \frac{20}{10+15} = \frac{4}{5}$$

より，求める距離は

$$\sum_{n=0}^{\infty} 15\,t_n = 15 \cdot \frac{\frac{4}{5}}{1-\frac{1}{5}} = 15 \times 1 = 15\ (\text{km}).$$

ノイマンについては，名前を聞いたことのある読者も多いのではないかと思うが，彼に関する話題については，『フォン・ノイマンの哲学　人間のフリをした悪魔』，講談社現代新書，高橋昌一郎 (著) に詳しく書かれている．天才ならではの逸話も多く紹介されていて非常に面白い本である．息抜きに読んでみるとよいだろう．

#5− A 1

極限

$$\lim_{n\to\infty}\left\{\log\left((n+1)^5\sin\frac{\pi}{2^{n+1}}\right)-\log\left(n^5\sin\frac{\pi}{2^n}\right)\right\}$$

を求めよ.　【2021 弘前大学】

解説

$$\log\left((n+1)^5\sin\frac{\pi}{2^{n+1}}\right)-\log\left(n^5\sin\frac{\pi}{2^n}\right)$$

$$=\log\frac{(n+1)^5\sin\frac{\pi}{2^{n+1}}}{n^5\sin\frac{\pi}{2^n}}$$

（ログの差は商のログ）

（$\frac{\sin★}{★}$ の形を作る）

$$=\log\left\{\left(\frac{n+1}{n}\right)^5\cdot\frac{\dfrac{\sin\frac{\pi}{2^{n+1}}}{\frac{\pi}{2^{n+1}}}\cdot\frac{\pi}{2^{n+1}}}{\dfrac{\sin\frac{\pi}{2^n}}{\frac{\pi}{2^n}}\cdot\frac{\pi}{2^n}}\right\}$$

（$\frac{\sin★}{★}$ の形を作る）

$$=\log\left\{\left(1+\frac{1}{n}\right)^5\cdot\frac{\dfrac{\sin\frac{\pi}{2^{n+1}}}{\frac{\pi}{2^{n+1}}}}{\dfrac{\sin\frac{\pi}{2^n}}{\frac{\pi}{2^n}}}\cdot\frac{1}{2}\right\}$$

$$\to\log\left(1^5\cdot\frac{1}{1}\cdot\frac{1}{2}\right)=\log\frac{1}{2}=\mathbf{-\log 2}\quad(n\to\infty).\quad\cdots(答)$$

注意　本問では次の公式を用いた.

$$\lim_{★\to 0}\frac{\sin★}{★}=1.$$

#5− A 2

定積分 $\displaystyle\int_1^e x^2(\log x)^2dx$ の値を求めよ.

【1999 福島県立医科大学】

解説　部分積分法により,

$$\int_1^e x^2(\log x)^2dx=\left[\frac{x^3}{3}(\log x)^2\right]_1^e-\int_1^e\frac{x^3}{3}\cdot 2\log x\cdot\frac{1}{x}dx$$

$$=\frac{e^3}{3}-\frac{2}{3}\int_1^e x^2\log x\,dx.$$

ここで, 再び部分積分法により,

$$\int_1^e x^2\log x\,dx=\left[\frac{x^3}{3}\log x\right]_1^e-\int_1^e\frac{x^3}{3}\cdot\frac{1}{x}dx$$

$$=\frac{e^3}{3}-\frac{1}{3}\int_1^e x^2dx=\frac{e^3}{3}-\frac{1}{3}\left[\frac{1}{3}x^3\right]_1^e$$

$$=\frac{e^3}{3}-\frac{1}{3}\left(\frac{e^3}{3}-\frac{1}{3}\right)=\frac{2}{9}e^3+\frac{1}{9}$$

であるから,

$$\int_1^e x^2(\log x)^2dx=\frac{e^3}{3}-\frac{2}{3}\left(\frac{2}{9}e^3+\frac{1}{9}\right)=\mathbf{\frac{5e^3-2}{27}}.$$

$\cdots$(答)

#5− A 3

$y=\sqrt{2}\,x$, $y=-\sqrt{2}\,x$ が漸近線となる双曲線のなかで, 点 $(\sqrt{3},\ 2)$ を通る双曲線の式を求めよ. また, その双曲線の焦点のうち, x 座標が正であるものの座標を求めよ.　【2014 芝浦工業大学】

解説

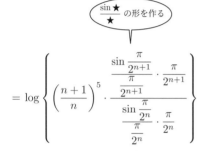

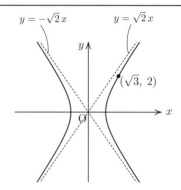

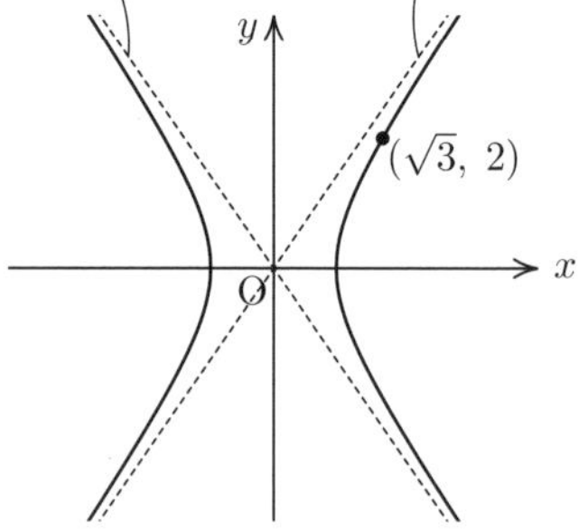

求める双曲線の式は, 図より, $a>0$, $b>0$ として,

$$\frac{x^2}{a^2}-\frac{y^2}{b^2}=1$$

とおける. すると, 漸近線の式は

$$\frac{x^2}{a^2}-\frac{y^2}{b^2}=0$$

（双曲線の漸近線の式は, $\frac{x^2}{a^2}-\frac{y^2}{b^2}=1$ の右辺の 1 を 0 に置き換えて得られる）

つまり

$$\left(\frac{x}{a}+\frac{y}{b}\right)\left(\frac{x}{a}-\frac{y}{b}\right)=0$$

とした

$$y=\pm\frac{b}{a}x$$

と表せる. これが $y=\pm\sqrt{2}\,x$ である条件は

$$\frac{b}{a}=\sqrt{2}.\qquad\cdots①$$

また, 双曲線 $\dfrac{x^2}{a^2}-\dfrac{y^2}{b^2}=1$ が点 $(\sqrt{3},\ 2)$ を通ることから,

$$\frac{(\sqrt{3})^2}{a^2}-\frac{2^2}{b^2}=1.\qquad\cdots②$$

①, ②により,

$$a^2=1,\quad b^2=2.$$

これより，求める双曲線の式は

$$\frac{x^2}{1}-\frac{y^2}{2}=1 \quad \text{つまり} \quad \boldsymbol{x^2-\frac{y^2}{2}=1} \qquad \cdots(\text{答})$$

である．この双曲線の焦点のうち x 座標が正であるものの座標は

$$\left(\sqrt{1+2},\ 0\right) \ \text{つまり}\ \boldsymbol{\left(\sqrt{3},\ 0\right)}. \qquad \cdots(\text{答})$$

参考　次のように解くこともできる．

漸近線に関する条件により，k を定数として，求める双曲線の式は

$$(\sqrt{2}x+y)(\sqrt{2}x-y)=k$$

つまり

$$2x^2-y^2=k$$

とおける．さらに，点 $(\sqrt{3},\ 2)$ を通ることから，

$$2(\sqrt{3})^2-2^2=k$$

より

$$k=2.$$

したがって，求める双曲線の式は

$$2x^2-y^2=2 \quad \text{つまり} \quad \boldsymbol{x^2-\frac{y^2}{2}=1}$$

であり，この双曲線の焦点のうち x 座標が正であるものの座標は

$$\left(\sqrt{1+2},\ 0\right) \ \text{つまり}\ \boldsymbol{\left(\sqrt{3},\ 0\right)}.$$

#5− A 4

$\displaystyle\int_a^x f(t)\,dt=e^{2x}-2$ を満たす定数 a の値と関数 $f(x)$ を求めよ．　【2008 東海大学】

解説

$$\int_a^x f(t)\,dt=e^{2x}-2 \iff \begin{cases}\displaystyle\int_a^a f(t)dt=e^{2a-2}, \\ \displaystyle\frac{d}{dx}\int_a^x f(t)dt=(e^{2x}-2)'\end{cases}$$

$$\iff \begin{cases}0=e^{2a}-2, \\ f(x)=2e^{2x}\end{cases}$$

より，

$$f(x)=\boldsymbol{2e^{2x}}, \qquad a=\boldsymbol{\frac{\log 2}{2}}. \qquad \cdots(\text{答})$$

参考　“定積分を含む等式” を満たす未知関数を求める問題のことを “積分方程式” の問題という．積分方程式は積分区間の種類によって大まかに 2 つのタイプに分類される．一つ目は $\displaystyle\int_{\text{定数}}^{\text{定数}}$ で構成されるもので，“Fredholm(フレドホルム) 型” と呼ばれる．二つ目は $\displaystyle\int_{\text{定数}}^{\text{変数}}$ で構成されるもので，“Volterra(ヴォルテラ) 型” と呼ばれる． それぞれのタイプの解法を整理しておく．

フレドホルム (Fredholm) 型の解き方

(手順 0) 積分の際に無関係な文字を積分の外へ出す．

(手順 1) $\displaystyle\int_{\text{定数}}^{\text{定数}} f(t)\,dt$ を定数 k などと名付ける．

(手順 2) 未知関数の形が決まるので，それをもとに k を定義した定積分を計算する．

(手順 3) 未知数 k の方程式が得られ，それを解くことで未知数 k の値がわかり，未知関数 $f(x)$ が求まる．

(適用例は #8− A 1 を参照．)

ヴォルテラ (Volterra) 型の解き方

上の (手順 0) を行った後，

$$F(x)=\int_a^x f(t)\,dt \quad \iff \quad \begin{cases}F(a)=0, \\ \dfrac{d}{dx}F(x)=f(x)\end{cases}$$

を利用する．　(本問はこのタイプである．)

#5− A 5

複素数平面上で点 z が $|z-1|=1$ で表される図形上を動くとき，$w=2z+i$ の表す点が描く図形を求め，図示せよ．　【2001 津田塾大学】

解説　$|z-1|=1$ を満たす点 z の軌跡は，点 1 を中心とする半径 1 の円である．

点 z に対し，点 $2z$ の軌跡はこの円を原点を中心として 2 倍に拡大したものであり，点 2 を中心とする半径 2 の円である．さらに，これを 1 だけ虚軸方向に平行移動したものが点 $w=2z+i$ の軌跡であり，その軌跡は**点 $2+i$ を中心とする半径 2 の円**である．　$\cdots$(答)

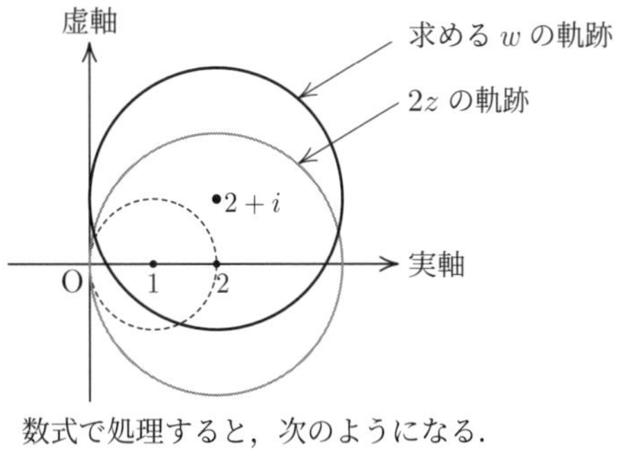

注意　数式で処理すると，次のようになる．

点 w が軌跡に含まれる条件は，$w=2z+i$ を満たす z，つまり，$z=\dfrac{w-i}{2}$ が $|z-1|=1$ を満たすこと，すなわち，

$$\left|\frac{w-i}{2}-1\right|=1.$$

$$|w-(2+i)|=2.$$

ゆえに，点 w の軌跡は，点 $2+i$ を中心とする半径 2 の円である．

#5– A 6

定積分 $\displaystyle\int_0^{\pi} e^{-x}\sin x\cos x\,dx$ の値を求めよ.

【1987 横浜国立大学】

解説 $\displaystyle I=\int_0^{\pi} e^{-x}\sin x\cos x\,dx$ とおく.

2 倍角公式 $\sin 2x = 2\sin x\cos x$ に着目すると,

$$2I=\int_0^{\pi} e^{-x}\sin 2x\,dx$$

であり，これに部分積分法を適用すると,

$$2I=\Big[-e^{-x}\sin 2x-e^{-x}\cdot 2\cos 2x\Big]_0^{\pi}+\int_0^{\pi}e^{-x}\cdot(-4\sin 2x)dx$$

$$=2-2e^{-\pi}-4\cdot 2I$$

(反復部分積分 (付録 1 参照))

より,

$$10I=2-2e^{-\pi}.$$

$$\therefore\quad I=\frac{\mathbf{1-e^{-\pi}}}{\mathbf{5}}. \qquad\cdots(答)$$

#5– A 7

$\displaystyle\lim_{x\to\pi}\frac{\sqrt{a+\cos x}-b}{(x-\pi)^2}=\frac{1}{4}$ を満たす定数 a, b の値を求めよ.

【1986 お茶の水女子大学】

解説 $x-\pi=t$ とおくと, $x\to\pi$ のとき $t\to 0$ であり,

$$\lim_{x\to\pi}\frac{\sqrt{a+\cos x}-b}{(x-\pi)^2}=\lim_{t\to 0}\frac{\sqrt{a-\cos t}-b}{t^2}$$

と書き換えられる. ($\cos(t+\pi)=-\cos t$)

$a<1$ の場合, $t\to 0$ とすると, ルート内に負の値が入り込んでしまい, 極限を考えることはできない.

したがって, $a\geqq 1$ でないといけない. $a\geqq 1$ のとき,

$$\lim_{t\to 0}\left(\sqrt{a-\cos t}-b\right)=\sqrt{a-1}-b$$

となるが, 分子の極限値 $\sqrt{a-1}-b$ が 0 でない場合には, 極限 $\displaystyle\lim_{t\to 0}\frac{\sqrt{a-\cos t}-b}{t^2}$ は発散してしまう.

$\sqrt{a-1}-b=0$, つまり, $b=\sqrt{a-1}$ のとき,

$$\frac{\sqrt{a-\cos t}-b}{t^2}=\frac{\sqrt{a-\cos t}-\sqrt{a-1}}{t^2}$$

$$=\frac{(a-\cos t)-(a-1)}{t^2(\sqrt{a-\cos t}+\sqrt{a-1})}$$

$$=\frac{1-\cos t}{t^2}\cdot\frac{1}{\sqrt{a-\cos t}+\sqrt{a-1}}$$

($1-\cos t=\dfrac{\sin^2 t}{1+\cos t}$)

$$=\Big(\underbrace{\frac{\sin t}{t}}_{\to 1}\Big)^2\cdot\frac{1}{1+\underbrace{\cos t}_{\to 1}}\cdot\frac{1}{\sqrt{a-\underbrace{\cos t}_{\to 1}}+\sqrt{a-1}}$$

$$\xrightarrow[t\to 0]{}\begin{cases}+\infty & (a=1\text{ のとき}),\\ \dfrac{1}{4\sqrt{a-1}} & (a\neq 1\text{ のとき}).\end{cases}$$

ゆえに, 極限値 $\displaystyle\lim_{t\to 0}\frac{\sqrt{a-\cos t}-b}{t^2}$ が存在するための必要十分条件は

($a\geqq 1$ かつ $a\neq 1$)

$$a>1,\qquad b=\sqrt{a-1}$$

であり, 収束するときの極限値は $\dfrac{1}{4\sqrt{a-1}}$ である.

したがって, $\dfrac{1}{4}$ に収束する条件は

$$a>1,\qquad b=\sqrt{a-1},\qquad \frac{1}{4\sqrt{a-1}}=\frac{1}{4}.$$

$$\therefore\quad a=\mathbf{2},\quad b=\mathbf{1}. \qquad\cdots(答)$$

Coffee Break 数学の勉強をしていると,「そんな式変形思いつかないよ!」と言いたくなるときもあるだろう.

しかし，そこで投げやりになるのではなく,「どうすればそういう式変形ができるようになるだろうか?」あるいは「次にこのような形の式が出できたときには，この変形を試してみよう」とプラス思考で捉えていかないと成長は望めない. 上手い解答を見たときには, (感動するだけではなく)「なぜ上手くいったのか」と仕組みをしっかり分析することが大事である. 解決に向かってどのような有効性をもっているのかを具体的に分析すれば, 汎用性をもたせて次に活かしやすくなるからである.

一つ印象的な例をとりあげよう. これは, フランスの数学者 Cauchy(コーシー) が著した『微分積分学要論』にある例である. 次の積分の問題を考えてもらいたい.

$\displaystyle\int\frac{1}{\sin^2 x\cos^2 x}dx$ を求めよ.

“半角の公式” を思い浮かぶのは悪いことではないが, ここでは

$$\sin^2 x+\cos^2 x=1$$

を逆に利用することを紹介したい. 式変形をみれば「どうしてそのようなことをするのか?」がわかるであろう (それを考えながら読んでもらいたい).

$$\int\frac{1}{\sin^2 x\cos^2 x}dx=\int\frac{\sin^2 x+\cos^2 x}{\sin^2 x\cos^2 x}dx$$

$$=\int\left(\frac{\sin^2 x}{\sin^2 x\cos^2 x}+\frac{\cos^2 x}{\sin^2 x\cos^2 x}\right)dx$$

$$=\int\left(\frac{1}{\cos^2 x}+\frac{1}{\sin^2 x}\right)dx$$

$$=\tan x-\frac{1}{\tan x}+C$$

となる (C は積分定数).

1 を $\sin^2 x+\cos^2 x$ と変形することによって, 被積分関数を積分しやすい関数の和に変形できたのである.

(#2– A 4 参照)

#5− B **1**

(1) $I_n = \displaystyle\int_0^{\frac{\pi}{2}} \sin^n x\,dx \quad (n = 0,\ 1,\ 2,\ \cdots)$ とおくとき

$$I_n = \frac{n-1}{n} I_{n-2} \quad (n = 2,\ 3,\ 4,\ \cdots)$$

が成り立つ．これを証明せよ．

(2) 曲線

$$x = \cos^3 t, \quad y = \sin^3 t \quad \left(0 \leqq t \leqq \frac{\pi}{2}\right)$$

と x 軸および y 軸で囲まれた図形の面積を求めよ．

【1991 茨城大学】

解説

(1) $n = 2,\ 3,\ 4,\ \cdots$ に対して，部分積分法により

$$\begin{aligned}
I_n &= \int_0^{\frac{\pi}{2}} \sin x \cdot \sin^{n-1} x\,dx \\
&= \underbrace{\Big[-\cos x \cdot \sin^{n-1} x\Big]_0^{\frac{\pi}{2}}}_{=0} - \int_0^{\frac{\pi}{2}} (-\cos x)(n-1)\sin^{n-2} x \cos x\,dx \\
&= (n-1)\int_0^{\frac{\pi}{2}} \sin^{n-2} x \cos^2 x\,dx \\
&= (n-1)\int_0^{\frac{\pi}{2}} \sin^{n-2} x(1-\sin^2 x)dx \\
&= (n-1)\int_0^{\frac{\pi}{2}} (\sin^{n-2} x - \sin^n x)dx \\
&= (n-1)I_{n-2} - (n-1)I_n
\end{aligned}$$

であるから，

$$nI_n = (n-1)I_{n-2}.$$

これより，

$$I_n = \frac{n-1}{n} I_{n-2} \quad (n = 2,\ 3,\ 4,\ \cdots)$$

が成り立つ． (証明終り)

(2) 求める面積を S とすると，S は次の斜線部分の面積である．

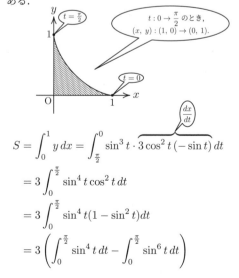

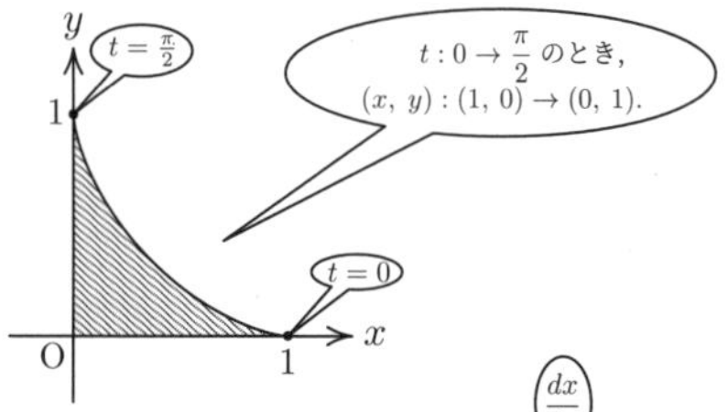

$$\begin{aligned}
S &= \int_0^1 y\,dx = \int_{\frac{\pi}{2}}^0 \sin^3 t \cdot \overbrace{3\cos^2 t\,(-\sin t)}^{\frac{dx}{dt}}\,dt \\
&= 3\int_0^{\frac{\pi}{2}} \sin^4 t \cos^2 t\,dt \\
&= 3\int_0^{\frac{\pi}{2}} \sin^4 t(1-\sin^2 t)dt \\
&= 3\left(\int_0^{\frac{\pi}{2}} \sin^4 t\,dt - \int_0^{\frac{\pi}{2}} \sin^6 t\,dt\right)
\end{aligned}$$

であり，(1) の I_n を用いると，$S = 3(I_4 - I_6)$ と表せる．(1) により，

$$I_6 = \frac{5}{6} I_4$$

であるから，

$$S = 3\left(I_4 - \frac{5}{6}I_4\right) = \frac{1}{2} I_4$$

であり，さらに (1) を繰り返し用いて，

$$I_4 = \frac{3}{4}I_2 = \frac{3}{4}\cdot\frac{1}{2}\cdot I_0 = \frac{3}{8}\int_0^{\frac{\pi}{2}} 1\,dx = \frac{3}{8}\cdot\frac{\pi}{2} = \frac{3}{16}\pi$$

なので，

$$S = \frac{1}{2}\cdot\frac{3}{16}\pi = \boldsymbol{\frac{3}{32}\pi}. \qquad \cdots(答)$$

参考　本問の積分 $I_n = \displaystyle\int_0^{\frac{\pi}{2}} \sin^n x\,dx \ (n = 0,\ 1,\ 2,\ \cdots)$ は **Wallis積分**（ウォリス）と呼ばれている．実は，sin を cos にした

$$J_n = \int_0^{\frac{\pi}{2}} \cos^n x\,dx \ (n = 0,\ 1,\ 2,\ \cdots)$$

のことも Wallis 積分という．$\dfrac{\pi}{2} - x = t$ と置換積分することで，

$$I_n = J_n \ (n = 0,\ 1,\ 2,\ \cdots)$$

であることがすぐにわかる．したがって，J_n についても本問の (1) での結果に相当する

$$J_n = \frac{n-1}{n} J_{n-2} \ (n = 2,\ 3,\ 4,\ \cdots)$$

が成り立つ．Wallis 積分については本問の計算からもわかるように，次のことがいえる (n が奇数の場合は I_0 ではなく I_1 に帰着される)．

$$I_n = \begin{cases} \dfrac{\pi}{2}\cdot\dfrac{1\cdot3\cdot5\cdots(n-1)}{2\cdot4\cdot6\cdots n} & (n \text{ が偶数}), \\[2ex] \dfrac{2\cdot4\cdot6\cdots(n-1)}{3\cdot5\cdot7\cdots n} & (n \text{ が奇数}). \end{cases}$$

これは **Wallis の正弦公式**と呼ばれている．

$I_n = J_n$ であることから，

$$J_n = \begin{cases} \dfrac{\pi}{2}\cdot\dfrac{1\cdot3\cdot5\cdots(n-1)}{2\cdot4\cdot6\cdots n} & (n \text{ が偶数}), \\[2ex] \dfrac{2\cdot4\cdot6\cdots(n-1)}{3\cdot5\cdot7\cdots n} & (n \text{ が奇数}) \end{cases}$$

も成り立つ．これは **Wallis の余弦公式**と呼ばれている．

Wallis は 17 世紀に活躍したイギリスの数学者 (John（ジョン） Wallis（ウォリス）)．彼は無限大を表す記号「∞」の生みの親でもある．この Wallis 積分によって得られる π に関する等式

$$\frac{\pi}{2} = \frac{2}{1}\cdot\frac{2}{3}\cdot\frac{4}{3}\cdot\frac{4}{5}\cdot\frac{6}{5}\cdot\frac{6}{7}\cdots$$

は **Wallis の公式** (Wallis が 1655 年に書いている) として知られている (2000 年 広島大入試で出題された)．"How to Integrate It" (SEÁN M STEWART, Cambridge University Press) の p.298 ~ p.303 にはこの Wallis 積分の応用として，正規分布に関する積分 $\int_0^{\infty} e^{-x^2}dx = \frac{\sqrt{\pi}}{2}$ の (1 変数での) 証明がある．

また，(2) の曲線は**アステロイド (asteroid)** と呼ばれる曲線で，(2) の領域は線分の通過領域として次のように捉えることができる．xy 座標平面上で，x 軸の $0 \leqq x \leqq 1$ の部分にある動点 P と y 軸の $0 \leqq y \leqq 1$ の部分にある動点 Q とが PQ $=1$ を満たしながら動くときの線分 PQ の通過領域が (2) の領域となる．これは，壁に立てかけたホウキが滑り落ちるときの通過領域に対応している．

#5– B **2**

数列 $\{a_n\}$ は

$$a_1 = 2, \quad a_{n+1} = \sqrt{4a_n - 3} \quad (n = 1,\ 2,\ 3,\ \cdots)$$

で定義されている．

(1) すべての正の整数 n に対し，$2 \leqq a_n \leqq 3$ が成り立つことを証明せよ．

(2) すべての正の整数 n に対し，$|a_{n+1} - 3| \leqq \frac{4}{5}|a_n - 3|$ が成り立つことを証明せよ．

(3) 極限 $\lim_{n\to\infty} a_n$ を求めよ．　【2021 信州大学】

解説

(1) 数学的帰納法により証明する．

(i) $a_1 = 2$ は $2 \leqq a_1 \leqq 3$ を満たすことから，$n = 1$ では成立している．

(ii) $n = k$ での成立を仮定すると，$2 \leqq a_k \leqq 3$ により，

$$5 \leqq 4a_k - 3 \leqq 9.$$

$$\therefore\ \sqrt{5} \leqq \sqrt{4a_k - 3} \leqq 3.$$

$2 \leqq \sqrt{5}$ により，$2 \leqq a_{k+1} \leqq 3$ の成立がいえ，$n = k+1$ のときにも成り立つ．

(i)，(ii) により，すべての正の整数 n に対して

$$2 \leqq a_n \leqq 3$$

が成り立つことがいえる．　(証明終り)

(2) $n = 1,\ 2,\ 3,\ \cdots$ に対して，

$$\begin{aligned} a_{n+1} - 3 &= \sqrt{4a_n - 3} - 3 \\ &= \frac{(4a_n - 3) - 3^2}{\sqrt{4a_n - 3} + 3} \\ &= \frac{4a_n - 12}{\sqrt{4a_n - 3} + 3} = \frac{4(a_n - 3)}{\sqrt{4a_n - 3} + 3} \\ &= \frac{4}{a_{n+1} + 3}(a_n - 3) \end{aligned}$$

であるから，$a_{n+1} = \sqrt{4a_n - 3} \geqq 0$ に注意すると，

$$|a_{n+1} - 3| = \frac{4}{a_{n+1} + 3}|a_n - 3|.$$

ここで，(1) で示したように $2 \leqq a_{n+1} \leqq 3$ を満たすことから，

$$5 \leqq a_{n+1} + 3 \leqq 6$$

より，

$$\frac{4}{6} \leqq \frac{4}{a_{n+1} + 3} \leqq \frac{4}{5}$$

が成り立つので，

$$|a_{n+1} - 3| = \frac{4}{a_{n+1} + 3}|a_n - 3| \leqq \frac{4}{5}|a_n - 3|$$

が成り立つ．　(証明終り)

(3) (2) より，

$$|a_2 - 3| \leqq \frac{4}{5}|a_1 - 3|$$

が成り立ち，さらに，

$$|a_3 - 3| \leqq \frac{4}{5}|a_2 - 3| \leqq \left(\frac{4}{5}\right)^2 |a_1 - 3|,$$

$$|a_4 - 3| \leqq \frac{4}{5}|a_3 - 3| \leqq \left(\frac{4}{5}\right)^3 |a_1 - 3|,$$

$$\vdots$$

であり，すべての自然数 n に対して，

$$0 \leqq |a_n - 3| \leqq \left(\frac{4}{5}\right)^{n-1} |a_1 - 3|$$

の成立がわかる．ここで，$\lim_{n\to\infty} \left(\frac{4}{5}\right)^{n-1} |a_1 - 3| = 0$ であることから，はさみうちの原理により，

$$\lim_{n\to\infty} |a_n - 3| = 0.$$

これは

$$\lim_{n\to\infty} a_n = \mathbf{3} \qquad \cdots(答)$$

を意味する．

参考　数列の挙動を視覚的に捉えるための手法として

"クモの巣 (cobweb diagram・cobweb plot)"

と呼ばれる図示の仕方がある．数列の動きが把握でき，様々な問題を解く上で，重要な手がかりを見つけるのに役立つ．本問の数列 $\{a_n\}$ では次の図のようになる．

$f(x) = \sqrt{4x - 3}$ とおくと，$a_{n+1} = \sqrt{4a_n - 3}$ は

$$a_{n+1} = f(a_n)$$

と表すことができる．このように a_{n+1} を関数 $y = f(x)$ の $x = a_n$ での関数値とみなすことで，a_{n+1} が "高さ (y 座標)" であると視覚的に捉えることができる．ところが，

漸化式によって数列の値を次々と求めていこうとした際，たとえば，$a_{n+2}=f(a_{n+1})$ として代入計算したい場合，y 座標として捉えた a_{n+1} を x 座標とみなす必要がある．そのための**折り返し装置** が **直線 $y=x$** である．

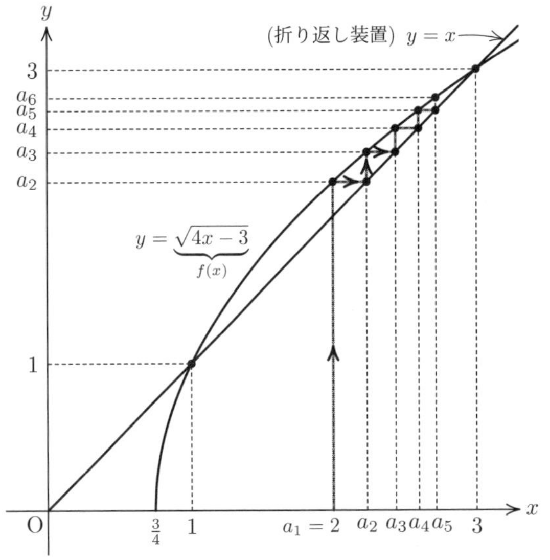

この蜘蛛の巣の図で，次のように点を辿っていくことで，$\{a_n\}$ の挙動を視覚的に把握することができる．

$$(a_1,\ 0)\to(a_1,\ a_2)\to(a_2,\ a_2)\to(a_2,\ a_3)\to(a_3,\ a_3)$$
$$\to(a_3,\ a_4)\to(a_4,\ a_4)\to(a_4,\ a_5)\to(a_5,\ a_5)\to\cdots$$

数列 $\{a_n\}$ が単調増加であることや，$\displaystyle\lim_{n\to\infty}a_n=3$ であることがわかる．

本問では，(1) のように数学的帰納法で $2\leqq a_n\leqq 3$ を示したあと，(2) を利用することで $0<r<1$ を満たす定数 r によって，

$$|a_{n+1}-3|\leqq r|a_n-3|\quad(n=1,\ 2,\ 3,\ \cdots)\qquad(\bigstar)$$

が成り立つことを示し，(3) のようにして $\displaystyle\lim_{n\to\infty}a_n=3$ を証明した．($\bigstar$) は a_{n+1} と 3 との距離 $|a_{n+1}-3|$ が a_n と 3 との距離 $|a_n-3|$ の r 倍以下になっていることを意味しており，n を増加させていけば確実に a_n が 3 に向かってくることを保証してくれる．

($\bigstar$) は次のように示すこともできる．

($\bigstar$) は，$a_{n+1}=f(a_n)$，$3=f(3)$ とみて，

$$|f(a_n)-f(3)|\leqq r|a_n-3|\quad(n=1,\ 2,\ 3,\ \cdots)$$

と読み換えるとわかりやすい．左辺に現れる $f(a_n)-f(3)$ は関数値の差であるから，導関数 f' の定積分で書ける．

実際，

$$f(a_n)-f(3)=\Big[f(x)\Big]_3^{a_n}=\int_3^{a_n}f'(x)dx$$

と表せる．ここで，$\dfrac{3}{4}<x$ において，

$$f'(x)=\frac{1}{2}(4x-3)^{-\frac{1}{2}}\cdot 4=\frac{2}{\sqrt{4x-3}}.$$

$a_n\leqq x\leqq 3$ において，$f'(x)$ の値は $f'(2)=\dfrac{2}{\sqrt{5}}$ 以下であることがポイント！ $f'(x)$ は単調減少 (それはつまり，$f''(x)<0$ より $y=\sqrt{4x-3}$ のグラフが上に凸であることを意味している) であるから，x によって $f'(x)$ の値は変動するものの，その値を一律に $\dfrac{2}{\sqrt{5}}$ (<1) で上からおさえて次のように評価してしまう．

$$\begin{aligned}|f(a_n)-f(3)|&=\left|\int_3^{a_n}f'(x)dx\right|\\&\leqq\left|\int_3^{a_n}|f'(x)|dx\right|\\&\leqq\left|\int_3^{a_n}\frac{2}{\sqrt{5}}dx\right|=\frac{2}{\sqrt{5}}|a_n-3|.\end{aligned}$$

このようにして ($r=\dfrac{2}{\sqrt{5}}$ としたときの) 不等式 ($\bigstar$) を導くことができる．クモの巣の図によって，どのような不等式が作れるのかを目で見て考察できるメリットがある．関数値の差を定積分で書いて，導関数の評価によって不等式 ($\bigstar$) を作る部分は是非とも習得しておいてもらいたい！

#5−B 3

xy 平面上の曲線 $C: x^2-y^2=1\ \ (x\geqq 1)$ を考える．C 上の点 $\mathrm{P}(a,\ b)$ を考え，P における C の接線を l とする．ただし，$b>0$ とする．

(1) b を a の式で表せ．

(2) 接線 l の方程式を a を用いて表せ．

(3) 原点 O から l に下ろした垂線を OQ とする．点 Q の座標を a を用いて表せ．

(4) 原点 O を極，x 軸の正の部分を始線としたときの，(3) で定めた点 Q の極座標を $(r,\ \theta)$ とする．ただし，r は線分 OQ の長さ，θ は偏角である．このとき，$r^2=\cos 2\theta$ が成り立つことを証明せよ．

【2021 京都産業大学】

解説

(1) $a^2-b^2=1$，$b>0$ より，

$$b=\boldsymbol{\sqrt{a^2-1}}\quad(a>1).\qquad\cdots(\text{答})$$

(2) l の方程式は

$$ax-by=1$$

(接線の公式)

であり，(1) の結果を代入して整理すると

$$\boldsymbol{y=\frac{a}{\sqrt{a^2-1}}x-\frac{1}{\sqrt{a^2-1}}}.\qquad\cdots(\text{答})$$

(3) l の傾きが $\dfrac{a}{\sqrt{a^2-1}}$ であることから，l と直交する直線 OQ の傾きは $-\dfrac{\sqrt{a^2-1}}{a}$ であり，直線 OQ の方程式は

$$y=-\frac{\sqrt{a^2-1}}{a}x.$$

l の式と連立することで，Q の x 座標は

$$\frac{a}{\sqrt{a^2-1}}x-\frac{1}{\sqrt{a^2-1}}=-\frac{\sqrt{a^2-1}}{a}x$$

すなわち

$$ax-1=-\frac{a^2-1}{a}x$$

（$\times\sqrt{a^2-1}$）

を満たす

$$x=\frac{a}{2a^2-1}$$

である．ゆえに，点 Q の座標は

$$\mathrm{Q}\left(\boldsymbol{\frac{a}{2a^2-1}},\ \boldsymbol{-\frac{\sqrt{a^2-1}}{2a^2-1}}\right).\qquad\cdots(\text{答})$$

(4) $r\cos\theta=\dfrac{a}{2a^2-1}$，$r\sin\theta=-\dfrac{\sqrt{a^2-1}}{2a^2-1}$ より，

$$\begin{aligned}r^2&=(r\cos\theta)^2+(r\sin\theta)^2\\&=\left(\frac{a}{2a^2-1}\right)^2+\left(-\frac{\sqrt{a^2-1}}{2a^2-1}\right)^2\\&=\frac{a^2+(a^2-1)}{(2a^2-1)^2}=\frac{2a^2-1}{(2a^2-1)^2}=\frac{1}{2a^2-1}\end{aligned}$$

であり，

倍角公式

$$\begin{aligned}\cos2\theta&=\cos^2\theta-\sin^2\theta\\&=\frac{1}{r^2}\left\{(r\cos\theta)^2-(r\sin\theta)^2\right\}\\&=\frac{1}{r^2}\left\{\left(\frac{a}{2a^2-1}\right)^2-\left(-\frac{\sqrt{a^2-1}}{2a^2-1}\right)^2\right\}\\&=\frac{1}{r^2}\cdot\frac{a^2-(a^2-1)}{(2a^2-1)^2}\\&=\frac{1}{r^2}\cdot\frac{1}{(2a^2-1)^2}\\&=\frac{1}{r^2}\left(\frac{1}{2a^2-1}\right)^2=\frac{1}{r^2}\cdot(r^2)^2=r^2\end{aligned}$$

が成り立つ．　　　　　　　　　　　　　　（証明終り）

参考　(3) の点 $\mathrm{Q}\left(\dfrac{a}{2a^2-1},\ -\dfrac{\sqrt{a^2-1}}{2a^2-1}\right)$ の $a>1$ における軌跡は次の図のようになる．

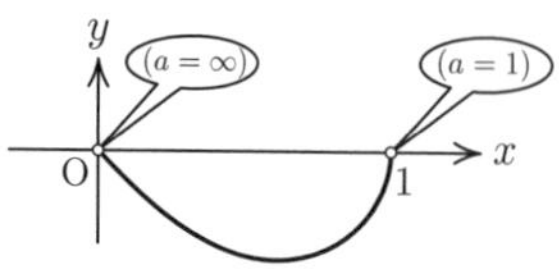

一般に定点 O と曲線 C が与えられたとき，O から C の接線へ下ろした垂線の足の軌跡を，点 O に関する曲線 C の**垂足曲線 (pedal curve)** という．本問の垂足曲線は**レムニスケート (lemniscate)** と呼ばれる曲線 (の一部) である．一般に，2 定点からの距離の積が一定である点の軌跡を**カッシーニの卵形線 (Cassini's oval)** というが，レムニスケートはその特別な場合である．本問の場合，2 点 $\left(\pm\dfrac{1}{\sqrt{2}},\ 0\right)$ からの距離の積が $\dfrac{1}{2}$ で一定である点の軌跡として Q の軌跡を捉えることができる．

#5−B **4**

(1) 次の等式が成り立つことを証明せよ．
ただし，i は虚数単位とする．

$$1-\cos\alpha-i\sin\alpha=-2i\left(\sin\frac{\alpha}{2}\right)\left(\cos\frac{\alpha}{2}+i\sin\frac{\alpha}{2}\right).$$

(2) n を正の整数，θ を $0<\theta<\dfrac{\pi}{n+1}$ を満たす実数とするとき，

$$\frac{\sin\theta+\sin2\theta+\cdots+\sin n\theta}{1+\cos\theta+\cos2\theta+\cdots+\cos n\theta}$$

を $\tan\dfrac{n\theta}{2}$ を用いて表せ．

【2000 福岡教育大学 (後期)】

解説　一般に複素数 Z に対して，$\mathrm{Re}(Z)$ で Z の実部，$\mathrm{Im}(Z)$ で Z の虚部を表す．

(1)　2 倍角公式を用いて，

$$\begin{aligned}&1-\cos\alpha-i\sin\alpha\\&=2\sin^2\frac{\alpha}{2}-i\cdot2\sin\frac{\alpha}{2}\cos\frac{\alpha}{2}\\&=-2i\left(\sin\frac{\alpha}{2}\right)\left(\cos\frac{\alpha}{2}+i\sin\frac{\alpha}{2}\right)\end{aligned}$$

である．　　　　　　　　　　　　　　（証明終り）

（右辺を変形して左辺を導いてもよい！）

(2) $z=\cos\theta+i\sin\theta$ とおき，

$$Z_n=1+\sum_{k=1}^{n}z^k$$

とすると，de Moivre（ド・モアブル）の定理により，

$$Z_n=1+\sum_{k=1}^{n}(\cos k\theta+i\sin k\theta)$$

であるから，

（これに気付くことがポイント！）

$$\frac{\sin\theta+\sin2\theta+\cdots+\sin n\theta}{1+\cos\theta+\cos2\theta+\cdots+\cos n\theta}=\frac{\mathrm{Im}(Z_n)}{\mathrm{Re}(Z_n)}$$

と表せる．

ここで，$0<\theta<\dfrac{\pi}{2}$ なので $\theta\neq2\pi\times$ (整数) より，$z=\cos\theta+i\sin\theta\neq1$ であることに注意して等比数列

の和として Z_n を計算すると，

$$Z_n = 1 + z + z^2 + \cdots + z^n = \frac{1 - z^{n+1}}{1 - z}$$

であり，再度，de Moivre（ド・モアブル）の定理により，

$$Z_n = \frac{1 - \cos(n+1)\theta - i\sin(n+1)\theta}{1 - \cos\theta - i\sin\theta}$$

と表せる．ここで (1) で示した式を分母と分子両方に用いると，

$$\begin{aligned} Z_n &= \frac{-2i\left(\sin\frac{(n+1)\theta}{2}\right)\left(\cos\frac{(n+1)\theta}{2} + i\sin\frac{(n+1)\theta}{2}\right)}{-2i\left(\sin\frac{\theta}{2}\right)\left(\cos\frac{\theta}{2} + i\sin\frac{\theta}{2}\right)} \\ &= \frac{\sin\frac{(n+1)\theta}{2}\left(\cos\frac{(n+1)\theta}{2} + i\sin\frac{(n+1)\theta}{2}\right)}{\sin\frac{\theta}{2}\left(\cos\frac{\theta}{2} + i\sin\frac{\theta}{2}\right)} \\ &= \frac{\sin\frac{(n+1)\theta}{2}}{\sin\frac{\theta}{2}}\left\{\cos\left(\frac{(n+1)\theta}{2} - \frac{\theta}{2}\right) + i\sin\left(\frac{(n+1)\theta}{2} - \frac{\theta}{2}\right)\right\} \\ &= \frac{\sin\frac{(n+1)\theta}{2}}{\sin\frac{\theta}{2}}\left(\cos\frac{n\theta}{2} + i\sin\frac{n\theta}{2}\right) \end{aligned}$$

より，

$$\mathrm{Re}(Z_n) = \frac{\sin\frac{(n+1)\theta}{2}}{\sin\frac{\theta}{2}}\cos\frac{n\theta}{2},\quad \mathrm{Im}(Z_n) = \frac{\sin\frac{(n+1)\theta}{2}}{\sin\frac{\theta}{2}}\sin\frac{n\theta}{2}$$

を得る．したがって，

$$\frac{\mathrm{Im}(Z_n)}{\mathrm{Re}(Z_n)} = \frac{\sin\frac{n\theta}{2}}{\cos\frac{n\theta}{2}} = \tan\frac{n\theta}{2}$$

であるから，

$$\frac{\sin\theta + \sin 2\theta + \cdots + \sin n\theta}{1 + \cos\theta + \cos 2\theta + \cdots + \cos n\theta} = \boldsymbol{\tan\frac{n\theta}{2}}. \quad \cdots(答)$$

#5−B 5

関数

$$f(x) = \int_{-1}^{x} \frac{dt}{t^2 - t + 1} + \int_{x}^{1} \frac{dt}{t^2 + t + 1}$$

の最小値を求めよ．【2021 神戸大学 (後期)】

解説

$t^2 - t + 1 = \left(t - \frac{1}{2}\right)^2 + \frac{3}{4}$ と $t^2 + t + 1 = \left(t + \frac{1}{2}\right)^2 + \frac{3}{4}$ はともにすべての実数 t に対して正であり，0 となることはないので

$$f(x) = \int_{-1}^{x} \frac{dt}{t^2 - t + 1} - \int_{1}^{x} \frac{dt}{t^2 + t + 1}$$

はすべての実数 x で定義され，さらに

$$\begin{aligned} f'(x) &= \frac{1}{x^2 - x + 1} - \frac{1}{x^2 + x + 1} \\ &= \frac{2x}{(x^2 - x + 1)(x^2 + x + 1)}. \end{aligned}$$

これより，$f(x)$ の増減は次のようになる．

x	$\cdots$	0	$\cdots$
$f'(x)$	−	0	+
$f(x)$	↘	極小	↗

よって，$f(x)$ は $x = 0$ で最小値をとる．その最小値は

$$f(0) = \int_{-1}^{0} \frac{dt}{t^2 - t + 1} + \int_{0}^{1} \frac{dt}{t^2 + t + 1}.$$

この第 1 項目の積分において，$t = -u$ とおくと，$dt = (-1)du$，$t^2 - t + 1 = u^2 + u + 1$ であり，$t : -1 \to 0$ のとき，$u : 1 \to 0$ となるので，

$$\int_{-1}^{0} \frac{dt}{t^2 - t + 1} = \int_{1}^{0} \frac{-1}{u^2 + u + 1}du = \int_{0}^{1} \frac{du}{u^2 + u + 1}$$

となり，結局，

$$f(0) = 2\int_{0}^{1} \frac{dt}{t^2 + t + 1} = 2\int_{0}^{1} \frac{dt}{\left(t + \frac{1}{2}\right)^2 + \frac{3}{4}}$$

である．ここで，定積分 $\displaystyle\int_{0}^{1} \frac{dt}{\left(t + \frac{1}{2}\right)^2 + \frac{3}{4}}$ において，$t + \frac{1}{2} = \frac{\sqrt{3}}{2}\tan\theta \ \left(-\frac{\pi}{2} < \theta < \frac{\pi}{2}\right)$ とおくと，$t : 0 \to 1$ のとき，$\theta : \frac{\pi}{6} \to \frac{\pi}{3}$ であり，$dt = \frac{\sqrt{3}}{2} \cdot \frac{d\theta}{\cos^2\theta}$ より，

$$\begin{aligned} \int_{0}^{1} \frac{dt}{\left(t + \frac{1}{2}\right)^2 + \frac{3}{4}} &= \int_{\frac{\pi}{6}}^{\frac{\pi}{3}} \frac{1}{\frac{3}{4}(\tan^2\theta + 1)} \cdot \frac{\sqrt{3}}{2} \cdot \frac{d\theta}{\cos^2\theta} \\ &= \int_{\frac{\pi}{6}}^{\frac{\pi}{3}} \frac{2}{\sqrt{3}} \cdot \frac{1}{\sin^2\theta + \cos^2\theta}d\theta \\ &= \int_{\frac{\pi}{6}}^{\frac{\pi}{3}} \frac{2}{\sqrt{3}}d\theta = \frac{2}{\sqrt{3}}\left(\frac{\pi}{3} - \frac{\pi}{6}\right) \\ &= \frac{2}{\sqrt{3}} \cdot \frac{\pi}{6} = \frac{\pi}{3\sqrt{3}} = \frac{\sqrt{3}}{9}\pi. \end{aligned}$$

ゆえに，求める最小値は

$$f(0) = 2 \cdot \frac{\sqrt{3}}{9}\pi = \boldsymbol{\frac{2\sqrt{3}}{9}\pi}. \quad \cdots(答)$$

注意 $f'(x)$ の計算の際には，

$$\frac{d}{dx}\int_{a}^{x} g(t)dt = g(x) \qquad (a \text{ は定数})$$

を用いた．

#6– A 1

$\tan\dfrac{\theta}{2}=x$ とおくことで，定積分

$$\int_0^{\frac{\pi}{2}}\frac{d\theta}{1+\sin\theta+\cos\theta}$$

の値を求めよ．【2002 芝浦工業大学】

解説 $\tan\dfrac{\theta}{2}=x$ とおくと, $\theta:0\to\dfrac{\pi}{2}$ のとき, $x:0\to 1$ であり，

$$\frac{1}{\cos^2\frac{\theta}{2}}\cdot\frac{1}{2}d\theta=dx \quad より \quad d\theta=\frac{2}{1+x^2}dx.$$

（$1+\tan^2\bigstar=\dfrac{1}{\cos^2\bigstar}$）

また，（倍角公式）

$$\cos\theta=\cos\left(2\times\frac{\theta}{2}\right)=\cos^2\frac{\theta}{2}-\sin^2\frac{\theta}{2}$$

$$=\frac{\cos^2\frac{\theta}{2}-\sin^2\frac{\theta}{2}}{1}=\frac{\cos^2\frac{\theta}{2}-\sin^2\frac{\theta}{2}}{\cos^2\frac{\theta}{2}+\sin^2\frac{\theta}{2}}$$

（分母・分子を $\div\cos^2\frac{\theta}{2}$）

$$=\frac{1-\tan^2\frac{\theta}{2}}{1+\tan^2\frac{\theta}{2}}=\frac{1-x^2}{1+x^2},$$

（倍角公式）

$$\sin\theta=\sin\left(2\times\frac{\theta}{2}\right)=2\sin\frac{\theta}{2}\cos\frac{\theta}{2}$$

$$=\frac{2\sin\frac{\theta}{2}\cos\frac{\theta}{2}}{1}=\frac{2\sin\frac{\theta}{2}\cos\frac{\theta}{2}}{\cos^2\frac{\theta}{2}+\sin^2\frac{\theta}{2}}$$

（分母・分子を $\div\cos^2\frac{\theta}{2}$）

$$=\frac{2\tan\frac{\theta}{2}}{1+\tan^2\frac{\theta}{2}}=\frac{2x}{1+x^2}.$$

ゆえに，

$$\int_0^{\frac{\pi}{2}}\frac{d\theta}{1+\sin\theta+\cos\theta}=\int_0^1\frac{1}{1+\frac{2x}{1+x^2}+\frac{1-x^2}{1+x^2}}\cdot\frac{2}{1+x^2}dx$$

$$=\int_0^1\frac{2}{1+x^2+2x+1-x^2}dx$$

$$=\int_0^1\frac{1}{x+1}dx$$

$$=\Big[\log(x+1)\Big]_0^1=\mathbf{log\,2}. \qquad \cdots(答)$$

注意 正弦 (sin)，余弦 (cos) を半角の正接 (tan) で表した次の “Weierstrass置換（ワイエルシュトラス）” と呼ばれる式はよく出てくるので，知識として知っておこう．

ワイエルシュトラス置換

$\tan\dfrac{\theta}{2}=t$ とおくと，

$$\cos\theta=\frac{1-t^2}{1+t^2},\quad \sin\theta=\frac{2t}{1+t^2}.$$

これらは次のように導出することもできる．

de Moivre（ド・モアブル）の定理から，

$$\cos\theta+i\sin\theta=\left(\cos\frac{\theta}{2}+i\sin\frac{\theta}{2}\right)^2$$

$$=\cos^2\frac{\theta}{2}\left(1+i\tan\frac{\theta}{2}\right)^2$$

$$=\frac{1}{1+\tan^2\frac{\theta}{2}}\left(1+i\tan\frac{\theta}{2}\right)^2$$

$$=\frac{1}{1+t^2}(1+t\,i)^2$$

$$=\frac{1}{1+t^2}(1-t^2+2t\,i)$$

$$=\frac{1-t^2}{1+t^2}+\frac{2t}{1+t^2}i.$$

両辺の実部と虚部を比べて，

$$\cos\theta=\frac{1-t^2}{1+t^2},\qquad \sin\theta=\frac{2t}{1+t^2}. \qquad ■$$

このワイエルシュトラス置換 $\left(\tan\dfrac{\theta}{2}=t\right)$ によって，$\cos\theta$ と $\sin\theta$ の分数式の積分を t の分数式の積分に書き換えることができる．

#6– A 2

複素数平面上において，原点を中心とする円に内接する正三角形がある．この正三角形の頂点を反時計回りに A(α), B(β), C(γ) とする．このとき，$\dfrac{1}{\alpha}+\dfrac{1}{\beta}+\dfrac{1}{\gamma}$ の値を求めよ．【2021 山梨大学】

解説 原点を O(0) とし，円の半径を $r\ (>0)$ とする．条件により，$|\alpha|=|\beta|=|\gamma|=r$ であり，これより，

$$|\alpha|^2=|\beta|^2=|\gamma|^2=r^2$$

つまり

$$\alpha\overline{\alpha}=\beta\overline{\beta}=\gamma\overline{\gamma}=r^2.$$

ゆえに，

$$\frac{1}{\alpha}=\frac{1}{r^2}\cdot\overline{\alpha},\quad \frac{1}{\beta}=\frac{1}{r^2}\cdot\overline{\beta},\quad \frac{1}{\gamma}=\frac{1}{r^2}\cdot\overline{\gamma}$$

である．

A$'(\overline{\alpha})$, B$'(\overline{\beta})$, C$'(\overline{\gamma})$ とおくと，A$'$, B$'$, C$'$ が実軸に関してそれぞれ A, B, C と対称な位置にあることから，三角形 A$'$B$'$C$'$ の重心は実軸に関して三角形 ABC の重心 O(0) と対称な点，つまり，O(0) である．したがって，

$$\frac{\overline{\alpha}+\overline{\beta}+\overline{\gamma}}{3}=0.$$

これより，

$$\frac{1}{\alpha}+\frac{1}{\beta}+\frac{1}{\gamma}=\frac{1}{r^2}\left(\overline{\alpha}+\overline{\beta}+\overline{\gamma}\right)=\mathbf{0}. \qquad \cdots(答)$$

注意 $\dfrac{1}{\alpha}+\dfrac{1}{\beta}+\dfrac{1}{\gamma}=0$ であることは次のように計算して確かめることもできる.

原点を O(0) として, $\overrightarrow{\mathrm{OB}}$ は $\overrightarrow{\mathrm{OA}}$ を反時計回りに $\dfrac{2\pi}{3}$ 回転させたものであるから,

$$\beta=\left(\cos\frac{2\pi}{3}+i\sin\frac{2\pi}{3}\right)\alpha$$

より

$$\frac{1}{\beta}=\left\{\cos\left(-\frac{2\pi}{3}\right)+i\sin\left(-\frac{2\pi}{3}\right)\right\}\cdot\frac{1}{\alpha}$$

が成り立つ. また, $\overrightarrow{\mathrm{OC}}$ は $\overrightarrow{\mathrm{OA}}$ を時計回りに $\dfrac{2\pi}{3}$ 回転させたものであるから,

$$\gamma=\left\{\cos\left(-\frac{2\pi}{3}\right)+i\sin\left(-\frac{2\pi}{3}\right)\right\}\alpha$$

より

$$\frac{1}{\gamma}=\left(\cos\frac{2\pi}{3}+i\sin\frac{2\pi}{3}\right)\cdot\frac{1}{\alpha}$$

が成り立つ. ゆえに,

$$\begin{aligned}&\frac{1}{\alpha}+\frac{1}{\beta}+\frac{1}{\gamma}\\&=\frac{1}{\alpha}\left\{1+\cos\left(-\frac{2\pi}{3}\right)+i\sin\left(-\frac{2\pi}{3}\right)+\cos\frac{2\pi}{3}+i\sin\frac{2\pi}{3}\right\}\\&=\frac{1}{\alpha}\times 0=\mathbf{0}.\end{aligned}$$

#6-A 3

関数 $f(x)=\displaystyle\int_0^2\left|e^t-x\right|dt$ の最小値を求めよ.

【1987 島根大学】

解説 $x<1$ において, ty 平面上で曲線 $y=e^t$ と $y=x$ と $t=0$, $t=2$ で囲まれた部分の面積を表す $f(x)$ は, x の単調減少関数である. つまり,

図で判断 $x_1<x_2<1\Longrightarrow f(x_1)>f(x_2)$.

また, $x>e^2$ において, ty 平面上で曲線 $y=e^t$ と $y=x$ と $t=0$, $t=2$ で囲まれた部分の面積を表す $f(x)$ は, x の単調増加関数である. つまり,

図で判断 $e^2<x_1<x_2\Longrightarrow f(x_1)<f(x_2)$.

これらより, $f(x)$ の最小値は $1\leqq x\leqq e^2$ の範囲で考えればよい. $1\leqq x\leqq e^2$ において, $f(x)$ は次の灰色部分の面積 (左側の灰色部分の面積と右側の灰色部分の面積の和) を表す.

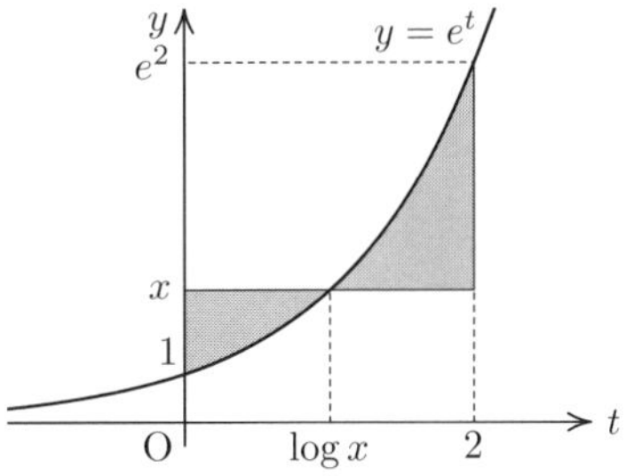

$1\leqq x\leqq e^2$ において,

$$\begin{aligned}f(x)&=\int_0^{\log x}(x-e^t)dt+\int_{\log x}^2(e^t-x)dt\\&=x(\log x-0)-\Big[e^t\Big]_0^{\log x}+\Big[e^t\Big]_{\log x}^2-x(2-\log x)\\&=x(2\log x-4)+1+e^2.\end{aligned}$$

したがって, $0<x<e^2$ において,

$$f'(x)=1\cdot(2\log x-4)+x\cdot\frac{2}{x}=2(\log x-1).$$

ゆえに, $1\leqq x\leqq e^2$ における $f(x)$ の増減は次の表のようになる.

x	1	$\cdots$	e	$\cdots$	e^2
$f'(x)$		$-$	0	$+$	
$f(x)$		↘	極小	↗	

ゆえに, $x=e$ で $f(x)$ は最小値

$$f(e)=\boldsymbol{-2e+1+e^2}\qquad\cdots(\text{答})$$

をとる.

$(e-1)^2$ と表してもよい.

参考 $1\leqq x\leqq e$ において $f(x)$ が最小となるのは, ty 平面上で 3 点 $(0,\ x)$, $(\log x,\ x)$, $(2,\ x)$ が等間隔で並ぶとき, すなわち, $\log x=1$ のときである. x を e から少し増やしたとき (下図の (イ) から (ウ)) 左側の面積の増分は右側の面積の減分より大きいため, 面積は (イ) より (ウ) の方が大きい. また, x を e から少し減らしたとき (下図の (イ) から (ア)) 右側の面積の増分は左側の面積の減分より大きいため, 面積は (イ) より (ア) の方が大きい. $f(x)$ が $x=e$ で極小となっているのはこれで納得できるだろう.

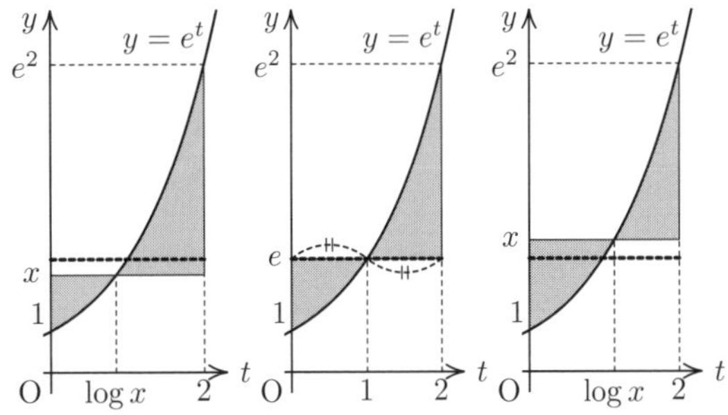

図 (ア)　図 (イ)　図 (ウ)

#6− A 4

極限 $\displaystyle\lim_{x\to\frac{\pi}{2}}\frac{\sin(2\cos x)}{x-\dfrac{\pi}{2}}$ を求めよ．【2015 関西大学】

解説　$x-\dfrac{\pi}{2}=t$ とおくと，$x\to\dfrac{\pi}{2}$ のとき，$t\to 0$ であり，

$$\cos x=\cos\left(t+\frac{\pi}{2}\right)=-\sin t$$

より，

$$\sin(2\cos x)=\sin(-2\sin t)$$

であるので，

$$\begin{aligned}\lim_{x\to\frac{\pi}{2}}\frac{\sin(2\cos x)}{x-\dfrac{\pi}{2}}&=\lim_{t\to 0}\frac{\sin(-2\sin t)}{t}\\&=\lim_{t\to 0}\left(\frac{\sin(-2\sin t)}{-2\sin t}\cdot\frac{-2\sin t}{t}\right)\\&=1\cdot(-2)=\mathbf{-2}.\qquad\cdots(答)\end{aligned}$$

注意　本問では次の公式を用いた．

$$\lim_{\star\to 0}\frac{\sin\star}{\star}=1.$$

参考　一般に，$\cos\left(t+\dfrac{\pi}{2}\right)=-\sin t$ の成立は，次の図で理解しておくとよい．

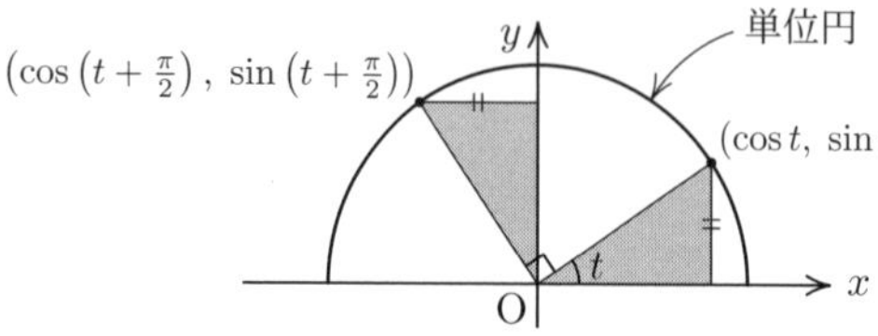

$\sin\left(t+\dfrac{\pi}{2}\right)=\cos t$ であることも同時にわかる．

複素数を用いて，

$$(\cos t+i\sin t)\underbrace{\times i}_{}=-\sin t+i\cos t$$

（$\times i$ によって $+\frac{\pi}{2}$ 回転させている）

であることから，

$$\cos\left(t+\frac{\pi}{2}\right)=\underbrace{-\sin t}_{実部},\qquad\sin\left(t+\frac{\pi}{2}\right)=\underbrace{\cos t}_{虚部}$$

と納得することもできる．一般に，ベクトル $(u,\ v)$ を反時計回り（正の方向）に 90° 回転させたベクトルは $(-v,\ u)$ であることが（$\times i$ によって $+\frac{\pi}{2}$ 回転させている）

$$(u+vi)\times i=-v+ui$$

によりわかる．また，ベクトル $(u,\ v)$ を時計回り（負の方向）に 90° 回転させたベクトルは

$$(u+vi)\underbrace{\times(-i)}_{}=v-ui$$

（$\times(-i)$ によって $-\frac{\pi}{2}$ 回転させている）

により，$(v,\ -u)$ である．

#6− A 5

2 つの楕円 $\dfrac{x^2}{5}+\dfrac{y^2}{2}=1$ と $\dfrac{x^2}{3}+\dfrac{y^2}{7}=1$ の共通接線と原点の距離を求めよ．【1996 弘前大学】

解説

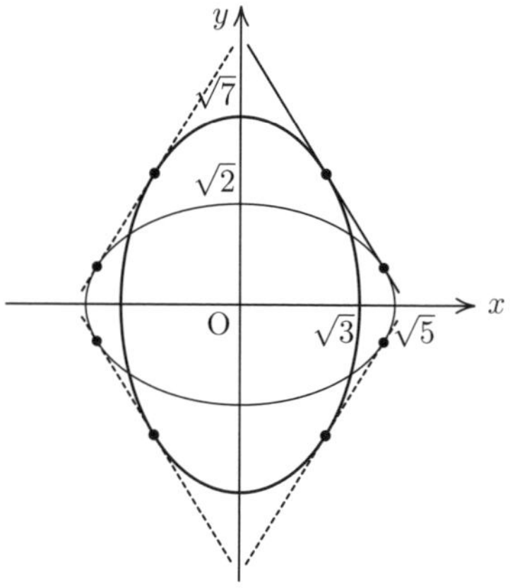

2 つの楕円はともに原点が中心であり，x 軸にも y 軸にも対称であることから，第 1 象限で楕円と接する共通接線について，原点との距離を求めればよい．

この共通接線は y 切片が正で傾きが負であることから，

$$y=ax+b\quad(a\text{ は負の定数},\ b\text{ は正の定数})$$

とおける．これが楕円 $\dfrac{x^2}{5}+\dfrac{y^2}{2}=1$ と接することから

$$\frac{x^2}{5}+\frac{(ax+b)^2}{2}=1$$

つまり

$$(2+5a^2)x^2+10abx+5(b^2-2)=0$$

が重解をもつので，

$$\frac{判別式}{4}=(5ab)^2-(2+5a^2)\cdot 5(b^2-2)=0.$$

$$\therefore\ 5a^2-b^2+2=0.\qquad\cdots①$$

また，楕円 $\dfrac{x^2}{3}+\dfrac{y^2}{7}=1$ と接することから

$$\frac{x^2}{3}+\frac{(ax+b)^2}{7}=1$$

つまり

$$(7+3a^2)x^2+6abx+3(b^2-7)=0$$

が重解をもつので，

$$\frac{判別式}{4}=(3ab)^2-(7+3a^2)\cdot 3(b^2-7)=0.$$

$$\therefore\ 3a^2-b^2+7=0.\qquad\cdots②$$

①，②により，

$$a^2=\frac{5}{2},\quad b^2=\frac{29}{2}.$$

$a<0$, $b>0$ であるから,

$$a=-\sqrt{\frac{5}{2}},\qquad b=\sqrt{\frac{29}{2}}.$$

これより，第 1 象限で楕円と接する共通接線の式は

$$y=-\sqrt{\frac{5}{2}}x+\sqrt{\frac{29}{2}}\quad\text{つまり}\quad \sqrt{5}x+\sqrt{2}y-\sqrt{29}=0$$

であり，求める距離はこの直線と原点との距離なので，その値は （点と直線との距離公式）

$$\frac{\left|\sqrt{5}\cdot 0+\sqrt{2}\cdot 0-\sqrt{29}\right|}{\sqrt{(\sqrt{5})^2+(\sqrt{2})^2}}=\boldsymbol{\frac{\sqrt{29}}{\sqrt{7}}}.\qquad\cdots(答)$$

注意　楕円の接線の公式を用いて次のように共通接線を求めることもできる．上と同様，第 1 象限で接する接線を考える．

楕円 $\dfrac{x^2}{5}+\dfrac{y^2}{2}=1$ との接点を $\left(\sqrt{5}\cos u,\ \sqrt{2}\sin u\right)$ （楕円上の点のパラメーター表示）とおく．ここで，$0<u<\dfrac{\pi}{2}$ であり，接線の式は

$$\frac{\sqrt{5}\cos u}{5}x+\frac{\sqrt{2}\sin u}{2}y=1.\qquad\cdots(\mathrm{i})$$

楕円 $\dfrac{x^2}{3}+\dfrac{y^2}{7}=1$ との接点を $\left(\sqrt{3}\cos v,\ \sqrt{7}\sin v\right)$ （楕円上の点のパラメーター表示）とおく．ここで，$0<v<\dfrac{\pi}{2}$ であり，接線の式は

$$\frac{\sqrt{3}\cos v}{3}x+\frac{\sqrt{7}\sin v}{7}y=1.\qquad\cdots(\mathrm{ii})$$

(i) と (ii) が一致する条件は

$$\frac{\sqrt{5}\cos u}{5}=\frac{\sqrt{3}\cos v}{3}\quad\text{かつ}\quad\frac{\sqrt{2}\sin u}{2}=\frac{\sqrt{7}\sin v}{7}.$$

これより，$\cos u=\dfrac{\sqrt{5}}{\sqrt{3}}\cos v$, $\sin u=\dfrac{\sqrt{2}}{\sqrt{7}}\sin v$ であり，これらを $\cos^2 u+\sin^2 u=1$ に代入し，

$$\left(\frac{\sqrt{5}}{\sqrt{3}}\cos v\right)^2+\left(\frac{\sqrt{2}}{\sqrt{7}}\sin v\right)^2=1.$$

$$\frac{5}{3}\cos^2 v+\frac{2}{7}\sin^2 v=1.$$

$$\frac{5}{3}\cos^2 v+\frac{2}{7}\left(1-\cos^2 v\right)=1.$$

$$\therefore\ \cos^2 v=\frac{15}{29}.$$

$\cos v>0$ であるから,

$$\cos v=\frac{\sqrt{15}}{\sqrt{29}}.$$

これと $\sin v>0$ により,

$$\sin v=\sqrt{1-\cos^2 v}=\frac{\sqrt{14}}{\sqrt{29}}$$

である．ゆえに,

$$\cos u=\frac{\sqrt{5}}{\sqrt{3}}\cos v=\frac{5}{\sqrt{29}},\qquad \sin u=\frac{\sqrt{2}}{\sqrt{7}}\sin v=\frac{2}{\sqrt{29}}.$$

(i) (あるいは (ii)) により，共通接線の式は

$$\frac{\sqrt{5}}{\sqrt{29}}x+\frac{\sqrt{2}}{\sqrt{29}}y=1\quad\text{つまり}\quad\sqrt{5}x+\sqrt{2}y-\sqrt{29}=0.$$

ちなみに，接点の座標については，楕円 $\dfrac{x^2}{5}+\dfrac{y^2}{2}=1$ との接点 $\left(\sqrt{5}\cos u,\ \sqrt{2}\sin u\right)$ は $\left(\dfrac{5\sqrt{5}}{\sqrt{29}},\ \dfrac{2\sqrt{2}}{\sqrt{29}}\right)$ であり，楕円 $\dfrac{x^2}{3}+\dfrac{y^2}{7}=1$ との接点 $\left(\sqrt{3}\cos v,\ \sqrt{7}\sin v\right)$ は $\left(\dfrac{3\sqrt{5}}{\sqrt{29}},\ \dfrac{7\sqrt{2}}{\sqrt{29}}\right)$ である．

楕円上の点のパラメーター表示は一般に次で与えられる．

> 楕円 $\dfrac{x^2}{a^2}+\dfrac{y^2}{b^2}=1$ 上の点の座標は，ある実数 θ を用いて,
>
> $$(a\cos\theta,\ b\sin\theta)$$
>
> と表される．

#6– A 6

> 方程式 $\sqrt{5-2x}-x+2=0$ を解け．
>
> 【2016 福島大学】

解説

$$\begin{aligned}&\sqrt{5-2x}-x+2=0\\ \Longleftrightarrow\ &\sqrt{5-2x}=x-2\\ \Longleftrightarrow\ &5-2x=(x-2)^2,\quad x-2\geqq 0\\ \Longleftrightarrow\ &x^2-2x-1=0,\quad x\geqq 2\\ \Longleftrightarrow\ &x=\boldsymbol{1+\sqrt{2}}.\end{aligned}\qquad\cdots(答)$$

注意　一般に，0 以上の実数 A と実数 B に対して,

$$A=B\quad\Longleftrightarrow\quad\begin{cases}A^2=B^2,\\ B\geqq 0\end{cases}$$

である．上ではこのことを用いた．要するに，それぞれ 2 乗した値同士が等しいという条件 ($A^2=B^2$) だけでは，$A=B$ とは断言できない ($A=-B$ の可能性もある) が，符号の条件まで加味すれば $A=-B$ の可能性が排除でき，$A=B$ といえるということ．

参考　$\sqrt{5-2x}-x+2=0$ つまり $\sqrt{5-2x}=x-2$ の実数解は次のように放物線の上半分と直線との共有点の x

座標として解釈できる．

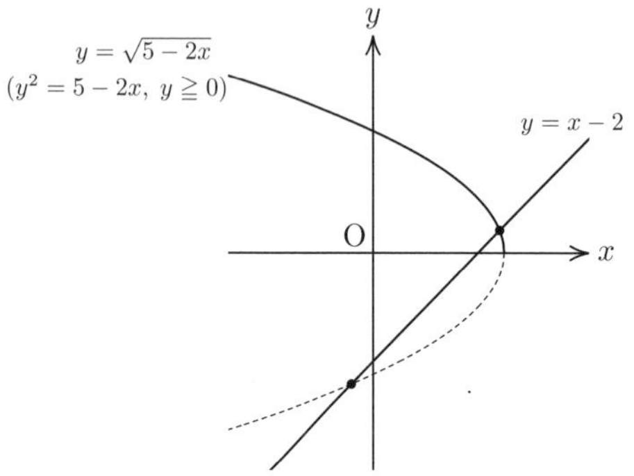

放物線 $y^2=5-2x$ と直線 $y=x-2$ との共有点の座標は，$\begin{cases} y^2=5-2x, \\ y=x-2 \end{cases}$ の実数解より

$$(x,\ y)=(1-\sqrt{2},\ -1-\sqrt{2}),\quad (1+\sqrt{2},\ -1+\sqrt{2}).$$

交点 $(1-\sqrt{2},\ -1-\sqrt{2})$ は放物線の下半分と直線との交点であり，交点 $(1+\sqrt{2},\ -1+\sqrt{2})$ は放物線の上半分と直線との交点である．したがって，いま求めるべき x は

$$x=1+\sqrt{2}$$

である．もとの方程式の解ではないが両辺を 2 乗した方程式の解であるものを "無縁解（むえん）" という．今回は，$x=1-\sqrt{2}$ が $\sqrt{5-2x}-x+2=0$ の無縁解である．

ルート記号を含む方程式や不等式を扱う際，グラフが利用できる場合は，グラフでの考察と式での考察を併用することで，間違いを防ぎやすくできる!

#6− A 7

定積分 $\displaystyle\int_0^{\frac{\pi}{2}} \sin^3 x \cos^3 x\,dx$ の値を求めよ．

【1989 明治大学】

解説

$$\begin{aligned}
\int_0^{\frac{\pi}{2}} \sin^3 x \cos^3 x\,dx &= \int_0^{\frac{\pi}{2}} \sin^3 x(1-\sin^2 x)\cos x\,dx \\
&= \int_0^{\frac{\pi}{2}} (\sin^3 x-\sin^5 x)\cos x\,dx \\
&= \left[\frac{\sin^4 x}{4}-\frac{\sin^6 x}{6}\right]_0^{\frac{\pi}{2}} \\
&= \frac{1}{4}-\frac{1}{6}=\boldsymbol{\frac{1}{12}}. \qquad \cdots(\text{答})
\end{aligned}$$

参考　上の方法と同じことであるが，次のように計算してもよい．

$$\int_0^{\frac{\pi}{2}} \sin^3 x \cos^3 x\,dx = \int_0^{\frac{\pi}{2}} \sin^3 x(1-\sin^2 x)\cos x\,dx.$$

ここで，$\sin x=t$ とおくと，$\cos x dx=dt$ であり，$x:0\to\dfrac{\pi}{2}$ と変化するとき，$t:0\to 1$ と変化するので，

$$\begin{aligned}
\int_0^{\frac{\pi}{2}} \sin^3 x \cos^3 x\,dx &= \int_0^1 t^3(1-t^2)\,dt \\
&= \int_0^1 (t^3-t^5)\,dt \\
&= \left[\frac{t^4}{4}-\frac{t^6}{6}\right]_0^1 \\
&= \frac{1}{4}-\frac{1}{6}=\boldsymbol{\frac{1}{12}}.
\end{aligned}$$

#6−B **1**

a を正の定数とする．極方程式

$$r = e^{a\theta} \quad (0 \leqq \theta \leqq \pi)$$

で表される xy 平面上の曲線を C とする．ここで，極は xy 平面の原点 O であるとし，始線は x 軸の正の方向へ向かう半直線とする．曲線 C 上の点 P の座標を $(x,\ y)$ とおく．

(1) $x,\ y$ を θ を用いて表せ．

(2) 曲線 C の長さを求めよ．

(3) 点 P における曲線 C の接線の方程式を θ を用いて表せ．ただし，$0 < \theta < \pi$ とする．

(4) 曲線 C 上の点 P と原点を通る直線を ℓ，点 P における曲線 C の接線を m とする．ℓ と m のなす角は P によらず一定であることを示せ．

(5) ℓ と m のなす角が $\dfrac{\pi}{12}$ となるような a の値を求めよ．

【2018 岐阜大学】

解説

(1)
$$\begin{cases} x = r\cos\theta = \boldsymbol{e^{a\theta}\cos\theta}, \\ y = r\sin\theta = \boldsymbol{e^{a\theta}\sin\theta}. \end{cases} \quad \cdots(\text{答})$$

(2)
$$\frac{dx}{d\theta} = e^{a\theta}a\cdot\cos\theta + e^{a\theta}\cdot(-\sin\theta) = e^{a\theta}(a\cos\theta - \sin\theta),$$
$$\frac{dy}{d\theta} = e^{a\theta}a\cdot\sin\theta + e^{a\theta}\cdot\cos\theta = e^{a\theta}(a\sin\theta + \cos\theta)$$

より，

$$\begin{aligned}&\left(\frac{dx}{d\theta}\right)^2 + \left(\frac{dy}{d\theta}\right)^2 \\ &= \left(e^{a\theta}\right)^2\left\{(a\cos\theta - \sin\theta)^2 + (a\sin\theta + \cos\theta)^2\right\} \\ &= \left(e^{a\theta}\right)^2\left\{a^2(\cos^2\theta + \sin^2\theta) + (\sin^2\theta + \cos^2\theta)\right\} \\ &= \left(e^{a\theta}\right)^2(a^2+1).\end{aligned}$$

これより，C の長さは

$$\begin{aligned}\int_0^{\pi}\sqrt{\left(\frac{dx}{d\theta}\right)^2 + \left(\frac{dy}{d\theta}\right)^2}\,d\theta &= \int_0^{\pi} e^{a\theta}\sqrt{a^2+1}\,d\theta \\ &= \sqrt{a^2+1}\left[\frac{e^{a\theta}}{a}\right]_0^{\pi} \\ &= \boldsymbol{\frac{\sqrt{a^2+1}}{a}(e^{a\pi}-1)}. \quad \cdots(\text{答})\end{aligned}$$

（曲線の長さの公式）

(3) $\mathrm{P}(e^{a\theta}\cos\theta,\ e^{a\theta}\sin\theta)$ での C の接線は $\left(\dfrac{dx}{d\theta},\ \dfrac{dy}{d\theta}\right)$ を方向ベクトルにもつことから，

$$\frac{1}{e^{a\theta}}\left(\frac{dy}{d\theta},\ -\frac{dx}{d\theta}\right) = \left(a\sin\theta + \cos\theta,\ -(a\cos\theta - \sin\theta)\right)$$

（#6−A 4 の 注意 参照）

（式を単純化するため，長さを調整 (法線ベクトルは実数倍しても法線ベクトル)）

を法線ベクトルにもつ直線であることがわかる．接点 $(e^{a\theta}\cos\theta,\ e^{a\theta}\sin\theta)$ を通ることとあわせて，その接線の方程式は

$$(a\sin\theta + \cos\theta)(x - e^{a\theta}\cos\theta) - (a\cos\theta - \sin\theta)(y - e^{a\theta}\sin\theta) = 0$$

つまり

$$\boldsymbol{(a\sin\theta + \cos\theta)x - (a\cos\theta - \sin\theta)y = e^{a\theta}}.$$

$\cdots(\text{答})$

(4) ℓ は $\overrightarrow{\mathrm{OP}} = e^{a\theta}(\cos\theta,\ \sin\theta)$ と平行なベクトル

$$\vec{\ell} = (\cos\theta,\ \sin\theta)$$

を方向ベクトルとする直線であり，m は $\left(\dfrac{dx}{d\theta},\ \dfrac{dy}{d\theta}\right)$ と平行なベクトル

$$\vec{m} = (a\cos\theta - \sin\theta,\ a\sin\theta + \cos\theta)$$

を方向ベクトルとする直線である．$\vec{\ell}$ と $\vec{m}$ のなす角を φ　$(0 \leqq \varphi \leqq \pi)$ とすると，

$$\begin{aligned}\cos\varphi &= \frac{\vec{\ell}\cdot\vec{m}}{|\vec{\ell}||\vec{m}|} \\ &= \frac{\cos\theta(a\cos\theta - \sin\theta) + \sin(a\sin\theta + \cos\theta)}{1\cdot\sqrt{(a\cos\theta - \sin\theta)^2 + (a\sin\theta + \cos\theta)^2}} \\ &= \frac{a}{\sqrt{a^2+1}}\end{aligned}$$

であり，これが θ に依らず一定であることから，点 P の位置に関わらず ℓ と m のなす角は一定である．

(証明終り)

(5)
$$\begin{aligned}\cos\frac{\pi}{12} &= \cos\left(\frac{\pi}{3} - \frac{\pi}{4}\right) \\ &= \cos\frac{\pi}{3}\cos\frac{\pi}{4} + \sin\frac{\pi}{3}\sin\frac{\pi}{4} \\ &= \frac{1}{2}\cdot\frac{\sqrt{2}}{2} + \frac{\sqrt{3}}{2}\cdot\frac{\sqrt{2}}{2} = \frac{\sqrt{2}+\sqrt{6}}{4}.\end{aligned}$$

a の条件は $\varphi = \dfrac{\pi}{12}$ または $\pi - \dfrac{\pi}{12}$ であり，(4) より，

$$\frac{a}{\sqrt{a^2+1}} = \pm\frac{\sqrt{2}+\sqrt{6}}{4}.$$

辺々 2 乗すると，

$$\frac{a^2}{a^2+1} = \frac{2+\sqrt{3}}{4}.$$
$$\therefore\ a^2 = (2+\sqrt{3})^2.$$

$a > 0$ より，

$$a = \boldsymbol{2+\sqrt{3}}. \quad \cdots(\text{答})$$

注意　一般に，$\vec{n} = (a,\ b)$ を法線ベクトルとし，点 $(p,\ q)$ を通る xy 平面上の直線の式は

$$\boldsymbol{a(x-p) + b(y-q) = 0}$$

で与えられる．(3) ではこのことを用いた．

参考　極座標のまま曲線の長さを計算する公式は次．

一般に，曲線 $r=f(\theta)$ $(\alpha \leqq \theta \leqq \beta)$ の長さ L は

$$L=\int_{\alpha}^{\beta}\sqrt{\left(\frac{dr}{d\theta}\right)^2+r^2}\,d\theta=\int_{\alpha}^{\beta}\sqrt{\left\{f'(\theta)\right\}^2+r^2}\,d\theta$$

で与えられる．

この式の成立は (2) の計算を一般化して，次のように確められる．$x=r\cos\theta$，$y=r\sin\theta$ より，

$$\frac{dx}{d\theta}=\frac{dr}{d\theta}\cos\theta+r\cdot(-\sin\theta),$$

$$\frac{dy}{d\theta}=\frac{dr}{d\theta}\sin\theta+r\cos\theta.$$

これより，

$$\left(\frac{dx}{d\theta}\right)^2+\left(\frac{dy}{d\theta}\right)^2=\left(\frac{dr}{d\theta}\right)^2+r^2$$

であるので，

$$L=\int_{\alpha}^{\beta}\sqrt{\left(\frac{dx}{d\theta}\right)^2+\left(\frac{dy}{d\theta}\right)^2}\,d\theta=\int_{\alpha}^{\beta}\sqrt{\left(\frac{dr}{d\theta}\right)^2+r^2}\,d\theta.\ ■$$

参考　曲線 C は**等角螺旋**（らせん） (あるいは**対数螺旋** や**ベルヌーイの螺旋**) と呼ばれ，一般に，極方程式 $r=ae^{b\theta}$ で表される．本問の (4) で示した性質が “等角” という名前の由来であり，この性質を見出したデカルト (René Descartes, 1596 ～ 1650) によって名付けられた．ハヤブサが獲物を一定の角度で視認しながら獲物に近付くときの飛行ルートはこの等角螺旋を描くことが本問の (4) からわかる．

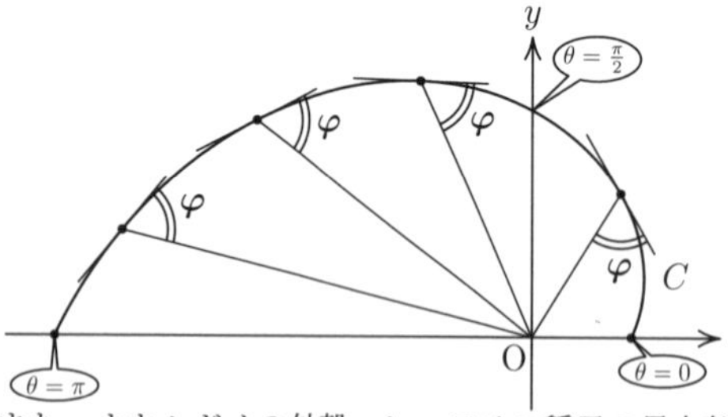

また，オウムガイの外殻，ヒマワリの種子の最上部，クモの巣など，さまざまな生物の成長過程でもこの等角螺旋が観察される．等角螺旋にはさまざまな性質があり，過去の数学者を魅了してきた．特に，ベルヌーイ (Jacob Bernoulli, 1654 ～ 1705) は等角螺旋が様々な幾何的な変換を施しても不変であるという事実を発見し，感動のあまりこの曲線に神秘的な畏敬の念を感じるようになった．この不変性を死後も同じ人間に生き返る人間の体の象徴として使えると考えたベルヌーイは自分の墓石に等角螺旋を刻むことを望んだ．等角螺旋やその他の数学 III で登場する多くの曲線についての詳細は『不思議な数 e の物語』(E. マオール (著)，伊理由美 (訳)，岩波書店 または ちくま学芸文庫) で読むことができる．この本には興味深い性質が盛り沢山に書かれており，一読をオススメしたい!

なお，等角螺旋を用いた “ベルヌーイカーブ刃” と呼ばれるはさみも開発されているようで，自然界のみならず，人間の生活にも等角螺旋は活用されている．

#6−B **2**

z を 0 でない複素数とする．複素数平面において P(z)，Q(w) は $w=\dfrac{1}{z}$ を満たしている．

(1) x，y，u，v を実数として，$z=x+yi$，$w=u+vi$ と表すとき，x と y を u，v を用いて表せ．

(2) A(1)，B(i) として，P が線分 AB 上を動くとき，Q の描く図形を図示せよ．【2022 東京女子大学】

解説

(1) 複素数 $z=x+yi$，$w=u+vi$ が $w=\dfrac{1}{z}$ を満たすとき，

$$zw=1$$

であり，

$$z=\frac{1}{w}$$

である．ここで，z も w も 0 とはならないことに注意しておく．

$$z=\frac{1}{w}=\frac{\overline{w}}{w\overline{w}}=\frac{\overline{w}}{|w|^2}=\frac{u-vi}{u^2+v^2}$$

より，

$$\begin{cases} z\text{ の実部 } x=\dfrac{\boldsymbol{u}}{\boldsymbol{u^2+v^2}}, \\ z\text{ の虚部 } y=\dfrac{\boldsymbol{-v}}{\boldsymbol{u^2+v^2}}. \end{cases} \quad \cdots(答)$$

(2)

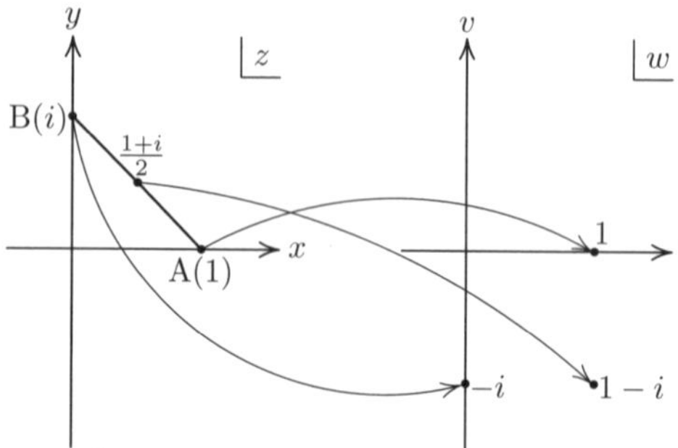

$w=\dfrac{1}{z}$ が求める軌跡に含まれるための条件は $w=\dfrac{1}{z}$ を満たす点 z が線分 AB 上にあることである．(1) より，$w=\dfrac{1}{z}$ を満たす点 z は $z=\dfrac{u}{u^2+v^2}+\dfrac{-v}{u^2+v^2}i$

であり，これが線分 AB $(y=-x+1,\ 0 \leqq x \leqq 1)$ 上にある条件は，

$$\frac{-v}{u^2+v^2}=-\frac{u}{u^2+v^2}+1, \quad 0 \leqq \frac{u}{u^2+v^2} \leqq 1$$

つまり

$$-v=-u+(u^2+v^2), \ \ u^2+v^2 \neq 0, \ \ 0 \leqq u \leqq u^2+v^2.$$

uv 平面で，これらの式が表す図形を考える．まず，

$$-v=-u+(u^2+v^2)$$

は

$$\left(u-\frac{1}{2}\right)^2+\left(v+\frac{1}{2}\right)^2=\frac{1}{2}$$

と変形できることから，点 $\left(\frac{1}{2},\ -\frac{1}{2}\right)$ を中心とする半径 $\frac{\sqrt{2}}{2}$ の円を表す．この円は原点を通ることに注意．
次に，$u^2+v^2 \neq 0$ は原点以外を表す．
最後に，$0 \leqq u \leqq u^2+v^2$ については，$u \geqq 0$ は右半平面と v 軸を表し，$u \leqq u^2+v^2$ は

$$\left(u-\frac{1}{2}\right)^2+v^2 \geqq \frac{1}{4}$$

と変形できることから，点 $\left(\frac{1}{2},\ 0\right)$ を中心とする半径 $\frac{1}{2}$ の円の周および外部を表す．
以上により，点 Q の軌跡は次の図の太線部分である．

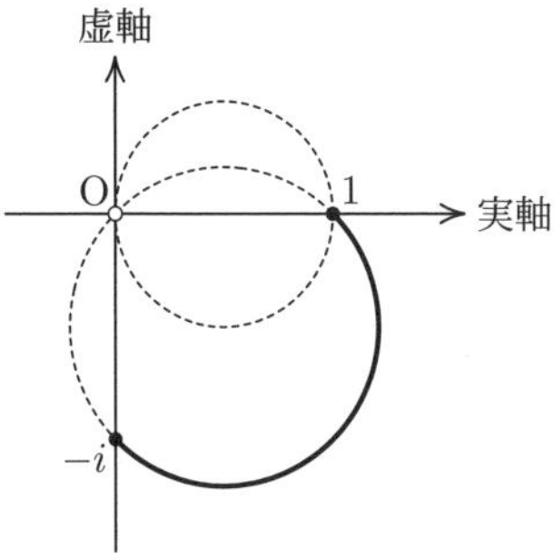

参考　点 z を点 $w=\frac{1}{z}$ に対応させる本問の変換のことを，**複素反転**という．

$$w=\frac{1}{z}=\frac{\overline{z}}{z\overline{z}}=\frac{\overline{z}}{|z|^2}=\frac{1}{|z|^2}\overline{z}$$

は次のように 2 段階の操作として捉えると図形的な意味を理解しやすくなる．

$\boxed{z}$ —実軸に関して折り返す（複素共役）→ $\boxed{\overline{z}}$ —原点から同じ方向に距離調整（単位円に関する反転）→ $\boxed{\frac{1}{z}}$

後半の操作は**反転**と呼ばれる変換であり，非常に面白い性質がある．それは直線を円に移すことができるという性質である．

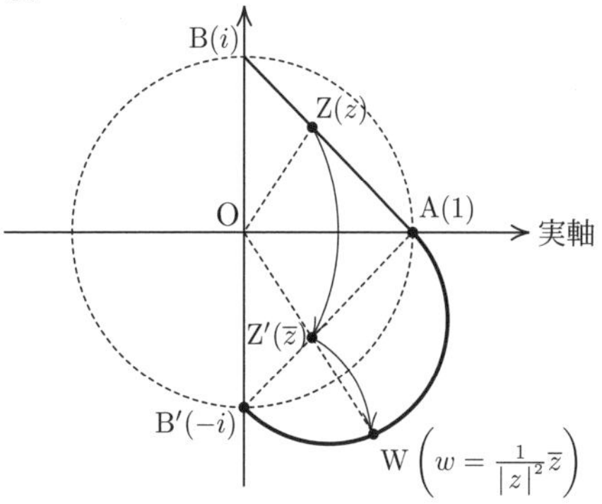

線分 AB 上の点 Z(z) に対して，点 Z′($\overline{z}$) の軌跡は線分 AB を実軸に関して折り返したものとなる．これは共役複素数 $\overline{z}$ が表す点 Z′ が点 Z を実軸に関して折り返した位置にあることから明らかである．

では，点 Z′($\overline{z}$) に対して，点 W$\left(\frac{1}{|z|^2}\overline{z}\right)$ がどのように対応されているのかを考えよう (これが**反転**である)．$\frac{1}{|z|^2}\overline{z}$ が $\overline{z}$ の正の実数倍であることから，$\overrightarrow{\mathrm{OW}}$ は $\overrightarrow{\mathrm{OZ'}}$ を $\frac{1}{|z|^2}$ 倍したベクトルである．B′($-i$) とすると，線分 AB′ の両端の点は反転では動かず，線分 AB′ の両端以外の点は単位円内の点である ($|\overline{z}|<1$) から，反転によって単位円の外側へ移される $\left(\left|\frac{1}{|z|^2}\overline{z}\right|=\frac{1}{|z|}>1\right)$．さらに線分 AB′ の軌跡が円弧となることは，次のように幾何的な説明をつけることができる．

2 つの三角形 OB′Z′ と OWB′ に注目する．
∠B′OZ′ = ∠WOB′ であり，さらに，

$$\mathrm{OB'}:\mathrm{OZ'}=1:|z|,$$

$$\mathrm{OW}:\mathrm{OB'}=\left|\frac{1}{|z|^2}\overline{z}\right|:1=1:|z|$$

により，

$$\mathrm{OB'}:\mathrm{OZ'}=\mathrm{OW}:\mathrm{OB'}$$

とわかるので，△OB′Z′ ∽ △OWB′ であることがいえる (2 辺比夾角相等)．これより，∠OWB′ = ∠OB′Z′ (一定) であることから，円周角の定理の逆により，点 W が円弧を描くことがわかる．さらに，∠OWB′ = ∠OB′Z′ = 45° であることを踏まえると，W の軌跡は A，B′ を直径の両端とする円のうち，O を含まない側であることもわかる．

一つ用語にまつわる注意点を述べておく．ここでの解説では「複素反転」と「反転」という 2 つの用語を使い分けたが，複素反転のことを単に反転という場合もある．専門書などで更に学習する場合にはその点に注意されたい．

#6− B **3**

(1) $f(x)$ を連続関数とするとき，

$$\int_0^{\pi} xf(\sin x)dx = \frac{\pi}{2}\int_0^{\pi} f(\sin x)dx$$

が成り立つことを示せ．

(2) 定積分 $\displaystyle\int_0^{\pi} \frac{x\sin^3 x}{\sin^2 x + 8}dx$ の値を求めよ．

【2010 横浜国立大学】

解説

(1) 定積分 $I = \displaystyle\int_0^{\pi} xf(\sin x)dx$ において，$\pi - x = t$ とおくと，$x = \pi - t$ であり，$dx = (-1)dt$,

$$\sin x = \sin(\pi - t) = \sin t$$

である．また，$x : 0 \to \pi$ のとき，$t : \pi \to 0$ より，

$$\underbrace{\int_0^{\pi} xf(\sin x)dx}_{=I} = \int_{\pi}^{0} (\pi - t)f(\sin t)(-1)dt$$

$$= \int_0^{\pi} (\pi - t)f(\sin t)dt$$

$$= \int_0^{\pi} \pi f(\sin t)dt - \int_0^{\pi} tf(\sin t)dt$$

$$= \pi\int_0^{\pi} f(\sin t)dt - \underbrace{\int_0^{\pi} tf(\sin t)dt}_{=I}.$$

これより，

$$2I = \pi\int_0^{\pi} f(\sin t)dt$$

が得られ，それゆえ，

$$I = \frac{\pi}{2}\int_0^{\pi} f(\sin t)dt.$$

(証明終り)

(2) (1) での連続関数 f として，

$$f(\bigstar) = \frac{\bigstar^3}{\bigstar^2 + 8}$$

をとると，$f(\sin x) = \dfrac{\sin^3 x}{\sin^2 x + 8}$ となり，(1) より，

（x のかかっていない積分を求めればよい!）

$$\int_0^{\pi} \frac{x\sin^3 x}{\sin^2 x + 8}dx = \frac{\pi}{2}\int_0^{\pi} \frac{\sin^3 x}{\sin^2 x + 8}dx$$

である．そこで，$J = \displaystyle\int_0^{\pi} \frac{\sin^3 x}{\sin^2 x + 8}dx$ とおき，これを計算する．

$$J = \int_0^{\pi} \frac{\sin^2 x}{\sin^2 x + 8}\sin x\,dx$$

$$= \int_0^{\pi} \frac{1 - \cos^2 x}{1 - \cos^2 x + 8}\sin x\,dx$$

$$= \int_0^{\pi} \frac{1 - \cos^2 x}{9 - \cos^2 x}\sin x\,dx$$

に対し，$\cos x = u$ とおくと，$-\sin x dx = du$ であり，$x : 0 \to \pi$ のとき，$u : 1 \to -1$ と変化するので，

$$J = \int_1^{-1} \frac{1 - u^2}{9 - u^2}(-1)du = \int_{-1}^{1} \frac{1 - u^2}{9 - u^2}du$$

$$= 2\int_0^{1} \frac{1 - u^2}{9 - u^2}du = 2\int_0^{1} \left(1 - \frac{8}{9 - u^2}\right)du$$

$$= 2 - 16\int_0^{1} \frac{1}{(3 + u)(3 - u)}du$$

$$= 2 - 16\int_0^{1} \left(\frac{\frac{1}{6}}{3 + u} + \frac{\frac{1}{6}}{3 - u}\right)du$$

$$= 2 - \frac{16}{6}\left[\log\left|\frac{u + 3}{u - 3}\right|\right]_0^1$$

$$= 2 - \frac{8}{3}\log 2.$$

ゆえに，

$$\int_0^{\pi} \frac{x\sin^3 x}{\sin^2 x + 8}dx = \frac{\pi}{2}J = \boldsymbol{\pi\left(1 - \frac{4}{3}\log 2\right)}.$$

$\cdots$(答)

#6− B **4**

1 以上の整数 $p,\ q$ に対し，$B(p,\ q) = \displaystyle\int_0^{1} x^{p-1}(1 - x)^{q-1}dx$ とおく．

(1) $B(p,\ q) = B(q,\ p)$ が成り立つことを示せ．

(2) 関係式

$$B(p,\ q+1) = \frac{q}{p}B(p+1,\ q),\ \ B(p+1,\ q) + B(p,\ q+1) = B(p,\ q)$$

が成り立つことを示せ．

(3) 関係式

$$B(p+1,\ q) = \frac{p}{p+q}B(p,\ q),\ \ B(p,\ q+1) = \frac{q}{p+q}B(p,\ q)$$

が成り立つことを示せ．

(4) $B(5,\ 4)$ を求めよ．

【2005 鳥取大学】

解説

(1) $B(p,\ q) = \displaystyle\int_0^{1} x^{p-1}(1 - x)^{q-1}dx$ において，$1 - x = t$ と置換積分すると，$(-1)dx = dt$，$x : 0 \to 1$ のとき $y : 1 \to 0$ であるから，

$$B(p,\ q) = \int_1^{0} (1 - t)^{p-1}t^{q-1}(-1)dt$$

$$= \int_0^{1} (1 - t)^{p-1}t^{q-1}dt$$

$$= \int_0^{1} t^{q-1}(1 - t)^{p-1}dt$$

$$= B(q,\ p).$$

(証明終り)

(2) 部分積分法により,

$$\begin{aligned} B(p,\ q+1) &= \int_0^1 x^{p-1}(1-x)^q dx \\ &= \underbrace{\left[\frac{x^p}{p}(1-x)^q\right]_0^1}_{=0} - \int_0^1 \frac{x^p}{p}\cdot q(1-x)^{q-1}\cdot(-1)dx \\ &= \frac{q}{p}\int_0^1 x^p(1-x)^{q-1}dx \\ &= \frac{q}{p}B(p+1,\ q). \end{aligned}$$

(証明終り)

また,

$$\begin{aligned} &B(p+1,\ q)+B(p,\ q+1) \\ &= \int_0^1 x^p(1-x)^{q-1}dx + \int_0^1 x^{p-1}(1-x)^q dx \\ &= \int_0^1 \left\{x^p(1-x)^{q-1}+x^{p-1}(1-x)^q\right\}dx \\ &= \int_0^1 x^{p-1}(1-x)^{q-1}\underbrace{\{x+(1-x)\}}_{=1}dx \\ &= B(p,\ q). \end{aligned}$$

(証明終り)

(3) (2) で示した 2 式をあわせると,

$$B(p+1,\ q)+\frac{q}{p}B(p+1,\ q)=B(p,\ q)$$

つまり

$$\frac{p+q}{p}B(p+1,\ q)=B(p,\ q)$$

が得られることから,

$$B(p+1,\ q)=\frac{p}{p+q}B(p,\ q)$$

の成立がわかる. (証明終り)

また, これと (2) の前半の式より,

$$\begin{aligned} B(p,\ q+1) &= \frac{q}{p}B(p+1,\ q) \\ &= \frac{q}{p}\cdot\frac{p}{p+q}B(p,\ q) \\ &= \frac{q}{p+q}B(p,\ q). \end{aligned}$$

(証明終り)

(4) (3) を用いて,

$$\begin{aligned} B(5,\ 4) &= \frac{3}{8}B(5,\ 3) \\ &= \frac{3}{8}\cdot\frac{2}{7}B(5,\ 2) \\ &= \frac{3}{8}\cdot\frac{2}{7}\cdot\frac{1}{6}B(5,\ 1) \\ &= \frac{1}{56}B(5,\ 1) \\ &= \frac{1}{56}\int_0^1 x^4 dx \\ &= \frac{1}{56}\cdot\frac{1}{5} = \mathbf{\frac{1}{280}}. \end{aligned}$$

$B(5,\ 1)=\int_0^1 x^{5-1}(1-x)^{1-1}dx$

…(答)

注意　本問の $B(p,\ q)$ は**ベータ関数** または **オイラーの第 1 種積分** と呼ばれている.

#6−B **5**

a を実数とし, 関数 $f(x)$ を

$$f(x)=\begin{cases} a\sin x+\cos x & \left(x \leqq \dfrac{\pi}{2}\right), \\ x-\pi & \left(x > \dfrac{\pi}{2}\right) \end{cases}$$

で定義する.

(1) $f(x)$ が $x=\dfrac{\pi}{2}$ で連続となる a の値を求めよ.

(2) (1) で求めた a の値に対し, $x=\dfrac{\pi}{2}$ で $f(x)$ は微分可能でないことを示せ. 【2012 神戸大学】

解説

(1) $f(x)$ が $x=\dfrac{\pi}{2}$ で連続となる条件は

$$f\left(\frac{\pi}{2}\right)=a\sin\frac{\pi}{2}+\cos\frac{\pi}{2}=a,$$

$$\lim_{x\to\frac{\pi}{2}+0}f(x)=\lim_{x\to\frac{\pi}{2}+0}(x-\pi)=-\frac{\pi}{2},$$

$$\lim_{x\to\frac{\pi}{2}-0}f(x)=\lim_{x\to\frac{\pi}{2}-0}(a\sin x+\cos x)=a$$

のすべてが一致することであるから, それを満たす a の値は

$$a=\mathbf{-\frac{\pi}{2}}.$$

…(答)

(2) まず, $\displaystyle\lim_{h\to+0}\frac{f\left(\frac{\pi}{2}+h\right)-f\left(\frac{\pi}{2}\right)}{h}$ を調べる.

$h>0$ のとき,

$$\frac{f\left(\frac{\pi}{2}+h\right)-f\left(\frac{\pi}{2}\right)}{h}=\frac{\left(\frac{\pi}{2}+h\right)-\pi-\left(-\frac{\pi}{2}\right)}{h}=1$$

より,

$$\lim_{h\to+0}\frac{f\left(\frac{\pi}{2}+h\right)-f\left(\frac{\pi}{2}\right)}{h}=1.$$

次に, $\displaystyle\lim_{h\to-0}\frac{f\left(\frac{\pi}{2}+h\right)-f\left(\frac{\pi}{2}\right)}{h}$ を調べる.

$h<0$ のとき,

$$\begin{aligned} \frac{f\left(\frac{\pi}{2}+h\right)-f\left(\frac{\pi}{2}\right)}{h} &= \frac{-\frac{\pi}{2}\sin\left(\frac{\pi}{2}+h\right)+\cos\left(\frac{\pi}{2}+h\right)-\left(-\frac{\pi}{2}\right)}{h} \\ &= \frac{-\frac{\pi}{2}\cos h+(-\sin h)+\frac{\pi}{2}}{h} \\ &= \frac{\frac{\pi}{2}(1-\cos h)}{h}-\frac{\sin h}{h} \\ &= \frac{\pi}{2}\cdot\frac{\sin h}{h}\cdot\frac{\sin h}{1+\cos h}-\frac{\sin h}{h} \end{aligned}$$

より,

$$\lim_{h\to-0}\frac{f\left(\frac{\pi}{2}+h\right)-f\left(\frac{\pi}{2}\right)}{h}=\frac{\pi}{2}\cdot1\cdot0-1=-1.$$

以上より，$\lim_{h \to +0} \dfrac{f\left(\frac{\pi}{2}+h\right)-f\left(\frac{\pi}{2}\right)}{h}$ と $\lim_{h \to -0} \dfrac{f\left(\frac{\pi}{2}+h\right)-f\left(\frac{\pi}{2}\right)}{h}$ はともに存在するが，これらの値が等しくないので，$\lim_{h \to 0} \dfrac{f\left(\frac{\pi}{2}+h\right)-f\left(\frac{\pi}{2}\right)}{h}$ は存在しない．
ゆえに，$x=\dfrac{\pi}{2}$ で $f(x)$ は微分可能でない．(証明終り)

注意　**関数の連続性**については次を覚えておこう．

> 関数 $f(x)$ が $x=a$ で連続であるとは，
>
> $$\lim_{x \to a} f(x) = f(a)$$
>
> が成り立つときをいう．(この等式が成り立つとは，$x=a$ が $f(x)$ の定義域に含まれ，$f(a)$ の値が定義され，さらに，$\lim_{x \to a+0} f(x)$ と $\lim_{x \to a-0} f(x)$ がともに存在し，それらがともに $f(a)$ と一致することである．)

関数 $f(x)$ が $x=a$ で連続であるとは，$y=f(x)$ のグラフが $x=a$ でつながっていることを意味している．

また，**関数の微分可能性**については次を覚えておこう．

> 関数 $f(x)$ が $x=a$ で微分可能であるとは，極限値 $\lim_{h \to 0} \dfrac{f(a+h)-f(a)}{h}$ が存在するときをいう．
> ($\lim_{h \to 0} \dfrac{f(a+h)-f(a)}{h}$ が存在するとは，$\lim_{h \to +0} \dfrac{f(a+h)-f(a)}{h}$ と $\lim_{h \to -0} \dfrac{f(a+h)-f(a)}{h}$ がともに存在し，両者が一致するときをいい，この共通の値を $\lim_{h \to 0} \dfrac{f(a+h)-f(a)}{h}$ と書く．)

極限 $\lim_{h \to 0} \dfrac{f(a+h)-f(a)}{h}$ は $\lim_{x \to a} \dfrac{f(x)-f(a)}{x-a}$ と書いても同じことである．関数 $f(x)$ が $x=a$ で微分可能であるとは，$y=f(x)$ のグラフが $x=a$ で滑らかである (尖っていない) ことを意味している．関数 $f(x)$ が $x=a$ で微分可能であるとき，$\lim_{h \to 0} \dfrac{f(a+h)-f(a)}{h}$ の値を $f'(a)$ と書き，これを $x=a$ における $f(x)$ の**微分係数**という．また，関数 $f(x)$ の定義域内の a の値に対し，$f'(a)$ を対応させる関数 f' を f の**導関数**という．

連続性と微分可能性との関係性として次が成り立つ．

> 関数 $f(x)$ が $x=a$ で微分可能であるとき，関数 $f(x)$ は $x=a$ で連続である．

証明　仮定より，極限値 $\lim_{x \to a} \dfrac{f(x)-f(a)}{x-a}$ が存在する (収束する)．

このとき，

$$f(x)-f(a) = \frac{f(x)-f(a)}{x-a} \cdot (x-a) \to f'(a) \cdot 0 = 0 \ \ (x \to a)$$

より，

$$\lim_{x \to a} f(x) = \lim_{x \to a} \{f(x)-f(a)+f(a)\} = 0+f(a) = f(a).$$

■

参考　$a=-\dfrac{\pi}{2}$ のとき，$y=f(x)$ のグラフは次のようになる．

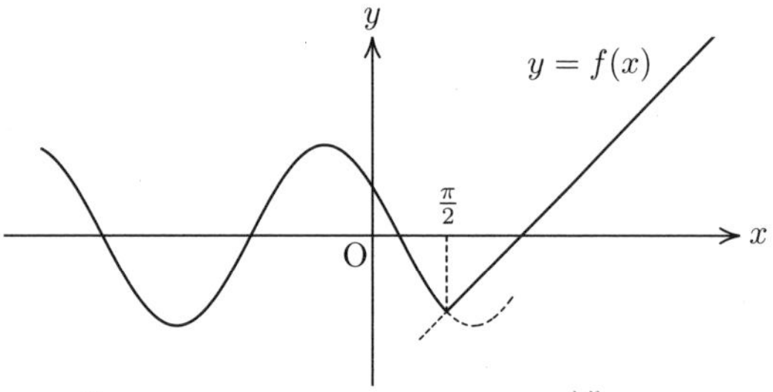

$x=\dfrac{\pi}{2}$ において $y=f(x)$ のグラフが "尖(とが)っている" ことが見てとれ，$x=\dfrac{\pi}{2}$ において $f(x)$ が微分可能でない (微分不可能) ことが納得できる．

定義通りの確認ではないが，(2) を次のように考えることもできる．$g(x)=a\sin x+\cos x=-\dfrac{\pi}{2}\sin x+\cos x$ とおくと，$g(x)$ はすべての実数 x で微分可能であり，

$$g'(x) = -\frac{\pi}{2}\cos x - \sin x.$$

特に，

$$g'\left(\frac{\pi}{2}\right) = -\frac{\pi}{2}\cos\frac{\pi}{2} - \sin\frac{\pi}{2} = -1. \qquad \cdots ①$$

また，$h(x)=x-\pi$ とおくと，$h(x)$ はすべての実数 x で微分可能であり，

$$h'(x) = 1.$$

特に，

$$h'\left(\frac{\pi}{2}\right) = 1. \qquad \cdots ②$$

①, ②が一致していないことから，$x=\dfrac{\pi}{2}$ において $f(x)$ が微分不可能であることが説明できる．というのも，①が意味していることは

$$\lim_{h \to -0} \frac{f\left(\frac{\pi}{2}+h\right)-f\left(\frac{\pi}{2}\right)}{h} = 1$$

であり，②が意味していることは

$$\lim_{h \to +0} \frac{f\left(\frac{\pi}{2}+h\right)-f\left(\frac{\pi}{2}\right)}{h} = -1$$

である．これらが一致していないことが $x=\dfrac{\pi}{2}$ において $f(x)$ が微分不可能であることの根拠である．

Coffee Break まずは，次の問題を考えてもらいたい．

問題

2 以上の整数 n に対して，次の定積分の値を求めよ．

$$I_n=\int_0^1\left(1+x+x^2+\cdots+x^{n-1}\right)\left\{1+3x+5x^2+\cdots+(2n-1)x^{n-1}\right\}dx.$$

$n=2,\ 3,\ 4$ に対して I_n の値を計算すれば，予想がつき，その予想が正しいことを数学的帰納法で示すという方法で解くことはできる．数学的にはそれで文句のつけようのない完全な解答なのだが，“わかった” という感覚にはどうもならない．直接計算して求めたいところである．いくつか解法はある‡のだが，そのうち個人的に気に入っている超絶技巧を紹介しよう．合成関数の微分の威力が実感できる解法である．

超絶技巧 $t=\sqrt{x}$ とおくと，$x=t^2$，$dx=2tdt$ であり，$x:0\to1$ のとき，$t:0\to1$ であるから，

$$\begin{aligned}I_n&=\int_0^1\left(1+x+x^2+\cdots+x^{n-1}\right)\left\{1+3x+5x^2+\cdots+(2n-1)x^{n-1}\right\}dx\\&=\int_0^1\left(1+t^2+t^4+\cdots+t^{2(n-1)}\right)\left\{1+3t^2+5t^4+\cdots+(2n-1)t^{2(n-1)}\right\}\cdot 2t\,dt\\&=\int_0^1 2\left(t+t^3+t^5+\cdots+t^{2n-1}\right)\left\{1+3t^2+5t^4+\cdots+(2n-1)t^{2(n-1)}\right\}dt.\end{aligned}$$

ここで，$t+t^3+t^5+\cdots+t^{2n-1}$ を $p(t)$ で表すことにすると

$$p'(t)=1+3t^2+5t^4+\cdots+(2n-1)t^{2(n-1)}$$

となるので，

$$I_n=\int_0^1 2p(t)p'(t)dt=\left[\left\{p(t)\right\}^2\right]_0^1=\left\{p(1)\right\}^2-\left\{p(0)\right\}^2=n^2-0^2=\boldsymbol{n^2}.\qquad\cdots(\text{答})$$

---

‡ たとえば，1998 年 法政大学工学部での入試問題での出題では，次のような方針に従って解く誘導があった．参考までに記載しておく (レイアウトは共通テスト風に修正している)．

$f(x)=1+x+x^2+x^3+\cdots\cdots+x^{n-1}$ とおくと

$$f'(x)=\boxed{ア}+\boxed{イ}x+\boxed{ウ}x^2+\cdots\cdots+\left(n-\boxed{エ}\right)x^{n-\boxed{オ}}$$

である．また，$\left\{xf(x)\right\}'=\boxed{カ}$ であるから

$$xf'(x)+\left\{xf(x)\right\}'=\boxed{キ}+\boxed{ク}x+\boxed{ケ}x^2+\boxed{コ}x^3+\cdots\cdots+\left(\boxed{サ}n-\boxed{シ}\right)x^{n-\boxed{ス}}$$

となる．したがって，

$$I_n=\int_0^1\left(\boxed{セ}\right)'dx=\left[\boxed{セ}\right]_0^1=\boxed{ソ}$$

となる．

$\boxed{カ}$，$\boxed{セ}$ の解答群

⓪ $f(x)$　① $f'(x)$　② $f'(x)+xf(x)$　③ $f(x)+xf'(x)$　④ $f'(x)-xf(x)$
⑤ $f(x)-xf'(x)$　⑥ $xf(x)$　⑦ $xf'(x)$　⑧ $xf(x)f'(x)$　⑨ $x\{f(x)\}^2$

$\boxed{ソ}$ の解答群

⓪ $n-1$　① n　② $n+1$　③ $(n-1)^2$　④ n^2　⑤ $(n+1)^2$　⑥ n^2-1　⑦ n^2+1　⑧ n^3　⑨ $n(n+1)^2$

解答記号	ア	イ	ウ	エ	オ	カ	キ	ク	ケ	コ	サ	シ	ス	セ	ソ
正解	1	2	3	1	2	③	1	3	5	7	2	1	1	⑨	④

#7− A 1

複素数平面上の 3 点 O(0)，A($2+\sqrt{3}i$)，B が $\angle\text{AOB}=\dfrac{\pi}{6}$ かつ OA = 2OB を満たしているとき，点 B を表す複素数を求めよ．　【2022 関西大学】

解説　点 B を表す複素数を β とすると，$\overrightarrow{\text{OB}}$ は $\overrightarrow{\text{OA}}$ を $\dfrac{1}{2}$ 倍拡大し，$\pm\dfrac{\pi}{6}$ 回転したものであるので，

$$\begin{aligned}\beta &= \frac{1}{2}\left\{\cos\left(\pm\frac{\pi}{6}\right)+i\sin\left(\pm\frac{\pi}{6}\right)\right\}(2+\sqrt{3}\,i)\\ &= \frac{1}{2}\left(\frac{\sqrt{3}}{2}\pm\frac{1}{2}i\right)(2+\sqrt{3}\,i)\\ &= \boldsymbol{\frac{\sqrt{3}+5i}{4}},\ \boldsymbol{\frac{3\sqrt{3}+i}{4}}.\end{aligned}$$

…(答)

注意　点 B の位置は次の 2 通り考えられることに注意!

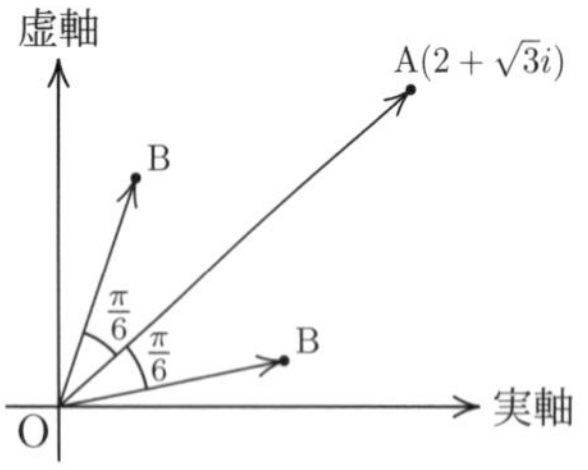

#7− A 2

極限 $\displaystyle\lim_{n\to\infty}\frac{(1+2+3+\cdots+n)^5}{(1^4+2^4+3^4+\cdots+n^4)^2}$ を求めよ．

【1999 上智大学】

解説

分母分子 $\div n^{10}$

$$\frac{\left(\displaystyle\sum_{k=1}^{n}k\right)^5}{\left(\displaystyle\sum_{k=1}^{n}k^4\right)^2}=\frac{\left(\displaystyle\frac{1}{n}\sum_{k=1}^{n}\frac{k}{n}\right)^5}{\left\{\displaystyle\frac{1}{n}\sum_{k=1}^{n}\left(\frac{k}{n}\right)^4\right\}^2}$$

であり，

$$\lim_{n\to\infty}\frac{1}{n}\sum_{k=1}^{n}\frac{k}{n}=\int_0^1 x\,dx=\frac{1}{2},$$

$$\lim_{n\to\infty}\frac{1}{n}\sum_{k=1}^{n}\left(\frac{k}{n}\right)^4=\int_0^1 x^4\,dx=\frac{1}{5}$$

であるから，

$$\lim_{n\to\infty}\frac{(1+2+3+\cdots+n)^5}{(1^4+2^4+3^4+\cdots+n^4)^2}=\frac{\left(\frac{1}{2}\right)^5}{\left(\frac{1}{5}\right)^2}=\boldsymbol{\frac{25}{32}}.$$

…(答)

注意　次の**区分求積法**の公式を用いた．

$\displaystyle\lim_{n\to\infty}\frac{a_n}{n}=\alpha$，$\displaystyle\lim_{n\to\infty}\frac{b_n}{n}=\beta$ のとき，

$$\lim_{n\to\infty}\frac{1}{n}\sum_{k=a_n}^{b_n}f\left(\frac{k}{n}\right)=\int_\alpha^\beta f(x)dx.$$

特に，

$$\lim_{n\to\infty}\frac{1}{n}\sum_{k=0}^{n-1}f\left(\frac{k}{n}\right)=\int_0^1 f(x)dx,$$

$$\lim_{n\to\infty}\frac{1}{n}\sum_{k=1}^{n}f\left(\frac{k}{n}\right)=\int_0^1 f(x)dx.$$

#7− A 3

a，b を正の実数とする．楕円 $\dfrac{x^2}{4}+y^2=1$ を x 軸方向に a，y 軸方向に b だけ平行移動して得られる楕円が y 軸と直線 $y=x$ の両方に接するような a，b を求めよ．　【2016 愛媛大学】

解説

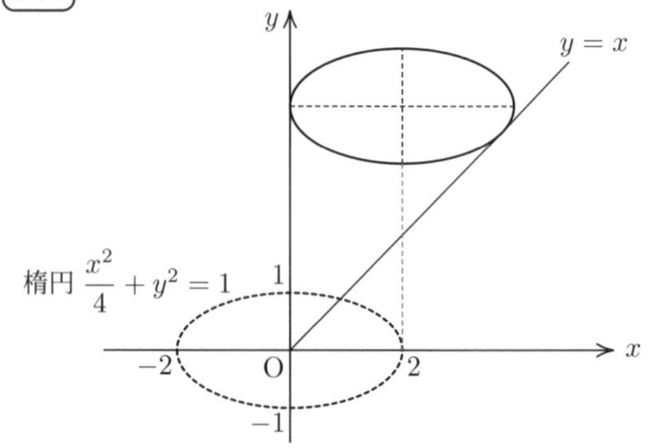

y 軸に接することと $a>0$ から，$a=\mathbf{2}$ であることはすぐにわかる．　…(答)

これより，平行移動後の楕円の式は

$$\frac{(x-2)^2}{4}+(y-b)^2=1$$

と表される．この楕円が $y=x$ と接する条件は

$$\frac{(x-2)^2}{4}+(x-b)^2=1$$

が重解をもつこと，すなわち

$$5x^2-4(2b+1)x+4b^2=0$$

の判別式が 0 となることである．

$$\frac{\text{判別式}}{4}=\{-2(2b+1)\}^2-5\cdot 4b^2=0$$

より，

$$b^2-4b-1=0.$$

$b>0$ より，

$$b=\mathbf{2+\sqrt{5}}. \quad \cdots(答)$$

#7− A 4

$f(x)$ が等式 $f(x)=x^2+\int_0^x f'(t)e^{t-x}\,dt$ を満たしているとき，$f(x)$ を求めよ．　【2012 山梨大学】

解説　条件より，

$$f(x)=x^2+e^{-x}\int_0^x f'(t)e^t\,dt.$$

x^2 を移項し，両辺に e^x をかけ，

（そのまま微分しても積分記号が消えない!）

$$e^x\{f(x)-x^2\}=\int_0^x f'(t)e^t\,dt.$$

この両辺を x で微分して，

（積の微分）

$$e^x\{f(x)-x^2\}+e^x\{f'(x)-2x\}=f'(x)e^x.$$

e^x で割って，

$$\{f(x)-x^2\}+\{f'(x)-2x\}=f'(x).$$

$$\therefore\ f(x)=\boldsymbol{x^2+2x}. \quad \cdots(答)$$

注意　関数を積分してから微分すると元に戻る．

$$\frac{d}{dx}\int_{定数}^x f(t)dt=f(x).$$

本問では，$f'(x)e^x$ に対してこの操作を行い，

$$\frac{d}{dx}\int_0^x f'(t)e^t dt=f'(x)e^x$$

とした．(なお，#5− A 4 も参照するとよい．)

#7− A 5

等式 $\dfrac{4x^2-9x+6}{(x-1)(x-2)^2}=\dfrac{a}{x-1}+\dfrac{b}{x-2}+\dfrac{c}{(x-2)^2}$ が x についての恒等式となるように定数 a，b，c の値を定めよ．また，定積分 $\displaystyle\int_3^4\frac{4x^2-9x+6}{(x-1)(x-2)^2}\,dx$ の値を求めよ．　【2023 福島大学】

解説

$$4x^2-9x+6=a(x-2)^2+b(x-1)(x-2)+c(x-1)$$

が x についての恒等式となるように a，b，c の値を定めればよく，

$$a=\mathbf{1},\quad b=\mathbf{3},\quad c=\mathbf{4} \quad \cdots(答)$$

とすればよい．これより，

（部分分数分解 (付録 2 参照)）

$$\begin{aligned}&\int_3^4\frac{4x^2-9x+6}{(x-1)(x-2)^2}\,dx\\&=\int_3^4\left(\frac{1}{x-1}+\frac{3}{x-2}+\frac{4}{(x-2)^2}\right)dx\\&=\left[\log(x-1)+3\log(x-2)-\frac{4}{x-2}\right]_3^4\\&=\mathbf{\log 3+2\log 2+2}.\end{aligned} \quad \cdots(答)$$

注意　部分分数分解については巻末付録 2 を参照．

#7− A 6

関数 $y=\dfrac{e^{\frac{x}{2}}}{\sqrt{\sin x}}$ の導関数を求めよ．　【2016 広島市立大学】

解説

$$\begin{aligned}y'&=\frac{e^{\frac{x}{2}}\cdot\frac{1}{2}\cdot\sqrt{\sin x}-e^{\frac{x}{2}}\cdot\frac{1}{2}(\sin x)^{-\frac{1}{2}}\cdot\cos x}{\sin x}\\&=\boldsymbol{\frac{\sin x-\cos x}{2\sin x\sqrt{\sin x}}e^{\frac{x}{2}}}.\end{aligned} \quad \cdots(答)$$

注意　次の商の微分公式を用いた．

$$\left(\frac{f}{g}\right)'=\frac{f'g-fg'}{g^2}.$$

#7− A 7

極限 $\displaystyle\lim_{x\to1}\frac{x-1}{1-e^{2x-2}}$ を求めよ．　【1983 東海大学】

解説　$x-1=t$ とおくと，

$$\begin{aligned}\lim_{x\to1}\frac{x-1}{1-e^{2x-2}}&=\lim_{t\to0}\frac{t}{1-e^{2t}}\\&=\lim_{t\to0}\frac{-\frac{1}{2}}{\frac{e^{2t}-1}{2t}}\\&=\boldsymbol{-\frac{1}{2}}.\end{aligned} \quad \cdots(答)$$

（$\dfrac{e^{\bigstar}-1}{\bigstar}$ の形を作る）

注意　自然対数の底 e に関して，次の式を覚えておこう．

$$\lim_{\bigstar\to0}(1+\bigstar)^{\frac{1}{\bigstar}}=e,\qquad \lim_{\bigstar\to\pm\infty}\left(1+\frac{1}{\bigstar}\right)^{\bigstar}=e.$$

$$\lim_{\bigstar\to0}\frac{\log(1+\bigstar)}{\bigstar}=1,\qquad \lim_{\bigstar\to0}\frac{e^{\bigstar}-1}{\bigstar}=1.$$

#7－B **1**

x を実数，n を自然数とする．次の問に答えよ．

(1) $1-x^2+x^4-x^6+\cdots+(-1)^{n-1}x^{2n-2}$ の和を求めよ．

(2) $S_n=1-\dfrac{1}{3}+\dfrac{1}{5}-\dfrac{1}{7}+\cdots+(-1)^{n-1}\cdot\dfrac{1}{2n-1}$ とする．このとき，等式

$$S_n=\int_0^1\frac{1}{1+x^2}dx-(-1)^n\int_0^1\frac{x^{2n}}{1+x^2}dx$$

が成り立つことを示せ．

(3) 定積分 $\displaystyle\int_0^1\frac{1}{1+x^2}dx$ を求めよ．

(4) 不等式 $0\leqq\displaystyle\int_0^1\frac{x^{2n}}{1+x^2}dx\leqq\frac{1}{2n+1}$ の成立を示せ．

(5) $\displaystyle\lim_{n\to\infty}S_n$ を求めよ．　【2005 静岡大学 (後期)】

解説

(1) $1-x^2+x^4-x^6+\cdots+(-1)^{n-1}x^{2n-2}$ は初項 1，公比 $-x^2$ $(\neq 1)$，項数 n の等比数列の和であり，その値は

$$\frac{1\cdot\{1-(-x^2)^n\}}{1-(-x^2)}=\boldsymbol{\frac{1-(-x^2)^n}{1+x^2}}.\qquad\cdots(答)$$

(2) (1) により，すべての実数 x に対して

$$1-x^2+x^4-x^6+\cdots+(-1)^{n-1}x^{2n-2}=\frac{1-(-x^2)^n}{1+x^2}$$

が成り立ち，これを $0\leqq x\leqq 1$ で積分することで，

$$\int_0^1\{1-x^2+x^4-x^6+\cdots+(-1)^{n-1}x^{2n-2}\}dx=\int_0^1\frac{1-(-x^2)^n}{1+x^2}dx$$

を得る．これより，

$$\left[x-\frac{x^3}{3}+\frac{x^5}{5}-\frac{x^7}{7}+\cdots+(-1)^{n-1}\cdot\frac{x^{2n-1}}{2n-1}\right]_0^1=\int_0^1\frac{dx}{1+x^2}-(-1)^n\int_0^1\frac{x^{2n}}{1+x^2}dx$$

つまり

$$S_n=\int_0^1\frac{dx}{1+x^2}-(-1)^n\int_0^1\frac{x^{2n}}{1+x^2}dx$$

の成立がわかる．　(証明終り)

(3) $I=\displaystyle\int_0^1\frac{1}{1+x^2}dx$ とおく．$x=\tan\theta$ $\left(-\dfrac{\pi}{2}<\theta<\dfrac{\pi}{2}\right)$ と置換すると，$dx=\dfrac{1}{\cos^2\theta}d\theta$ であり，$x:0\to 1$ のとき，$\theta:0\to\dfrac{\pi}{4}$ と変化するので，

$$\begin{aligned}I&=\int_0^{\frac{\pi}{4}}\frac{1}{1+\tan^2\theta}\cdot\frac{1}{\cos^2\theta}d\theta\\&=\int_0^{\frac{\pi}{4}}\frac{1}{\cos^2\theta+\sin^2\theta}d\theta\\&=\int_0^{\frac{\pi}{4}}d\theta=\boldsymbol{\frac{\pi}{4}}.\end{aligned}\qquad\cdots(答)$$

(4) $0\leqq x\leqq 1$ において，

$$0\leqq\frac{x^{2n}}{1+x^2}\leqq x^{2n}$$

（$1+x^2\geqq 1$）

が成り立つことから，

$$\int_0^1 0\,dx\leqq\int_0^1\frac{x^{2n}}{1+x^2}dx\leqq\int_0^1 x^{2n}dx$$

つまり

$$0\leqq\int_0^1\frac{x^{2n}}{1+x^2}dx\leqq\frac{1}{2n+1}$$

の成立がわかる．　(証明終り)

(5) $\displaystyle\lim_{n\to\infty}\frac{1}{2n+1}=0$ と (4) により，はさみうちの原理によって

$$\lim_{n\to\infty}\int_0^1\frac{x^{2n}}{1+x^2}dx=0.$$

これは (2) により，

$$\lim_{n\to\infty}\left|S_n-\int_0^1\frac{1}{1+x^2}dx\right|=0$$

つまり

$$\lim_{n\to\infty}S_n=\int_0^1\frac{1}{1+x^2}dx$$

を意味している．これと (3) から，

$$\lim_{n\to\infty}S_n=\boldsymbol{\frac{\pi}{4}}.\qquad\cdots(答)$$

参考　無限級数

$$1-\frac{1}{3}+\frac{1}{5}-\frac{1}{7}+\cdots+(-1)^{n-1}\cdot\frac{1}{2n-1}+\cdots=\frac{\pi}{4}$$

は**ライプニッツ級数**と呼ばれる．1682 年にライプニッツは "面積変換定理" によってこの級数を導き，この式の美しさに感動し，"Numero Deus impare gaudet (神は奇数を愛す) " と記している．しかし，この級数については，ジェームズ・グレゴリー (1638 - 75) が 1671 年にすでに言及しており，さらにその前には，1400 年頃に南インドのケーララ学派の数学者マーダヴァもこの式を得ていたことが知られている．

#7－B **2**

2 つの複素数 w，z が $w=\dfrac{iz}{z-2}$ を満たしているとする．ただし，i は虚数単位とする．

(1) 複素数平面上で，点 z が原点を中心とする半径 2 の円周上を動くとき，点 w はどのような図形を描くか．ただし，$z\neq 2$ とする．

(2) 複素数平面上で点 z が虚軸上を動くとき，点 w はどのような図形を描くか．

(3) 複素数平面上で点 w が実軸上を動くとき，点 z はどのような図形を描くか．　【2016 弘前大学】

解説

(1) w の満たすべき条件は,

$$w=\frac{iz}{z-2}\quad \text{かつ}\quad |z|=2\quad \text{かつ}\quad z\neq 2$$

を満たす z が存在することである．$w=i$, つまり, $\dfrac{z}{z-2}=1$ となる z は存在せず, $w=\dfrac{iz}{z-2}$ を満たす z は

$$z=\frac{2w}{w-i}$$

（$w(z-2)=iz$ として z について解いた）

であるから, w の条件は

$$w\neq i,\quad \left|\frac{2w}{w-i}\right|=2,\quad \frac{2w}{w-i}\neq 2.$$

（必ず満たされる）

これはすなわち

$$w\neq i,\quad |w|=|w-i|.$$

結局, w の条件は

（$w\neq i$ という条件はこちらに含み込まれている!）

$$|w|=|w-i|$$

であり, これを満たす点 w は点 0 と点 i から等距離にある点であるから, 求める w の軌跡は

点 0 と点 i を結ぶ線分の垂直二等分線.　$\cdots$(答)

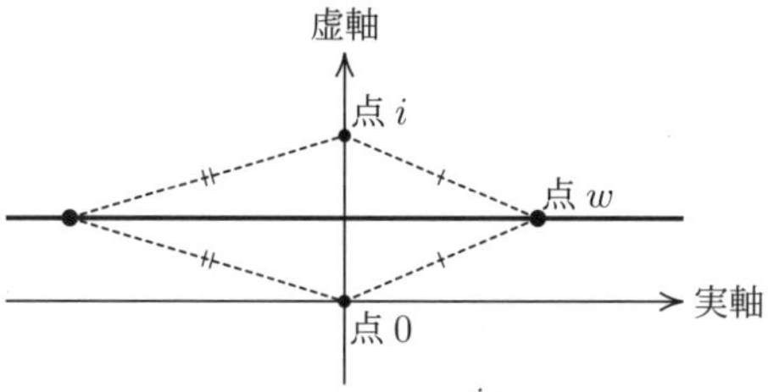

(2) w が満たすべき条件は, $w=\dfrac{iz}{z-2}$ を満たす実部が 0 の複素数 z が存在することである．$w=i$ となる z は存在せず, $w=\dfrac{iz}{z-2}$ を満たす z は

$$z=\frac{2w}{w-i}$$

（(1) と同様）

であるから, w の条件は, $w\neq i$ のもとで,

（注意 参照）

$$\underbrace{\mathrm{Re}\left(\frac{2w}{w-i}\right)}_{\frac{2w}{w-i}\text{の実部}}=0.$$

$$\frac{1}{2}\left\{\frac{2w}{w-i}+\overline{\left(\frac{2w}{w-i}\right)}\right\}=0.$$

$$\frac{w}{w-i}+\frac{\overline{w}}{\overline{(w-i)}}=0.$$

$$w\overline{(w-i)}+\overline{w}(w-i)=0.$$

$$w(\overline{w}+i)+\overline{w}(w-i)=0.$$

$$w\overline{w}+\frac{i}{2}w-\frac{i}{2}\overline{w}=0.$$

$$\left(w-\frac{i}{2}\right)\left(\overline{w}+\frac{i}{2}\right)=\frac{1}{4}.$$

$$\left(w-\frac{i}{2}\right)\overline{\left(w-\frac{i}{2}\right)}=\frac{1}{4}.$$

$$\left|w-\frac{i}{2}\right|^2=\frac{1}{4}.$$

$$\left|w-\frac{i}{2}\right|=\frac{1}{2}.$$

これより, 求める w の軌跡は, **点 $\dfrac{1}{2}i$ を中心とする半径 $\dfrac{1}{2}$ の円のうち, 点 i を除いた部分**である．　$\cdots$(答)

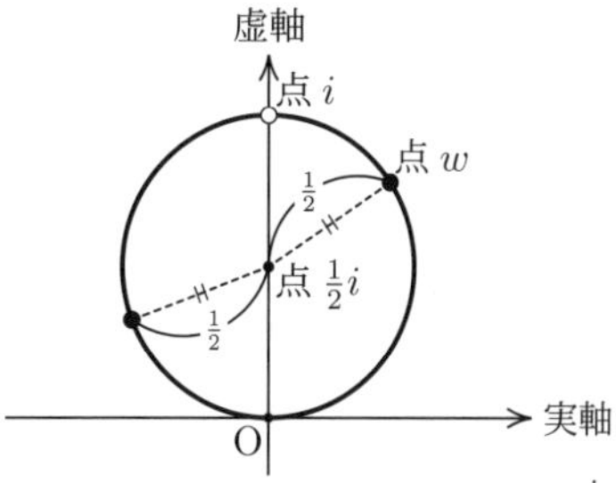

(3) z が満たすべき条件は, $z\neq 2$ かつ $w=\dfrac{iz}{z-2}$ を満たす実数 w が存在することである．すなわち

$$z\neq 2,\quad \frac{iz}{z-2}\text{が実数であること.}$$

これは $z\neq 2$ のもとで,

（注意 参照）

$$\underbrace{\mathrm{Im}\left(\frac{iz}{z-2}\right)}_{\frac{iz}{z-2}\text{の虚部}}=0.$$

$$\frac{1}{2i}\left\{\frac{iz}{z-2}-\overline{\left(\frac{iz}{z-2}\right)}\right\}=0.$$

$$\frac{iz}{z-2}-\overline{\left(\frac{iz}{z-2}\right)}=0.$$

$$\frac{iz}{z-2}-\frac{\overline{i}\,\overline{z}}{\overline{z}-2}=0.$$

$$\frac{iz}{z-2}+\frac{i\overline{z}}{\overline{z}-2}=0.$$

$$\frac{z}{z-2}+\frac{\overline{z}}{\overline{z}-2}=0.$$

$$z(\overline{z}-2)+\overline{z}(z-2)=0.$$

$$z\overline{z}-z-\overline{z}=0.$$

$$(z-1)(\overline{z}-1)=1.$$

$$(z-1)\overline{(z-1)}=1.$$

$$|z-1|^2=1.$$

$$|z-1|=1.$$

よって，求める z の軌跡は**点 1 を中心とする半径 1 の円のうち，点 2 を除いた部分**である．　…(答)

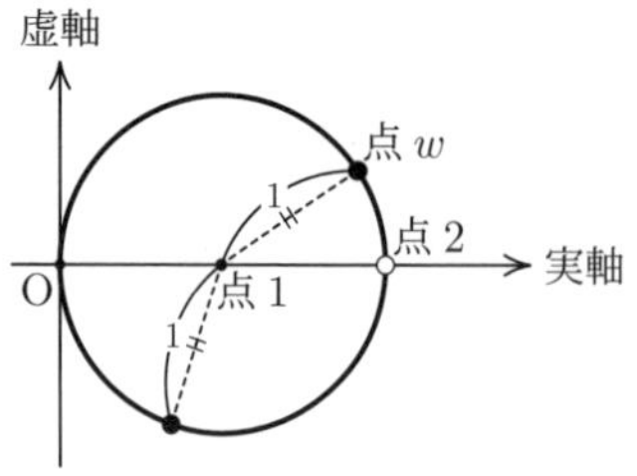

注意　一般に，複素数 $z = x + yi$ (x, y : 実数) に対して，z の実部 (**Re**al part) x を記号 $\mathrm{Re}(z)$ で，z の虚部 (**Im**aginary part) y を記号 $\mathrm{Im}(z)$ で表す．次が成り立つ．

$$\mathrm{Re}(z) = \frac{z + \overline{z}}{2}, \quad \mathrm{Im}(z) = \frac{z - \overline{z}}{2i}.$$

注意　複素数 (w や z) のまま式変形によって条件を整理したが，実部，虚部を設定して計算してもよい．(2) と (3) でその計算を書いておく．

(2) の計算　$w = u + vi$ (u, v は実数) とおくと，$w \neq i$ であり，

$$z = \frac{2w}{w - i} = \frac{2(u + vi)}{(u + vi) - i} = \frac{2(u + vi)}{u + (v - 1)i}$$
$$= \frac{2(u + vi)\{u - (v - 1)i\}}{u^2 + (v - 1)^2}$$

の実部 $\mathrm{Re}(z)$ は

$$\mathrm{Re}(z) = \frac{2}{u^2 + (v - 1)^2}\left\{u^2 + v(v - 1)\right\}$$

であるから，(u, v) の条件は，$w \neq i$ かつ $\mathrm{Re}(z) = 0$ より

$$(u, v) \neq (0, 1), \quad u^2 + v(v - 1) = 0$$

すなわち

$$(u, v) \neq (0, 1), \quad u^2 + \left(v - \frac{1}{2}\right)^2 = \frac{1}{4}.$$

これより，求める w の軌跡は，点 $\frac{1}{2}i$ を中心とする半径 $\frac{1}{2}$ の円のうち，点 i を除いた部分である．

(3) の計算　$z = x + yi$ (x, y は実数) とおくと，$z \neq 2$ であり，

$$w = \frac{iz}{z - 2} = \frac{i(x + yi)}{(x + yi) - 2} = \frac{-y + xi}{(x - 2) + yi}$$
$$= \frac{(-y + xi)\{(x - 2) - yi\}}{(x - 2)^2 + y^2}$$

の虚部 $\mathrm{Im}(w)$ は

$$\mathrm{Im}(w) = \frac{x(x - 2) + y^2}{(x - 2)^2 + y^2}$$

であるから，(x, y) の条件は，$z \neq 2$ かつ $\mathrm{Im}(w) = 0$ より

$$(x, y) \neq (2, 0), \quad x(x - 2) + y^2 = 0$$

すなわち

$$(x, y) \neq (2, 0), \quad (x - 1)^2 + y^2 = 1.$$

これより，求める z の軌跡は，点 1 を中心とする半径 1 の円のうち，点 2 を除いた部分である．

#7－B **3**

xy 平面において，曲線 $C : y = \sqrt{x}$ と直線 $\ell : y = x$ を考える．

(1) C と ℓ で囲まれる図形の面積を求めよ．

(2) 曲線 C 上の点 $\mathrm{P}(t, \sqrt{t})$ $(0 < t < 1)$ に対し，点 P から直線 ℓ に下ろした垂線と直線 ℓ との交点を Q とする．線分 PQ の長さを t を用いて表せ．

(3) C と ℓ で囲まれる図形を直線 ℓ の周りに一回転してできる立体の体積を求めよ．

【2023 鳥取大学】

解説

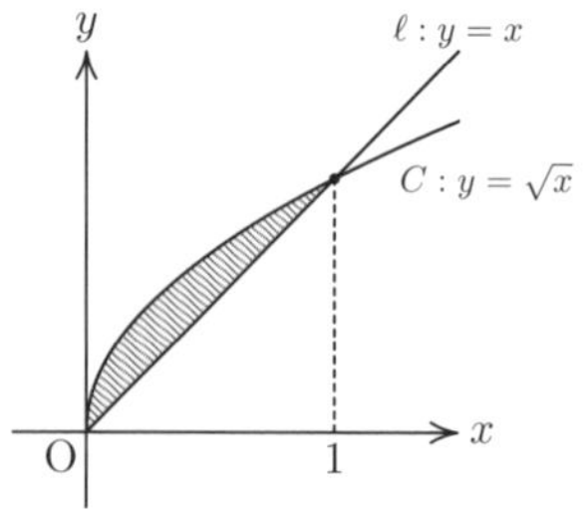

(1)

$$\sqrt{x} - x = \sqrt{x}(1 - \sqrt{x})\begin{cases} > 0 & (0 < x < 1), \\ = 0 & (x = 0,\ 1), \\ < 0 & (x > 1) \end{cases}$$

であることに注意して，求める面積は上図の斜線部分であり，その面積は

$$\int_0^1 (\sqrt{x} - x)\,dx = \left[\frac{2}{3}x^{\frac{3}{2}} - \frac{1}{2}x^2\right]_0^1$$
$$= \frac{2}{3} - \frac{1}{2} = \boldsymbol{\frac{1}{6}}. \qquad \cdots(答)$$

(2) 線分 PQ の長さは点 $\mathrm{P}(t, \sqrt{t})$ と直線 $\ell : x - y = 0$ との距離であるから，

$$\mathrm{PQ} = \frac{\left|t - \sqrt{t}\right|}{\sqrt{2}}$$

であり，$0 < t < 1$ より，$t < \sqrt{t}$ なので，

$$\mathrm{PQ} = \boldsymbol{\frac{\sqrt{t} - t}{\sqrt{2}}}. \qquad \cdots(答)$$

(3)

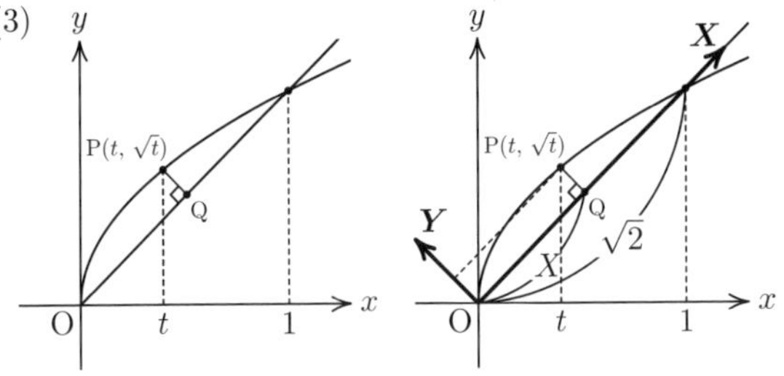

求める体積を V とすると，

$$V=\int_0^{\sqrt{2}}\pi Y^2dX$$

である．ここで，

$$Y=\mathrm{PQ}=\frac{\sqrt{t}-t}{\sqrt{2}}$$

であり，

$$\begin{aligned}X&=(\text{点 P と直線 } x+y=0 \text{ との距離})\\&=\frac{\left|t+\sqrt{t}\right|}{\sqrt{2}}=\frac{t+\sqrt{t}}{\sqrt{2}}\end{aligned}$$

より，

$$dX=\frac{1}{\sqrt{2}}\left(1+\frac{1}{2\sqrt{t}}\right)dt.$$

また，$X:0\to\sqrt{2}$ のとき $t:0\to 1$ だから，

$$\begin{aligned}V&=\int_0^1\pi\left(\frac{\sqrt{t}-t}{\sqrt{2}}\right)^2\frac{1}{\sqrt{2}}\left(1+\frac{1}{2\sqrt{t}}\right)dt\\&=\frac{\sqrt{2}\pi}{8}\int_0^1\left(2t^2-3t\sqrt{t}+\sqrt{t}\right)dt\\&=\frac{\sqrt{2}\pi}{8}\left[\frac{2}{3}t^3-\frac{6}{5}t^{\frac{5}{2}}+\frac{2}{3}t^{\frac{3}{2}}\right]_0^1\\&=\boldsymbol{\frac{\sqrt{2}\pi}{60}}.\end{aligned}$$
…(答)

注意　(2) では，直角二等辺三角形に着目して，

$$\mathrm{PQ}=(\sqrt{t}-t)\cos\frac{\pi}{4}=\boldsymbol{\frac{\sqrt{t}-t}{\sqrt{2}}}$$

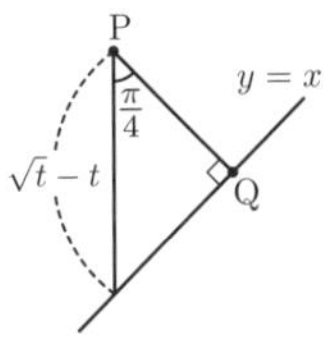

としてよい．

また，上では $X=\mathrm{QO}$ を点と直線との距離公式によって計算したが，直角三角形 OPQ における三平方の定理

$$X^2+\mathrm{PQ}^2=\mathrm{OP}^2$$

から

$$\begin{aligned}X&=\sqrt{\mathrm{OP}^2-\mathrm{PQ}^2}=\sqrt{t^2+t-\left(\frac{\sqrt{t}-t}{\sqrt{2}}\right)^2}\\&=\sqrt{\frac{t^2+2t\sqrt{t}+t}{2}}\\&=\sqrt{\left(\frac{t+\sqrt{t}}{\sqrt{2}}\right)^2}=\frac{\left|t+\sqrt{t}\right|}{\sqrt{2}}=\frac{t+\sqrt{t}}{\sqrt{2}}\end{aligned}$$

とすることもできる．

参考　**"傘型積分"** (巻末付録 4 参照) によって計算すると，求める体積 V は

$$\begin{aligned}V&=\frac{\pi}{\cos 45^\circ}\int_0^1\mathrm{PQ}^2dt\\&=\sqrt{2}\pi\int_0^1\left(\frac{\sqrt{t}-t}{\sqrt{2}}\right)^2dt\\&=\frac{\pi}{\sqrt{2}}\int_0^1\left(t-2t\sqrt{t}+t^2\right)dt\\&=\frac{\pi}{\sqrt{2}}\left[\frac{t^2}{2}-\frac{4}{5}t^{\frac{5}{2}}+\frac{t^3}{3}\right]_0^1\\&=\frac{\pi}{\sqrt{2}}\left(\frac{1}{2}-\frac{4}{5}+\frac{1}{3}\right)=\frac{\pi}{\sqrt{2}}\cdot\frac{1}{30}=\boldsymbol{\frac{\sqrt{2}\pi}{60}}.\end{aligned}$$

#7−B 4

放物線 $y=\dfrac{1}{2}x^2$ 上の頂点以外の点を $\mathrm{P}(x_0,\ y_0)$ とし，P における接線を l とする．l と y 軸の交点を Q とし，放物線の焦点を F とする．さらに，l 上の点 S を，P に対して Q と反対側にとる．また，P を通り y 軸に平行な直線上の点を $\mathrm{R}(x_0,\ y_1)$ （ただし，$y_1>y_0$）とする．このとき，次の各問に答えよ．

(1) F の座標と準線の方程式を求めよ．

(2) P における接線の方程式を求めよ．

(3) ∠RPS は ∠FPQ に等しいことを証明せよ．

【2001 宇都宮大学】

解説

(1) 放物線 $y=\dfrac{1}{2}x^2$，つまり，$x^2=4\cdot\dfrac{1}{2}\cdot y$ の焦点 F の座標は

$$\mathrm{F}\left(\boldsymbol{0,\ \frac{1}{2}}\right)$$
…(答)

であり，準線の式は

$$\boldsymbol{y=-\frac{1}{2}}.$$
…(答)

(2) $\left(\dfrac{1}{2}x^2\right)'=x$ より，放物線 $y=\dfrac{1}{2}x^2$ の $\mathrm{P}(x_0,\ y_0)$ に

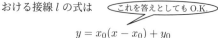

における接線 l の式は　（これを答えとしても O.K.）

$$y = x_0(x - x_0) + y_0$$

であり，さらに，$y_0 = \frac{1}{2}{x_0}^2$ より，

$$l : \boldsymbol{y = x_0 x - \frac{1}{2}{x_0}^2}. \qquad \cdots(答)$$

(3) 設定により，直線 RP と直線 FQ は平行である．したがって，同位角として，

$$\angle\mathrm{RPS} = \angle\mathrm{FQP}$$

である．すると，$\angle\mathrm{RPS} = \angle\mathrm{FPQ}$ であることを示すためには，$\angle\mathrm{FQP} = \angle\mathrm{FPQ}$ であること，すなわち，三角形 FQP が FQ = FP の二等辺三角形であることを示せばよいことがわかる．

以下，座標による計算でそれを示す．

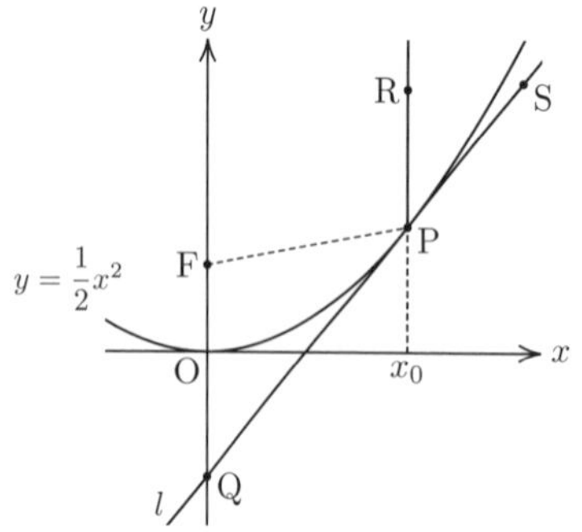

$\mathrm{F}\left(0,\ \frac{1}{2}\right)$，$\mathrm{Q}\left(0,\ -\frac{1}{2}{x_0}^2\right)$ より，

$$\mathrm{FQ} = \frac{1}{2}\left(1 + {x_0}^2\right).$$

また，$\mathrm{P}\left(x_0,\ \frac{1}{2}{x_0}^2\right)$ より，

$$\begin{aligned}\mathrm{FP} &= \sqrt{{x_0}^2 + \left(\frac{1}{2}{x_0}^2 - \frac{1}{2}\right)^2} \\ &= \sqrt{\frac{{x_0}^4 + 2{x_0}^2 + 1}{4}} \\ &= \sqrt{\left(\frac{{x_0}^2 + 1}{2}\right)^2} \\ &= \left|\frac{{x_0}^2 + 1}{2}\right| \\ &= \frac{1}{2}\left(1 + {x_0}^2\right)\end{aligned}$$

であるので，FQ = FP が確かめられる．したがって，$\angle\mathrm{RPS} = \angle\mathrm{FPQ}$ が成り立つ．　(証明終り)

参考　本問は，放物線における "反射の法則" を数学的に証明したものである．放物線を y 軸のまわりに回転させて得られる曲面を "回転放物面" というが，平行光線を一点 (焦点) に集めたり，逆に焦点を光源とする光を平行光線として送ることなどができる．これらの性質はそれぞれ，アンテナやサーチライトなどに利用されている．

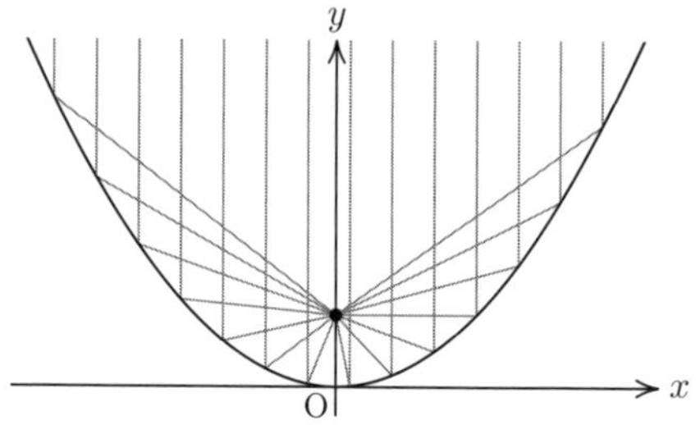

#7– B **5**

(1) $0 < x < \pi$ のとき，$\sin x - x\cos x > 0$ を示せ．

(2) 定積分 $I = \int_0^{\pi} |\sin x - ax|\,dx$ $(0 < a < 1)$ を最小にする a の値を求めよ．【2010 横浜国立大学】

解説

(1) $f(x) = \sin x - x\cos x$ とおく．

$$\begin{aligned}f'(x) &= \cos x - \{1\cdot\cos x + x\cdot(-\sin x)\} \\ &= x\sin x > 0 \quad (0 < x < \pi)\end{aligned}$$

より，$f(x)$ は $0 \leqq x \leqq \pi$ で単調増加．

さらに，$f(0) = 0$ により，$0 < x < \pi$ において

$$f(x) = \sin x - x\cos x > 0$$

が成り立つことがわかる．　(証明終り)

(2) 曲線 $y = \sin x$ と直線 $y = ax$ はともに原点を通る．さらに，曲線 $y = \sin x$ の原点における接線の傾きが 1 であることと，$0 < a < 1$ であることから，$0 < x < \pi$ において曲線 $y = \sin x$ と直線 $y = ax$ は交点をもつ．この交点の x 座標を θ とおく．θ は

$$\sin\theta = a\theta, \quad 0 < \theta < \pi$$

を満たす数であり，a によって定まる (a の関数である)．逆に $0 < \theta < \pi$ の範囲にある θ を一つ決めると，$a = \frac{\sin\theta}{\theta}$ によって a が決まる．

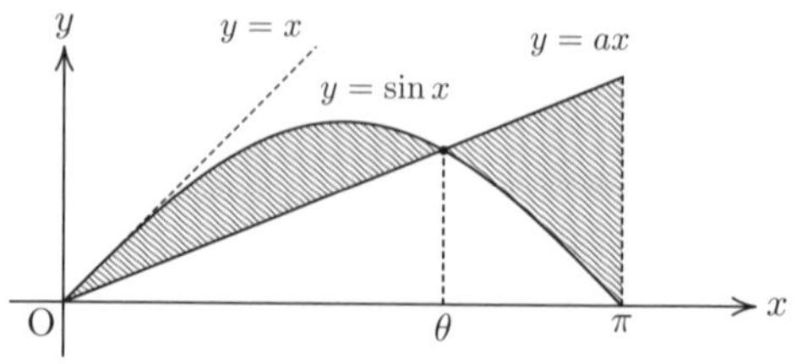

$I = \int_0^{\pi} |\sin x - ax|\,dx$ は図の斜線部分の面積を意味するので，

$$I=\int_0^{\theta}(\sin x-ax)\,dx+\int_{\theta}^{\pi}(ax-\sin x)\,dx$$
$$=\left[-\cos x-\frac{a}{2}x^2\right]_0^{\theta}+\left[\frac{a}{2}x^2+\cos x\right]_{\theta}^{\pi}$$
$$=-2\cos\theta-a\theta^2+\frac{a}{2}\pi^2-2$$

と表せる．a と θ が関数関係にあることに注意して，

$$\frac{dI}{d\theta}=2\sin\theta-\underbrace{\left(\frac{da}{d\theta}\cdot\theta^2+a\cdot2\theta\right)}_{\text{積の微分}}+\frac{\pi^2}{2}\cdot\frac{da}{d\theta}$$
$$=2\underbrace{(\sin\theta-a\theta)}_{=0\ (\theta\text{ の定義})}-\frac{da}{d\theta}\left(\theta^2-\frac{\pi^2}{2}\right)$$
$$=-\frac{da}{d\theta}\left(\theta^2-\frac{\pi^2}{2}\right).$$

ここで，$a=\dfrac{\sin\theta}{\theta}$ により，

$$\frac{da}{d\theta}=\frac{\cos\theta\cdot\theta-\sin\theta}{\theta^2}$$

であるから，

$$\frac{dI}{d\theta}=\frac{\overbrace{\sin\theta-\theta\cos\theta}^{(1)\text{よりここはプラス}}}{\theta^2}\left(\theta+\frac{\pi}{\sqrt{2}}\right)\left(\theta-\frac{\pi}{\sqrt{2}}\right).$$

したがって，$0<\theta<\pi$ における I の増減は次の表のようになる．

θ	(0)	$\cdots$	$\frac{\pi}{\sqrt{2}}$	$\cdots$	(π)
$\frac{dI}{d\theta}$		$-$	0	$+$	
I		↘	極小	↗	

ゆえに，I が最小となるのは $\theta=\dfrac{\pi}{\sqrt{2}}$ のとき，すなわち，

$$a=\frac{\sin\frac{\pi}{\sqrt{2}}}{\frac{\pi}{\sqrt{2}}}=\boldsymbol{\frac{\sqrt{2}}{\pi}\sin\frac{\pi}{\sqrt{2}}}\qquad\cdots(\text{答})$$

のときである．

注意　$\dfrac{d}{d\theta}\displaystyle\int_{\pi}^{\theta}x\,dx=\theta$ などは，次のことに基づいている．

$$\frac{d}{d\bigstar}\int_{\text{定数}}^{\bigstar}f(\heartsuit)\,d\heartsuit=f(\bigstar).$$

Coffee Break　少し息抜きにクイズを出してみる．

数列 $\{a_n\}$，$\{r_n\}$ があり，すべての自然数 n について

$$0<r_n<1,\qquad a_{n+1}=r_na_n$$

を満たしているとする．さらに，$a_1=1$ だとしよう．

さて，このとき，$\displaystyle\lim_{n\to\infty}a_n=0$ といえるだろうか??

$\{a_n\}$ の項には 1 より小さな正の数がどんどんかけられていくので，n が増えるにつれ a_n の値はどんどん小さくなっていき，$\displaystyle\lim_{n\to\infty}a_n=0$ が成り立つように思うかもしれないが，**実はそうとは言い切れない!!**

$\{r_n\}$ が定数列で，

$$r_n=r\quad(n=1,\ 2,\ 3,\ \cdots)$$

の場合には，$\{a_n\}$ は公比 r $(0<r<1)$ の等比数列となり，

$$a_n=1\cdot r^{n-1}\to0\ (n\to\infty)$$

は正しいが，いまは，r_n の値は n によって変わってもよいことに注意してほしい．

上の条件を満たし，なおかつ，$\{a_n\}$ が 0 に収束しない例を構成してみせよう．

$\{r_n\}$ として“はやく 1 に近づく”ようなものを考えて，

$$r_n=3^{-\frac{1}{2^n}}\quad(n=1,\ 2,\ 3,\ \cdots)$$

によって $\{r_n\}$ を定める．

$$0<r_n<1\quad(n=1,\ 2,\ 3,\ \cdots)$$

は満たされており，十分大きな自然数 n に対し，

$$a_n=r_{n-1}r_{n-2}r_{n-3}\cdots r_3r_2r_1\times a_1$$
$$=3^{-\left(\frac{1}{2^1}+\frac{1}{2^2}+\frac{1}{2^3}+\cdots+\frac{1}{2^{n-2}}+\frac{1}{2^{n-1}}\right)}\times1$$
$$=3^{-\left(1-\frac{1}{2^{n-1}}\right)}$$

となる．$\displaystyle\lim_{n\to\infty}\frac{1}{2^{n-1}}=0$ であるから，

$$\lim_{n\to\infty}a_n=3^{-1}=\frac{1}{3}\ \boldsymbol{\neq0}.$$

もちろん，1 より小さな正の数をどんどんかけていくので，$\{a_n\}$ は単調減少数列であることは間違いないが，それと $\displaystyle\lim_{n\to\infty}a_n=0$ はまた別の話であることに，少し注意意識を持っておいてもらいたい．

#8− A $\boxed{1}$

等式 $f(x) = \sin 2x + \int_0^{\frac{\pi}{2}} tf(t)\,dt$ を満たす関数 $f(x)$ を求めよ．【2023 山梨大学】

解説　$\int_0^{\frac{\pi}{2}} tf(t)\,dt = k$ とおくと，k は定数であり，

$$f(x) = \sin 2x + k.$$

これより，

$$\begin{aligned} k &= \int_0^{\frac{\pi}{2}} tf(t)\,dt = \int_0^{\frac{\pi}{2}} t(\sin 2t + k)\,dt \\ &= \int_0^{\frac{\pi}{2}} (t\sin 2t + kt)\,dt \\ &= \left[t\cdot\frac{-\cos 2t}{2} - 1\cdot\frac{-\sin 2t}{4}\right]_0^{\frac{\pi}{2}} + \int_0^{\frac{\pi}{2}} 0\,dt + k\left[\frac{t^2}{2}\right]_0^{\frac{\pi}{2}} \\ &= \frac{\pi}{4} + \frac{\pi^2}{8}k. \end{aligned}$$

反復部分積分 (付録 1 参照)

したがって，

$$\left(1 - \frac{\pi^2}{8}\right)k = \frac{\pi}{4}.$$

$$\therefore\ k = \frac{\pi}{4}\times\frac{8}{8-\pi^2} = -\frac{2\pi}{\pi^2-8}.$$

よって，求める $f(x)$ は

$$f(x) = \mathbf{\sin 2x - \frac{2\pi}{\pi^2 - 8}}. \qquad \cdots(答)$$

参考　本問は “Fredholm(フレドホルム) 型” の積分方程式 (#5− A $\boxed{4}$ 参照) の問題である．

#8− A $\boxed{2}$

$|z_1| = 5$，$|z_2| = 3$ を満たす複素数 z_1，z_2 を考える．$|z_1 - z_2|$ の最大値，最小値を求めよ．また，$|z_1 - z_2| = 7$ のとき，$\frac{z_1}{z_2}$ を求めよ．

【2001 東京理科大学】

解説　複素数平面上で，$|z_1| = 5$ を満たす z_1 は原点を中心とする半径 5 の円周上の点を表し，$|z_2| = 3$ を満たす z_2 は原点を中心とする半径 3 の円周上の点を表す．

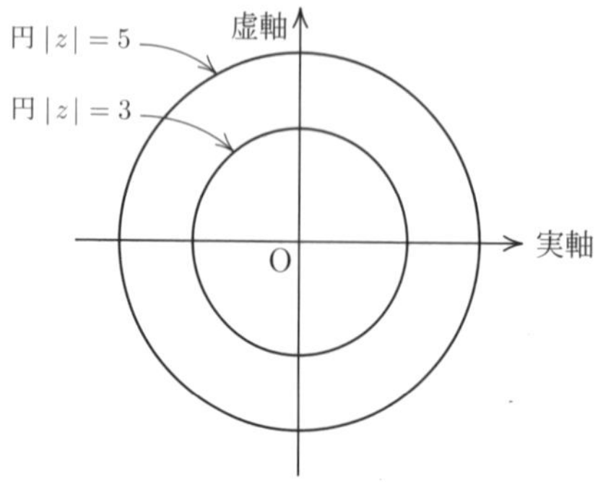

$|z_1 - z_2|$ は 2 点 z_1，z_2 間の距離を表すが，これが最大となるのは，点 z_1，原点 O，点 z_2 がこの順で一直線上にあるときであり，$|z_1 - z_2|$ の最大値は $3 + 5 = \mathbf{8}$ である．

また，$|z_1 - z_2|$ が最小となるのは，原点 O，点 z_1，点 z_2 がこの順で一直線上ににあるときであり，$|z_1 - z_2|$ の最小値は $5 - 3 = \mathbf{2}$ である．$\cdots$ (答)

$|z_1 - z_2|$ が最大となる状況

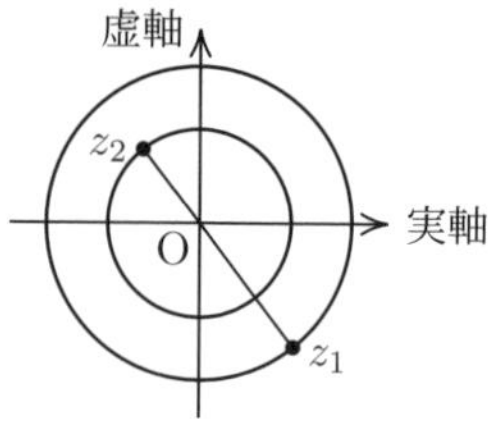

$|z_1 - z_2|$ が最小となる状況

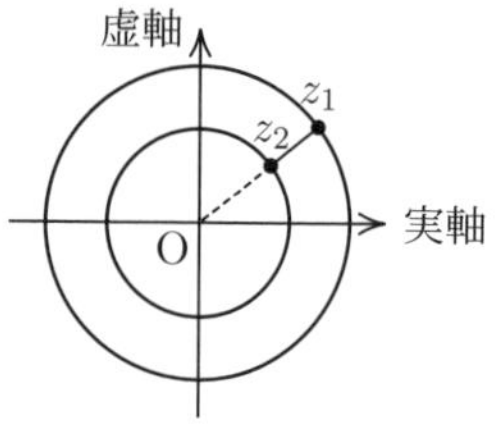

また，$|z_1 - z_2| = 7$ つまり 2 点 z_1，z_2 間の距離が 7 となるのは次のような状況である．

$|z_1 - z_2| = 7$ となる状況 (i)

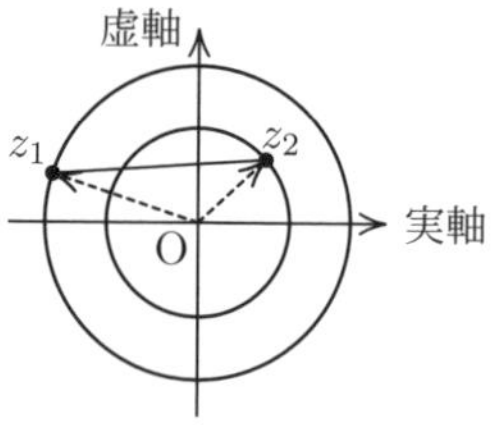

$|z_1 - z_2| = 7$ となる状況 (ii)

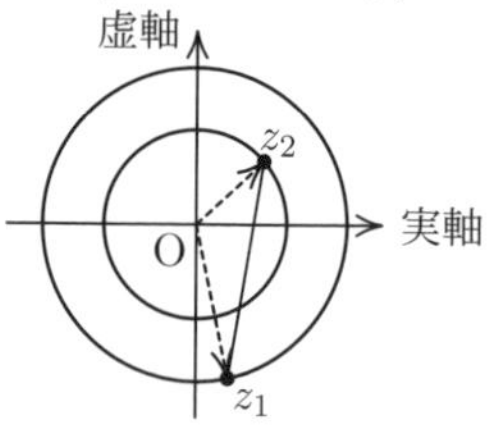

3 辺の長さが 3, 5, 7 である三角形の 7 の対角の大きさを θ とすると，余弦定理から，

$$\cos\theta = \frac{5^2 + 3^2 - 7^2}{2\cdot 5\cdot 3} = -\frac{1}{2}$$

より，

$$\theta = \frac{2}{3}\pi.$$

つまり，$\mathrm{Z_1}(z_1)$，$\mathrm{Z_2}(z_2)$ とすると，$\overrightarrow{\mathrm{OZ_1}}$ は $\overrightarrow{\mathrm{OZ_2}}$ を $\frac{5}{3}$ 倍拡大し，$\pm\frac{2}{3}\pi$ 回転したものであるので，

$$z_1 = z_2 \times \frac{5}{3}\left\{\cos\left(\pm\frac{2}{3}\pi\right) + i\sin\left(\pm\frac{2}{3}\pi\right)\right\}.$$

ゆえに，

$$\begin{aligned} \frac{z_1}{z_2} &= \frac{5}{3}\left\{\cos\left(\pm\frac{2}{3}\pi\right) + i\sin\left(\pm\frac{2}{3}\pi\right)\right\} \\ &= \frac{5}{3}\left(-\frac{1}{2} \pm \frac{\sqrt{3}}{2}i\right) = \mathbf{-\frac{5}{6} \pm \frac{5\sqrt{3}}{6}i}. \qquad \cdots(答) \end{aligned}$$

注意　上の図 (i) では，$\overrightarrow{\mathrm{OZ_1}}$ は $\overrightarrow{\mathrm{OZ_2}}$ を $\frac{5}{3}$ 倍拡大し，反時計回りに $\frac{2}{3}\pi$ 回転したものであるので，

$$z_1 = z_2 \times \frac{5}{3}\left\{\cos\left(\frac{2}{3}\pi\right) + i\sin\left(\frac{2}{3}\pi\right)\right\}$$

が成り立っており，図 (ii) では，$\overrightarrow{\mathrm{OZ_1}}$ は $\overrightarrow{\mathrm{OZ_2}}$ を $\frac{5}{3}$ 倍拡大し，時計回りに $\frac{2}{3}\pi$ 回転したものであるので，

$$z_1 = z_2 \times \frac{5}{3}\left\{\cos\left(-\frac{2}{3}\pi\right) + i\sin\left(-\frac{2}{3}\pi\right)\right\}$$

が成り立っている．時計回りか反時計回りかで $\frac{z_1}{z_2}$ の値が 2 通りあり得ることに注意!

#8– A [3]

極限 $\displaystyle\lim_{x\to 0}\left(\frac{1+3x}{1-4x}\right)^{\frac{1}{x}}$ を求めよ．【2018 山梨大学】

解説

$$\left(\frac{1+3x}{1-4x}\right)^{\frac{1}{x}} = \left(1+\frac{7x}{1-4x}\right)^{\frac{1}{x}}$$
$$= \left\{\left(1+\frac{7x}{1-4x}\right)^{\frac{1-4x}{7x}}\right\}^{\frac{7}{1-4x}}$$
$$\to \boldsymbol{e^7} \quad (x\to 0). \qquad \cdots(答)$$

注意　自然対数の底 e に関して，次の式を覚えておこう．

$$\lim_{★\to 0}(1+★)^{\frac{1}{★}} = e, \qquad \lim_{★\to\pm\infty}\left(1+\frac{1}{★}\right)^{★} = e.$$
$$\lim_{★\to 0}\frac{\log(1+★)}{★} = 1, \qquad \lim_{★\to 0}\frac{e^{★}-1}{★} = 1.$$

#8– A [4]

定積分 $\displaystyle\int_{-\frac{\pi}{4}}^{\frac{\pi}{3}}\frac{x}{\cos^2 x}dx$ を求めよ．【2023 弘前大学】

解説　部分積分法により，

$$\int_{-\frac{\pi}{4}}^{\frac{\pi}{3}}\frac{x}{\cos^2 x}dx = \Big[x\cdot\tan x\Big]_{-\frac{\pi}{4}}^{\frac{\pi}{3}} - \int_{-\frac{\pi}{4}}^{\frac{\pi}{3}}1\cdot\tan x\,dx$$
$$= \Big[x\tan x + \log(\cos x)\Big]_{-\frac{\pi}{4}}^{\frac{\pi}{3}}$$
$$= \frac{\pi}{3}\sqrt{3} + \log\frac{1}{2} - \frac{\pi}{4} - \log\frac{1}{\sqrt{2}}$$
$$= \boldsymbol{\frac{\pi}{3}\sqrt{3} - \frac{\pi}{4} - \frac{1}{2}\log 2}. \qquad \cdots(答)$$

$$(\tan x)' = \frac{1}{\cos^2 x}, \qquad \int\tan x\,dx = -\log|\cos x| + C.$$

#8– A [5]

点 $\mathrm{P}(x,\ y)$ が楕円 $\frac{x^2}{4}+y^2=1$ の上を動くとき，$3x^2-16xy-12y^2$ の値が最大になる点 P の座標を求めよ．【2014 福島県立医科大学】

解説　点 $\mathrm{P}(x,\ y)$ が楕円 $\frac{x^2}{4}+y^2=1$ の上を動くとき，

$$x = 2\cos\theta,\quad y=\sin\theta \quad (0 \leqq \theta < 2\pi)$$

とおける．このとき，

$$3x^2-16xy-12y^2$$
$$= 3(2\cos\theta)^2 - 16\cdot 2\cos\theta\cdot\sin\theta - 12(\sin\theta)^2$$
$$= 12(\cos^2\theta - \sin^2\theta) - 16\cdot 2\sin\theta\cos\theta$$
$$= 12\cos 2\theta - 16\sin 2\theta$$
$$= 20\left(\cos 2\theta\cdot\frac{3}{5} - \sin 2\theta\cdot\frac{4}{5}\right)$$
$$= 20\left(\cos 2\theta\cos\alpha - \sin 2\theta\sin\alpha\right)$$
$$= 20\cos(2\theta+\alpha).$$

（倍角公式）（合成 (加法定理)）

ここで，α は $\cos\alpha = \frac{3}{5}$，$\sin\alpha = \frac{4}{5}$，$0<\alpha<\frac{\pi}{2}$ を満たす実数とする．$0 \leqq \theta < 2\pi$ より，

$$\alpha \leqq 2\theta+\alpha < 4\pi+\alpha$$

であるから，$2\theta+\alpha = 2\pi$，4π のときに $3x^2-16xy-12y^2$ は最大となる．

このとき，

$$\theta = \pi - \frac{\alpha}{2},\ 2\pi - \frac{\alpha}{2}.$$

ゆえに，求める点 P の座標は，$\theta = \pi - \frac{\alpha}{2}$ に対応する

$$\left(2\cos\left(\pi-\frac{\alpha}{2}\right),\ \sin\left(\pi-\frac{\alpha}{2}\right)\right) \text{ つまり } \left(-2\cos\frac{\alpha}{2},\ \sin\frac{\alpha}{2}\right)$$

および，$\theta = 2\pi - \frac{\alpha}{2}$ に対応する

$$\left(2\cos\left(2\pi-\frac{\alpha}{2}\right),\ \sin\left(2\pi-\frac{\alpha}{2}\right)\right) \text{ つまり } \left(2\cos\frac{\alpha}{2},\ -\sin\frac{\alpha}{2}\right).$$

ここで，

$$\sin^2\frac{\alpha}{2} = \frac{1-\cos\alpha}{2} = \frac{1}{5},\quad \cos^2\frac{\alpha}{2} = \frac{1+\cos\alpha}{2} = \frac{4}{5}$$

であり，$0<\frac{\alpha}{2}<\frac{\pi}{4}$ より，$\sin\frac{\alpha}{2}>0$，$\cos\frac{\alpha}{2}>0$ だから，

$$\sin\frac{\alpha}{2} = \frac{1}{\sqrt{5}},\quad \cos\frac{\alpha}{2} = \frac{2}{\sqrt{5}}.$$

よって，求める点 P の座標は，

$$\boldsymbol{\left(-\frac{4}{\sqrt{5}},\ \frac{1}{\sqrt{5}}\right),\ \left(\frac{4}{\sqrt{5}},\ -\frac{1}{\sqrt{5}}\right)}. \qquad \cdots(答)$$

楕円 $\frac{x^2}{a^2}+\frac{y^2}{b^2}=1$ のパラメーター表示は

$$x = a\cos\theta,\quad y = b\sin\theta.$$

#8− A 6

極限 $\displaystyle\lim_{n\to\infty}\left(\sqrt[3]{n^9-n^6}-n^3\right)$ を求めよ.

【2019 産業医科大学】

解説　$\sqrt[3]{n^9-n^6}=a,\ n^3=b$ とおくと,

分子の有理化

$$\begin{aligned}\sqrt[3]{n^9-n^6}-n^3=a-b&=\frac{(a-b)(a^2+ab+b^2)}{a^2+ab+b^2}\\&=\frac{a^3-b^3}{a^2+ab+b^2}\\&=\frac{(n^9-n^6)-(n^3)^3}{\sqrt[3]{(n^9-n^6)^2}+\sqrt[3]{n^9-n^6}\cdot n^3+n^6}\\&=\frac{-n^6}{\sqrt[3]{n^{18}-2n^{15}+n^{12}}+\sqrt[3]{n^9-n^6}\cdot n^3+n^6}\\&=\frac{-1}{\sqrt[3]{1-\frac{2}{n^3}+\frac{1}{n^6}}+\sqrt[3]{1-\frac{1}{n^3}}+1}\\&\to\frac{-1}{1+1+1}=\boldsymbol{-\frac{1}{3}}\quad(n\to\infty).\qquad\cdots(答)\end{aligned}$$

#8− A 7

定積分 $\displaystyle\int_0^1\frac{4+x-x^2}{\sqrt{4-x^2}}dx$ の値を求めよ.

【2007 信州大学】

解説

$$\begin{aligned}\int_0^1\frac{4+x-x^2}{\sqrt{4-x^2}}dx&=\int_0^1\frac{(4-x^2)+x}{\sqrt{4-x^2}}dx\\&=\int_0^1\left(\sqrt{4-x^2}+\frac{x}{\sqrt{4-x^2}}\right)dx\\&=\underbrace{\int_0^1\sqrt{4-x^2}dx}_{=I\ とおく}+\underbrace{\int_0^1\frac{x}{\sqrt{4-x^2}}dx}_{=J\ とおく}.\end{aligned}$$

I は次の斜線部分の面積であり,

$$I=\underbrace{\pi\cdot2^2\times\frac{30^\circ}{360^\circ}}_{扇形}+\underbrace{\frac{1\times\sqrt{3}}{2}}_{直角三角形}=\frac{\pi}{3}+\frac{\sqrt{3}}{2}.$$

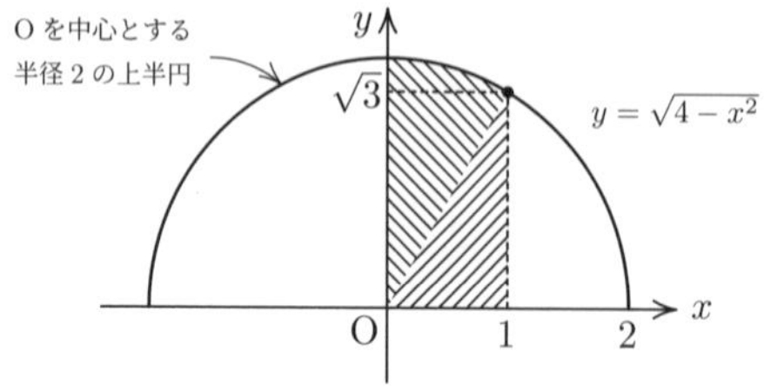

また, J については,

$$\left\{(4-x^2)^{\frac{1}{2}}\right\}'=\frac{1}{2}(4-x^2)^{-\frac{1}{2}}\cdot(-2x)=-\frac{x}{\sqrt{4-x^2}}$$

により,

$$J=\int_0^1\frac{x}{\sqrt{4-x^2}}dx=\left[-\sqrt{4-x^2}\right]_0^1=2-\sqrt{3}.$$

ゆえに,

$$\int_0^1\frac{4+x-x^2}{\sqrt{4-x^2}}dx=I+J=\boldsymbol{\frac{\pi}{3}-\frac{\sqrt{3}}{2}+2}.\qquad\cdots(答)$$

注意　I については次のように置換積分で計算することもできる (が, 上のように面積を用いた計算の方が楽).

$x=2\sin\theta\ \left(-\frac{\pi}{2}\leqq\theta\leqq\frac{\pi}{2}\right)$ とおくと, $dx=2\cos\theta d\theta$ であり, $x:0\to1$ のとき, $\theta:0\to\frac{\pi}{6}$ より,

$$\begin{aligned}I&=\int_0^1\sqrt{4-x^2}dx=\int_0^{\frac{\pi}{6}}\sqrt{4-(2\sin\theta)^2}\cdot2\cos\theta\,d\theta\\&=4\int_0^{\frac{\pi}{6}}|\cos\theta|\cos\theta\,d\theta=4\int_0^{\frac{\pi}{6}}\cos^2\theta\,d\theta\\&=4\int_0^{\frac{\pi}{6}}\frac{1+\cos2\theta}{2}d\theta=2\left[\theta+\frac{\sin2\theta}{2}\right]_0^{\frac{\pi}{6}}=\frac{\pi}{3}+\frac{\sqrt{3}}{2}.\end{aligned}$$

J についても $x=2\sin\theta\ \left(-\frac{\pi}{2}\leqq\theta\leqq\frac{\pi}{2}\right)$ と置換して次のように求めることができる.

$$\begin{aligned}J&=\int_0^{\frac{\pi}{6}}\frac{2\sin\theta}{\sqrt{4(1-\sin^2\theta)}}\cdot2\cos\theta\,d\theta\\&=\int_0^{\frac{\pi}{6}}2\sin\theta\,d\theta\\&=\left[-2\cos\theta\right]_0^{\frac{\pi}{6}}\\&=2-\sqrt{3}.\end{aligned}$$

あるいは, J の計算を次のようにしてもよい.

$\sqrt{4-x^2}=u$ と置換すると, $4-x^2=u^2$ であり, $-2xdx=2udu$ により, $xdx=-udu$ であり, $x:0\to1$ のとき, $u:2\to\sqrt{3}$ であるので,

$$J=\int_0^1\frac{x}{\sqrt{4-x^2}}dx=\int_2^{\sqrt{3}}\frac{-u}{u}du=\int_{\sqrt{3}}^2du=2-\sqrt{3}.$$

#8− B **1**

座標平面上に放物線 $C: y^2 = 4x$ と点 $\mathrm{A}(-1,\ a)$ がある．ただし，a は実数とする．

(1) C 上の点 $\left(\dfrac{p^2}{4},\ p\right)$ における接線の方程式を p を用いた式で表せ．ただし，$p \neq 0$ とする．

(2) 点 A から C に引いた接線は 2 本存在することを証明せよ．また，それら 2 本の接線は直交することを示せ．

(3) 点 A から C に引いた 2 本の接線の接点を Q，R とする．直線 QR は C の焦点 F を通ることを示せ．

【2018 山梨大学】

解説

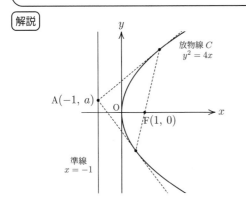

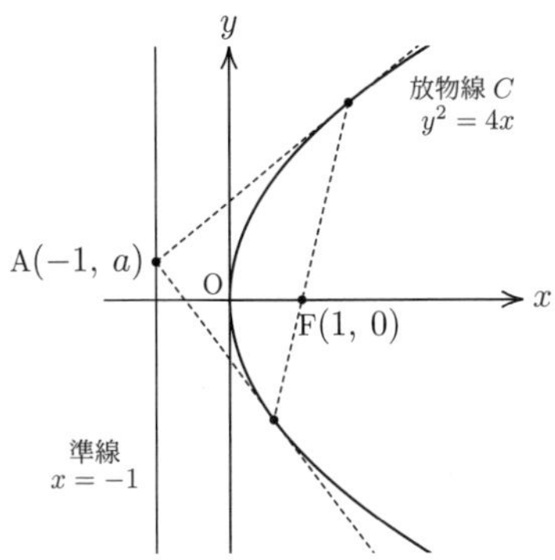

(1) 放物線 $C: y^2 = 4x$ の点 $\left(\dfrac{p^2}{4},\ p\right)$ における接線の方程式は

$$py = 4 \cdot \frac{x + \frac{p^2}{4}}{2}$$

（接線の公式）

つまり

$$py = 2x + \frac{p^2}{2}.$$

$p \neq 0$ より，この接線の式は

$$\boldsymbol{y = \frac{2}{p}x + \frac{p}{2}}. \qquad \cdots(\text{答})$$

(2) (1) の接線が点 $\mathrm{A}(-1,\ a)$ を通る p の条件は

$$a = \frac{2}{p} \cdot (-1) + \frac{p}{2}$$

つまり

$$p^2 - 2ap - 4 = 0. \qquad \cdots(*)$$

どんな実数 a に対しても，これを満たす実数 p は 0 ではなく，常に 2 つ存在する (一つが正でもう一つが負であることも $f(p) = p^2 - 2ap - 4$ のグラフが $(0,\ -4)$ を通る下に凸の放物線であることからわかる)．$(*)$ の 2 解を p_1，p_2 $(p_1 < p_2)$ とすると，C の接線のうち点 $\left(\dfrac{p^2}{4},\ p\right)$ における接線が点 A を通るものは点 $\left(\dfrac{{p_1}^2}{4},\ p_1\right)$ における接線と点 $\left(\dfrac{{p_2}^2}{4},\ p_2\right)$ における接線の 2 本あることがわかる． (証明終り)

また，点 $\left(\dfrac{{p_1}^2}{4},\ p_1\right)$ における接線の傾きは $\dfrac{2}{p_1}$ であり，点 $\left(\dfrac{{p_2}^2}{4},\ p_2\right)$ における接線の傾きは $\dfrac{2}{p_2}$ である．ここで，$(*)$ の 2 解が p_1，p_2 であることから解と係数の関係により，

$$p_1 \times p_2 = -4$$

であることがわかるので，傾きの積は

$$\frac{2}{p_1} \times \frac{2}{p_2} = \frac{4}{p_1 p_2} = \frac{4}{-4} = -1$$

となり，2 接線は直交する． (証明終り)

(3) 放物線 $C: y^2 = 4 \cdot 1 \cdot x$ の焦点は $\mathrm{F}(1,\ 0)$ である．接点 Q，R の座標をそれぞれ $(X_q,\ Y_q)$，$(X_r,\ Y_r)$ とおくと，Q，R における C の接線の式はそれぞれ

$$Y_q y = 4 \cdot \frac{x + X_q}{2}, \quad Y_r y = 4 \cdot \frac{x + X_r}{2}$$

と表される．これらがともに点 $\mathrm{A}(-1,\ a)$ を通る条件は

$$Y_q a = 4 \cdot \frac{-1 + X_q}{2}, \quad Y_r a = 4 \cdot \frac{-1 + X_r}{2}. \qquad \cdots(\bigstar)$$

ここで，方程式 $ya = 4 \cdot \dfrac{-1 + x}{2}$ で表される図形を考える．この方程式は x と y の 1 次式であるから，xy 平面上で直線を表し，さらに $(\bigstar)$ から点 Q，点 R を通っている．これは直線 QR の式が $ya = 4 \cdot \dfrac{-1 + x}{2}$ で与えられることを意味している．この直線が放物線 C の焦点 $\mathrm{F}(1,\ 0)$ を通ることは $0 \cdot a = 4 \cdot \dfrac{-1 + 1}{2}$ の成立からわかるので，直線 QR は点 F を通る．

(証明終り)

注意 (1) では次の放物線の接線公式を用いた．

> 一般に，放物線 $y^2 = 4px$ の点 $(X,\ Y)$ における接線の式は
> $$Yy = 4p \cdot \frac{x + X}{2}$$
> で与えられる．

参考 放物線 $C: y^2 = 4x$ の準線は $x = -1$ であり，点 $\mathrm{A}(-1,\ a)$ はこの準線上にある．準線上の点から放物線に引いた 2 接線は直交することは放物線の有名性質である．(2) はこのことの証明であった．(3) では，A を**極**，直線 QR を**極線**と呼ぶ．$\mathrm{A}(-1,\ a)$ は接点ではないが，上の囲みの接線公式で，$X = -1$，$Y = a$ を代入した式が直線 QR の式となっている．あたかも点 A を" 接点" と思って 2 次曲線の接線の公式に当てはめた形で直線 QR の式が得

られることは非常に面白く，また，円や楕円，双曲線などでもよく用いる手法であり習得しておきたい技法である．

#8– B 2

(1) 正の整数 n に対して，

$$S_n(x) = 1 + x^2 + x^4 + \cdots + x^{2n-2}$$

とおくとき

$$\int_0^{\frac{1}{2}} \left\{ S_n(x) + \frac{x^{2n}}{1-x^2} \right\} dx$$

の値を求めよ．

(2) $\displaystyle\lim_{n\to\infty} \int_0^{\frac{1}{2}} \frac{x^{2n}}{1-x^2} dx = 0$ を示せ．

(3)

$$\frac{1}{2} + \frac{1}{3\cdot 2^3} + \frac{1}{5\cdot 2^5} + \cdots + \frac{1}{(2n-1)2^{2n-1}} + \cdots = \frac{1}{2}\log 3$$

であることを示せ．【1992 奈良教育大学】

解説

(1) $0 \leqq x \leqq \dfrac{1}{2}$ において，$S_n(x)$ は初項 1，公比 x^2 $(\neq 1)$，項数 n の等比数列の和であるから，

$$S_n = \frac{1\cdot\{1-(x^2)^n\}}{1-x^2} = \frac{1-x^{2n}}{1-x^2}.$$

これより，

$$\begin{aligned}
\int_0^{\frac{1}{2}} \left\{ S_n(x) + \frac{x^{2n}}{1-x^2} \right\} dx &= \int_0^{\frac{1}{2}} \left\{ \frac{1-x^{2n}}{1-x^2} + \frac{x^{2n}}{1-x^2} \right\} dx \\
&= \int_0^{\frac{1}{2}} \frac{1}{1-x^2} dx \\
&= \int_0^{\frac{1}{2}} \frac{1}{(1+x)(1-x)} dx \\
&= \int_0^{\frac{1}{2}} \left(\frac{\frac{1}{2}}{1+x} + \frac{\frac{1}{2}}{1-x} \right) dx \\
&= \frac{1}{2}\left[\log\left|\frac{1+x}{1-x}\right| \right]_0^{\frac{1}{2}} \\
&= \boldsymbol{\frac{1}{2}\log 3}. \qquad \cdots(答)
\end{aligned}$$

(2) $0 \leqq x \leqq \dfrac{1}{2}$ において，$0 \leqq x^{2n} \leqq \left(\dfrac{1}{2}\right)^{2n}$ であり，$\dfrac{3}{4} \leqq 1 - x^2 \leqq 1$ より，

$$0 \leqq \frac{x^{2n}}{1-x^2} \leqq \frac{4}{3}\left(\frac{1}{2}\right)^{2n}.$$

したがって，$0 \leqq x \leqq \dfrac{1}{2}$ において辺々積分した

$$\int_0^{\frac{1}{2}} 0\,dx \leqq \int_0^{\frac{1}{2}} \frac{x^{2n}}{1-x^2} dx \leqq \int_0^{\frac{1}{2}} \frac{4}{3}\left(\frac{1}{2}\right)^{2n} dx$$

つまり

$$0 \leqq \int_0^{\frac{1}{2}} \frac{x^{2n}}{1-x^2} dx \leqq \frac{2}{3}\left(\frac{1}{4}\right)^n$$

も成り立つ．ここで，$\displaystyle\lim_{n\to\infty} \frac{2}{3}\left(\frac{1}{4}\right)^n = 0$ であることから，はさみうちの原理により，

$$\lim_{n\to\infty} \int_0^{\frac{1}{2}} \frac{x^{2n}}{1-x^2} dx = 0$$

が成り立つ．（証明終り）

(3) (1) より，

$$\int_0^{\frac{1}{2}} S_n(x) dx = \frac{1}{2}\log 3 - \int_0^{\frac{1}{2}} \frac{x^{2n}}{1-x^2} dx$$

であり，(2) より，

$$\lim_{n\to\infty} \int_0^{\frac{1}{2}} S_n(x) dx = \frac{1}{2}\log 3 - 0 = \frac{1}{2}\log 3$$

とわかる．ここで，

$$\begin{aligned}
&\int_0^{\frac{1}{2}} S_n(x) dx \\
&= \int_0^{\frac{1}{2}} \left(1 + x^2 + x^4 + \cdots + x^{2n-2}\right) dx \\
&= \left[x + \frac{x^3}{3} + \frac{x^5}{5} + \cdots + \frac{x^{2n-1}}{2n-1} \right]_0^{\frac{1}{2}} \\
&= \frac{1}{2} + \frac{1}{3\cdot 2^3} + \frac{1}{5\cdot 2^5} + \cdots + \frac{1}{(2n-1)2^{2n-1}}
\end{aligned}$$

（目標の式の左辺の無限級数の部分和）

であるから，

$$\frac{1}{2} + \frac{1}{3\cdot 2^3} + \frac{1}{5\cdot 2^5} + \cdots + \frac{1}{(2n-1)2^{2n-1}} + \cdots = \frac{1}{2}\log 3$$

であることが示された．（証明終り）

#8– B 3

n を 2 以上の整数とする．関数

$$f(x) = x^n e^{-x} \qquad (x \geqq 0),$$

$$g(x) = e^{x-n} - \left(\frac{x}{n}\right)^n \qquad (x \geqq 0)$$

を考える．以下の問に答えよ．ただし，e は自然対数の底である．

(1) $f'(x)$ を求めよ．

(2) 関数 $f(x)$ の最大値，およびそのときの x の値を求めよ．

(3) $\dfrac{g(x)}{e^x n^{-n}} \geqq 0$ が成り立つことを示せ．

(4) x 軸，直線 $x = n+1$，および曲線 $y = g(x)$ で囲まれる部分の面積 S_n を求めよ．

(5) $\dfrac{1}{n+1} < e - \left(1 + \dfrac{1}{n}\right)^n$ が成り立つことを示せ．

【2021 岐阜大学】

解説

(1) $f(x)=x^ne^{-x}$ より，

$$f'(x)=nx^{n-1}\cdot e^{-x}+x^n\cdot e^{-x}\cdot(-1)$$
$$=\boldsymbol{x^{n-1}(n-x)e^{-x}}. \qquad \cdots(答)$$

(2) (1) により，$x\geqq 0$ における $f(x)$ の増減は次のようになる．

x	0	$\cdots$	n	$\cdots$
$f'(x)$		$+$	0	$-$
$f(x)$	0	$\nearrow$	n^ne^{-n}	$\searrow$

ゆえに，$f(x)$ は $x=\boldsymbol{n}$ で最大値 $\boldsymbol{n^ne^{-n}}$ をとる．

$\cdots$(答)

(3)

$$\frac{g(x)}{e^xn^{-n}}=\left(e^xn^{-n}\right)^{-1}\left\{e^{x-n}-\left(\frac{x}{n}\right)^n\right\}$$
$$=e^{-x}n^n\left(e^x\cdot e^{-n}-x^n\cdot n^{-n}\right)$$
$$=n^ne^{-n}-x^ne^{-x}$$
$$=f(n)-f(x)$$

であり，(2) より，$x\geqq 0$ において $f(x)\leqq f(n)$ が成り立つことから，

$$\frac{g(x)}{e^xn^{-n}}=f(n)-f(x)\geqq 0 \quad (x\geqq 0)$$

が成り立つ． (証明終り)

(4) $e^xn^{-n}>0$ であることに注意すると，(3) から，$x\geqq 0$ において $g(x)\geqq 0$ であり，

$$g(x)=0 \iff f(x)=f(n) \iff x=n$$

より，

$$S_n=\int_n^{n+1}g(x)dx.$$

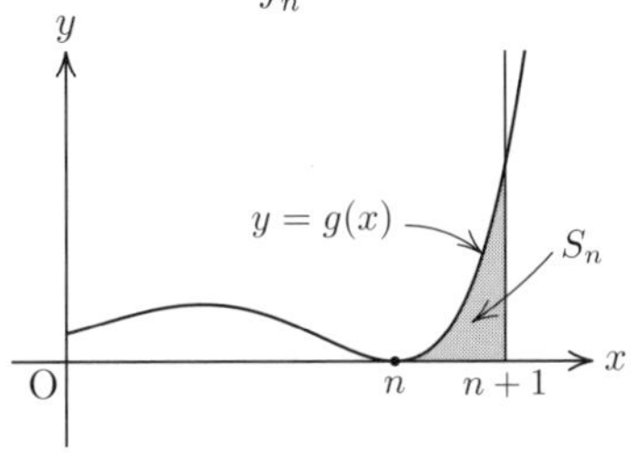

$$S_n=\int_n^{n+1}\left\{e^{x-n}-\left(\frac{x}{n}\right)^n\right\}dx$$
$$=\left[e^{x-n}-\frac{n}{n+1}\left(\frac{x}{n}\right)^{n+1}\right]_n^{n+1}$$
$$=e-\left(\frac{n+1}{n}\right)^n-\left(1-\frac{n}{n+1}\right)$$
$$=\boldsymbol{e-\left(\frac{n+1}{n}\right)^n-\frac{1}{n+1}}. \qquad \cdots(答)$$

(5) (4) の結果と面積 S_n が正であることから，

$$S_n=e-\left(\frac{n+1}{n}\right)^n-\frac{1}{n+1}>0$$

により，

$$\frac{1}{n+1}<e-\left(\frac{n+1}{n}\right)^n$$

つまり

$$\frac{1}{n+1}<e-\left(1+\frac{1}{n}\right)^n$$

が成り立つ． (証明終り)

参考 自然対数 e について，$\displaystyle\lim_{n\to\infty}\left(1+\frac{1}{n}\right)^n=e$ である．$\left(1+\dfrac{1}{n}\right)^n$ と e の比較については，いくつか有名な話題があるので (結果だけ) 紹介しよう．

まず，$n=1, 2, 3, \cdots$ に対して，

$$a_n=\left(1+\frac{1}{n}\right)^n, \qquad b_n=\left(1+\frac{1}{n}\right)^{n+1}$$

で数列 $\{a_n\}$，$\{b_n\}$ を定めると，$\{a_n\}$ は単調増加数列，つまり，

$$a_n<a_{n+1} \quad (n=1, 2, 3, \cdots)$$

であり，$\{b_n\}$ は単調減少数列，つまり，

$$b_n>b_{n+1} \quad (n=1, 2, 3, \cdots)$$

である．$b_n=a_n\left(1+\dfrac{1}{n}\right)$ であるから $a_n<b_n$ なのだが，実は

$$a_n<e<b_n \quad (n=1, 2, 3, \cdots)$$

つまり，

$$\left(1+\frac{1}{n}\right)^n<e<\left(1+\frac{1}{n}\right)^{n+1} \quad (n=1, 2, 3, \cdots)$$

が成り立つ．この数列 $\{a_n\}$，$\{b_n\}$ は e の性質を調べるのに役立つ．たとえば，$a_1a_2\cdots a_n$ と $b_1b_2\cdots b_n$ を考えることで，

$$\lim_{n\to\infty}\frac{\sqrt[n]{n!}}{n}=\frac{1}{e} \qquad \cdots(\bigstar)$$

であることもわかったりする．式 ($\bigstar$) はStirling(スターリング)の弱公式 (“weak form” of Stirling’s formula) とよばれており，大学入試問題でも微積分を用いてこれを証明させる問題がときどき出題されている．ちなみに，“弱” のつかないStirling(スターリング)の公式というと

$$\lim_{n\to\infty}\frac{n!}{\sqrt{2\pi n}\left(\dfrac{n}{e}\right)^n}=1 \qquad \cdots(\dagger)$$

のことを指し，1730 年に J. Stirling(1692 - 1770) が与えた $n!$ の漸近挙動公式である．

e が a_n と b_n の間にあることは紹介した．そこで，a_n と b_n の平均，特に相乗平均が考えやすそうなので，

$$\sqrt{a_n b_n} = \left(1 + \frac{1}{n}\right)^{n+\frac{1}{2}}$$

を考えると，これと e との比較には関心が集まりそうであろう．実際，$c_n = \sqrt{a_n b_n}$ とおくと，$\{c_n\}$ は単調減少数列で，上から e に収束する (e より大きな値をとりつつ e に限りなく近づく)．c_n は e の "良い近似" として知られており，すべての正の整数 n に対して

$$e \leqq \left(1 + \frac{1}{n}\right)^{n+\alpha}$$

を満たす定数 α の最小値は $\dfrac{1}{2}$ である．ちなみに，2016 年東大の入試では，「すべての正の実数 x に対し，

$$\left(1 + \frac{1}{x}\right)^{x} < e < \left(1 + \frac{1}{x}\right)^{x+\frac{1}{2}}$$

が成り立つことを示せ」という問題が出題された．

最後に紹介したいのは，$e - \left(1 + \dfrac{1}{n}\right)^{n}$ を $\dfrac{\text{定数}}{n\text{ の 1 次式}}$ で評価した不等式として有名な Moreau（モロー）の不等式

$$\frac{e}{2n+2} < e - \left(1 + \frac{1}{n}\right)^{n} < \frac{e}{2n+1}$$

である．このモローの不等式を少し書き換えることで，

$$\frac{e}{2n+1} < \left(1 + \frac{1}{n}\right)^{n+1} - e < \frac{e}{2n}$$

の成立もわかる．

#8−B 4

複素数平面上において，等式 $5x^2 + 5y^2 - 6xy = 8$ を満たす点 $x + yi$ 全体の表す曲線を C_0 とする．また，曲線 C_0 を原点のまわりに $\dfrac{\pi}{4}$ だけ回転させた曲線を C_1 とする．等式 $ax^2 + by^2 + cxy + dx + ey = 4$ を満たす点 $x + yi$ 全体の表す曲線が C_1 であるとき，次の問いに答えよ．ただし，x，y は実数，i は虚数単位，a，b，c，d，e は定数とする．

(1) 点 $p + qi$ を原点のまわりに $\dfrac{\pi}{4}$ だけ回転させた点を $s + ti$ とするとき，p と q を s と t を用いて表せ．ただし，p，q，s，t は実数とする．

(2) a，b，c，d，e の値を求めよ．

(3) 曲線 C_0 上の点で，原点からの距離が最大となる点をすべて求めよ．　【2017 和歌山大学】

解説　本問では，適宜，座標平面を複素数平面と同一視して議論する．

(1) 点 $p + qi$ は点 $s + ti$ を原点のまわりに $\left(-\dfrac{\pi}{4}\right)$ だけ回転させた点であるから，

$$\begin{aligned} p + qi &= \left\{\cos\left(-\frac{\pi}{4}\right) + i\sin\left(-\frac{\pi}{4}\right)\right\}(s + ti) \\ &= \left(\frac{1}{\sqrt{2}} - \frac{1}{\sqrt{2}}i\right)(s + ti) \\ &= \frac{s+t}{\sqrt{2}} + \frac{t-s}{\sqrt{2}}i. \end{aligned}$$

（実部，虚部の比較）

$$\therefore\ p = \boldsymbol{\frac{s+t}{\sqrt{2}}},\quad q = \boldsymbol{\frac{t-s}{\sqrt{2}}}. \qquad \cdots(\text{答})$$

(2) 点 $s + ti$ が C_1 上の点である条件は，点 $s + ti$ を原点のまわりに $\left(-\dfrac{\pi}{4}\right)$ だけ回転させた点が C_0 上の点であること，すなわち，点 $\left(\dfrac{s+t}{\sqrt{2}},\ \dfrac{t-s}{\sqrt{2}}\right)$ が $C_0 : 5x^2 + 5y^2 - 6xy = 8$ 上の点であることであるから，その条件は

$$5\left(\frac{s+t}{\sqrt{2}}\right)^2 + 5\left(\frac{t-s}{\sqrt{2}}\right)^2 - 6\cdot\frac{s+t}{\sqrt{2}}\cdot\frac{t-s}{\sqrt{2}} = 8.$$

これを整理すると，

$$4s^2 + t^2 = 4.$$

よって，C_1 は楕円

$$4x^2 + y^2 = 4$$

である．これより，

$$a = \boldsymbol{4},\quad b = \boldsymbol{1},\quad c = \boldsymbol{0},\quad d = \boldsymbol{0},\quad e = \boldsymbol{0}. \qquad \cdots(\text{答})$$

(3) 原点まわりの回転では原点からの距離は不変なので，C_1 上の点で原点からの距離が最大となる点を調べ，それに対応する C_0 上の点を求めればよい．

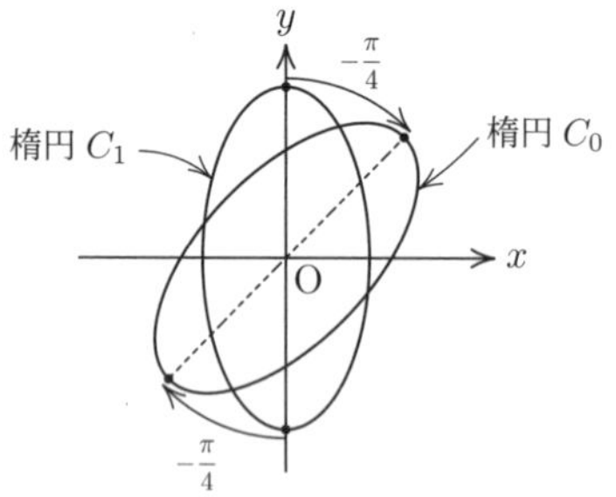

楕円 $C_1 : x^2 + \dfrac{y^2}{2^2} = 1$ 上の点で原点から最も離れた点は $(0,\ \pm2)$ であるから，これに対応する C_0 上の点は，(1) において $s = 0$，$t = \pm2$ としたときの $p + qi$ として，

（$\pm2i\left\{\cos\left(-\frac{\pi}{4}\right) + i\sin\left(-\frac{\pi}{4}\right)\right\}$ としてもよい!）

$$\boldsymbol{\pm\sqrt{2}(1 + i)}. \qquad \cdots(\text{答})$$

参考　2 次曲線は一般には，

$$ax^2 + bxy + cy^2 + dx + ey + f = 0 \qquad \cdots(*)$$

という形をしている．この式で表される曲線は，実は

$$\begin{cases} a = c \text{ なら}, \cos 2\theta = 0, \\ a \neq c \text{ なら}, \tan 2\theta = \dfrac{b}{c-a} \end{cases}$$

を満たす θ だけ原点を中心とする回転をさせることで，xy の係数が 0 の式で表すことができる．

また，$(*)$ で表される 2 次曲線が楕円か双曲線か放物線かのいずれを表すかは，$D = b^2 - 4ac$ によって判別でき，

$$\begin{cases} D > 0 \text{ なら，双曲線}, \\ D = 0 \text{ なら，放物線}, \\ D < 0 \text{ なら，楕円} \end{cases}$$

である．本問の $5x^2 + 5y^2 - 6xy = 8$ では，

$$(x^2 \text{の係数}) = (y^2 \text{の係数})$$

より，$\cos 2\theta = 0$ を満たす θ，つまり，$\theta = \dfrac{\pi}{4}$ だけ原点中心に回転させることで，xy の項を含まない形にできた．さらに，$D = (-6)^2 - 4 \cdot 5 \cdot 5 < 0$ によって，曲線が楕円であることもわかる．

#8− B **5**

座標平面内の 2 つの曲線 $C_1 : y = \log(2x)$，$C_2 : y = 2\log x$ の共通接線を l とする．

(1) 直線 l の方程式を求めよ．

(2) C_1，C_2 および l で囲まれる領域の面積を求めよ．

【2017 岡山大学・理系】

解説

(1) $f(x) = \log(2x)$ とおくと，

$$f(x) = \log x + \log 2$$

であり，$f'(x) = \dfrac{1}{x}$ より，$(u,\ f(u))$ における C_1 の接線の式は

$$\begin{aligned} y &= f'(u)(x-u) + f(u) \\ &= \frac{1}{u}(x-u) + \log(2u) \\ &= \frac{1}{u}x + \log(2u) - 1 \qquad \cdots ① \end{aligned}$$

と表される．

一方，$g(x) = 2\log x$ とおくと，$g'(x) = \dfrac{2}{x}$ より，$(v,\ f(v))$ における C_2 の接線の式は

$$\begin{aligned} y &= g'(v)(x-v) + g(v) \\ &= \frac{2}{v}(x-v) + 2\log v \\ &= \frac{2}{v}x + 2\log v - 2 \qquad \cdots ② \end{aligned}$$

と表される．①と②が一致する条件は

$$\begin{cases} \dfrac{1}{u} = \dfrac{2}{v}, & \cdots ③ \\ \log(2u) - 1 = 2\log v - 2. & \cdots ④ \end{cases}$$

③より $v = 2u$ であり，これを④に代入して，

$$\log v - 1 = 2\log v - 2 \qquad \text{より} \qquad \log v = 1.$$

$$\therefore\ u = \frac{e}{2}, \quad v = e.$$

このときの① (②) が共通接線 l であり，l の式は

$$\boldsymbol{y = \frac{2}{e}x}. \qquad \cdots(\text{答})$$

(2)

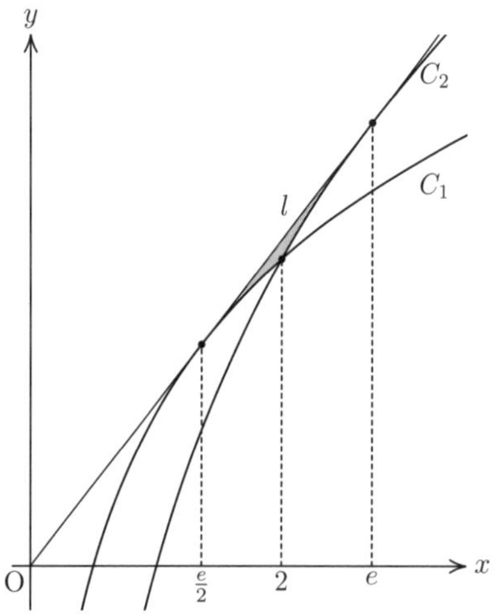

C_1 と C_2 の共有点について，

$$\begin{aligned} f(x) - g(x) &= \{\log x + \log 2\} - 2\log x \\ &= \log 2 - \log x \end{aligned}$$

より，C_1 と C_2 の交点の x 座標は 2 であり，求める面積を S とすると，

$$\begin{aligned} S &= \int_{\frac{e}{2}}^{2} \left(\frac{2}{e}x - f(x)\right) dx + \int_{2}^{e} \left(\frac{2}{e}x - g(x)\right) dx \\ &= \int_{\frac{e}{2}}^{2} \left(\frac{2}{e}x - \log x - \log 2\right) dx + \int_{2}^{e} \left(\frac{2}{e}x - 2\log x\right) dx \\ &= \left[\frac{x^2}{e} - (x\log x - x) - (\log 2)x\right]_{\frac{e}{2}}^{2} + \left[\frac{x^2}{e} - 2(x\log x - x)\right]_{2}^{e} \\ &= \left\{\frac{4}{e} - (2\log 2 - 2) - 2\log 2\right\} - \left\{\frac{e}{4} - \left(\frac{e}{2}\log\frac{e}{2} - \frac{e}{2}\right) - \frac{(\log 2)e}{2}\right\} \\ &\qquad + \left\{e - 2(e\log e - e)\right\} - \left\{\frac{4}{e} - 2(2\log 2 - 2)\right\} \\ &= \left(\frac{4}{e} - 4\log 2 + 2\right) - \frac{e}{4} + e - \left(\frac{4}{e} - 4\log 2 + 4\right) \\ &= \boldsymbol{\frac{3}{4}e - 2}. \qquad \cdots(\text{答}) \end{aligned}$$

$$\int \log x\, dx = x\log x - x + C \quad (C \text{ は積分定数}).$$

#9− A 1

定積分 $\displaystyle\int_0^{\frac{\pi}{2}} |\cos 3x \cos x|\,dx$ を求めよ．

【2016 山形大学】

解説　$0 \leqq x \leqq \dfrac{\pi}{2}$ のとき，$\cos x \geqq 0$ であり，

$$\begin{cases} 0 \leqq x \leqq \dfrac{\pi}{6} \Longrightarrow \cos 3x \geqq 0, \\ \dfrac{\pi}{6} \leqq x \leqq \dfrac{\pi}{2} \Longrightarrow \cos 3x \leqq 0 \end{cases}$$

に注意すると，

（$\cos 3x \cos x$ の正負によって積分区間を分割）

$$\begin{aligned} &\int_0^{\frac{\pi}{2}} |\cos 3x \cos x|\,dx \\ &= \int_0^{\frac{\pi}{6}} |\cos 3x \cos x|\,dx + \int_{\frac{\pi}{6}}^{\frac{\pi}{2}} |\cos 3x \cos x|\,dx \\ &= \int_0^{\frac{\pi}{6}} \cos 3x \cos x\,dx - \int_{\frac{\pi}{6}}^{\frac{\pi}{2}} \cos 3x \cos x\,dx. \end{aligned}$$

ここで，（積和公式）

$$\cos 3x \cos x = \frac{1}{2}(\cos 4x + \cos 2x)$$

により，

$$\begin{aligned} &\int_0^{\frac{\pi}{2}} |\cos 3x \cos x|\,dx \\ &= \frac{1}{2}\int_0^{\frac{\pi}{6}} (\cos 4x + \cos 2x)dx - \frac{1}{2}\int_{\frac{\pi}{6}}^{\frac{\pi}{2}} (\cos 4x + \cos 2x)dx \\ &= \frac{1}{2}\left\{\left[\frac{\sin 4x}{4} + \frac{\sin 2x}{2}\right]_0^{\frac{\pi}{6}} - \left[\frac{\sin 4x}{4} + \frac{\sin 2x}{2}\right]_{\frac{\pi}{6}}^{\frac{\pi}{2}}\right\} \\ &= \boldsymbol{\frac{3\sqrt{3}}{8}}. \end{aligned}$$

…(答)

#9− A 2

α を正の実数，β を複素数とする．複素数平面上の 3 点 0，α，β を頂点とする三角形の面積が 1 で，α と β が $5\alpha^2 - 4\alpha\beta + \beta^2 = 0$ を満たすとき，α と β の値を求めよ．

【2022 三重大学】

解説　$5\alpha^2 - 4\alpha\beta + \beta^2 = 0$ の両辺を $\alpha^2\ (\neq 0)$ で割って，

$$5 - 4\cdot\frac{\beta}{\alpha} + \left(\frac{\beta}{\alpha}\right)^2 = 0.$$

これより，（$\dfrac{\beta}{\alpha}$ についての 2 次方程式）

$$\frac{\beta}{\alpha} = 2 \pm i.$$

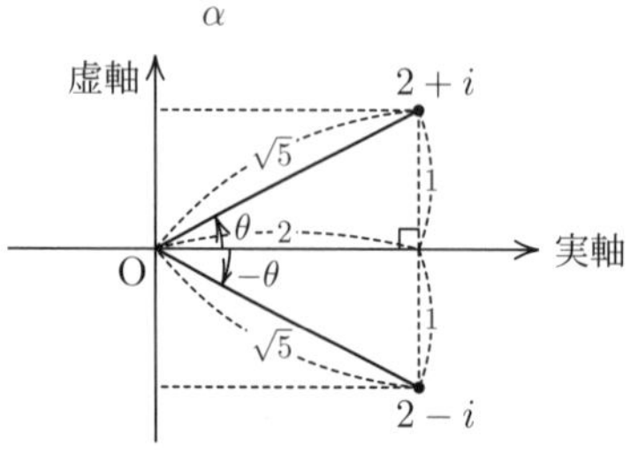

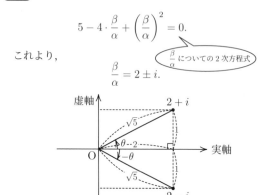

ここで，O(0)，A(α)，B(β) とし，θ を

$$\tan\theta = \frac{1}{2}, \quad 0 < \theta < \frac{\pi}{2}$$

で定めると，θ は図の直角三角形の鋭角であり，

$$\frac{\beta}{\alpha} = \sqrt{5}\{\cos(\pm\theta) + i\sin(\pm\theta)\}$$

より，$\overrightarrow{\mathrm{OB}}$ は $\overrightarrow{\mathrm{OA}}$ を $\sqrt{5}$ 倍拡大し，$\pm\theta$ だけ回転したものであることがわかる．

これより，3 点 O(0)，A(α)，B(β) の位置関係は次の図のようになる．

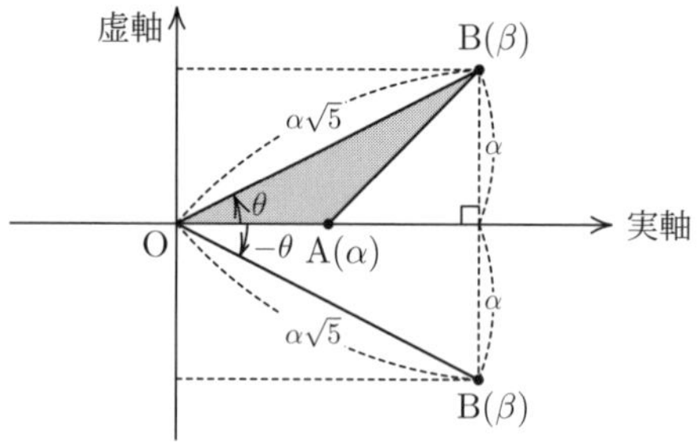

OA $= \alpha$, (B と直線 OA の距離) $= \alpha$ より，三角形 OAB の面積は

$$\frac{1}{2}\times\alpha\times\alpha = \frac{\alpha^2}{2}$$

と表される．三角形 OAB の面積が 1 であることから，

$$\frac{\alpha^2}{2} = 1.$$

$\alpha > 0$ より，

$$\alpha = \boldsymbol{\sqrt{2}}. \qquad \cdots(答)$$

$$\therefore\ \beta = (2 \pm i)\alpha = \boldsymbol{2\sqrt{2} \pm \sqrt{2}\,i}. \qquad \cdots(答)$$

注意　$5\alpha^2 - 4\alpha\beta + \beta^2$ は α，β の 2 次式であるが，特に，3 つの項 $5\alpha^2$，$-4\alpha\beta$，β^2 がすべて 2 次で同じ次数の項になっている．このような式を 2 次同次式という．一般に，n 次式で，どの項の次数も n 次であるような式を n 次同次式という．たとえば，$x^3 - 4x^2y + 3xy^2 - 2y^3$ は x と y の (3 次) 同次式であるが，$x^6y - 2x^3y^2 + x^2y$ は x^6y が 7 次，$-2x^3y^2$ が 5 次，x^2y が 3 次であり，次数が異なるので同次式ではない．

一般に，

$$(\alpha \text{ と } \beta \text{ の } n \text{ 次同次式}) = 0$$

という形の方程式は左辺を α^n で割ることで $\dfrac{\beta}{\alpha}$ の n 次方程式に書き換えることができる．

#9− A 3

極限 $\displaystyle\lim_{x\to-\infty}\left(\sqrt{9x^2 + x} + 3x\right)$ を求めよ．

【2020 愛媛大学】

解説　$-x=t$ とおくと，$x\to-\infty$ のとき，$t\to\infty$ であり，

$$\begin{aligned}&\lim_{x\to-\infty}\left(\sqrt{9x^2+x}+3x\right)\\&=\lim_{t\to\infty}\left(\sqrt{9t^2-t}-3t\right)\\&=\lim_{t\to\infty}\frac{\left(\sqrt{9t^2-t}-3t\right)\left(\sqrt{9t^2-t}+3t\right)}{\sqrt{9t^2-t}+3t}\\&=\lim_{t\to\infty}\frac{(9t^2-t)-(3t)^2}{\sqrt{9t^2-t}+3t}\\&=\lim_{t\to\infty}\frac{-t}{\sqrt{9t^2-t}+3t}\\&=\lim_{t\to\infty}\frac{-1}{\sqrt{9-\frac{1}{t}}+3}=\boldsymbol{-\frac{1}{6}}.\end{aligned}$$

…(答)

注意　直接 x のまま計算すると，次のようになる．

$$\begin{aligned}&\lim_{x\to-\infty}\left(\sqrt{9x^2+x}+3x\right)\\&=\lim_{x\to-\infty}\frac{\left(\sqrt{9x^2+x}+3x\right)\left(\sqrt{9x^2+x}-3x\right)}{\sqrt{9x^2+x}-3x}\\&=\lim_{x\to-\infty}\frac{(9x^2+x)-(3x)^2}{\sqrt{9x^2+x}-3x}\\&=\lim_{x\to-\infty}\frac{x}{\sqrt{9x^2+x}-3x}\\&=\lim_{x\to-\infty}\frac{x}{\sqrt{x^2}\sqrt{9+\frac{1}{x}}-3x}\\&=\lim_{x\to-\infty}\frac{x}{|x|\sqrt{9+\frac{1}{x}}-3x}\\&=\lim_{x\to-\infty}\frac{x}{-x\sqrt{9+\frac{1}{x}}-3x}\\&=\lim_{x\to-\infty}\frac{1}{-\sqrt{9+\frac{1}{x}}-3}=\boldsymbol{-\frac{1}{6}}.\end{aligned}$$

（$x\to-\infty$ のときを考えるので，$x<0$ より，$|x|=-x$.）

上の解答では，$-x=t$ とおいて計算した際に，

$$\begin{aligned}&\lim_{x\to-\infty}\left(\sqrt{9x^2+x}+3x\right)\\&=\lim_{t\to\infty}\frac{-t}{\sqrt{9t^2-t}+3t}\\&=\lim_{t\to\infty}\frac{-t}{\sqrt{t^2}\sqrt{9-\frac{1}{t}}+3t}=\lim_{t\to\infty}\frac{-t}{|t|\sqrt{9-\frac{1}{t}}+3t}\\&=\lim_{t\to\infty}\frac{-t}{t\sqrt{9-\frac{1}{t}}+3t}\\&=\lim_{t\to\infty}\frac{-1}{\sqrt{9-\frac{1}{t}}+3}=-\boldsymbol{\frac{1}{6}}\end{aligned}$$

と処理していることを認識しておきたい．

#9– A 4

xy 座標平面上で，直線 $\ell: y=1$ と点 A(0, 4) を考える．点 P が

$$\mathrm{AP} : (\text{点 P と直線 } \ell \text{ の距離}) = 2:1$$

を満たすとき，点 P の軌跡を求め，図示せよ．

【2013 龍谷大学】

解説　点 $(X,\ Y)$ が点 P の軌跡に含まれる条件は

$$\mathrm{AP} = 2\times(\text{点 P と直線 } \ell \text{の距離})$$

より

$$\sqrt{X^2+(Y-4)^2}=2|Y-1|.$$

この両辺は 0 以上であるから，2 乗しても同値であり，条件は

$$X^2+(Y-4)^2=4(Y-1)^2.$$

これを整理して，

$$X^2-3Y^2=-12$$

つまり

$$\frac{X^2}{12}-\frac{Y^2}{4}=-1.$$

よって，求める点 P の軌跡は，次の図で示す

$$\text{双曲線}\quad \boldsymbol{\frac{x^2}{12}-\frac{y^2}{4}=-1}$$

…(答)

である．

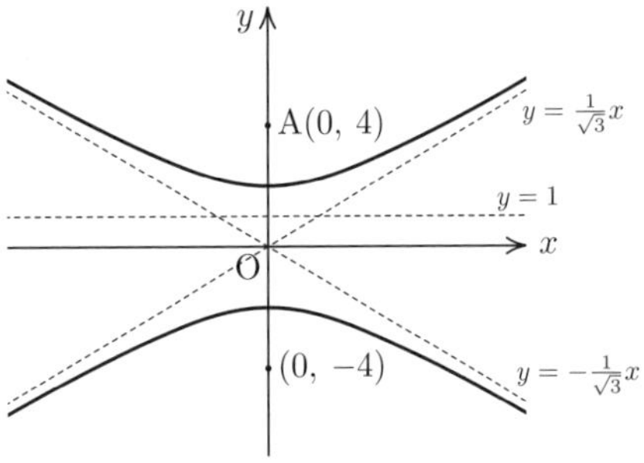

注意　この双曲線の焦点は $(0,\ \pm\sqrt{12+4})$ つまり $(0,\ \pm4)$ であり，漸近線の式は

$$\frac{x^2}{12}-\frac{y^2}{4}=0 \quad \text{つまり} \quad y=\pm\frac{1}{\sqrt{3}}x$$

である．点 A(0, 4) は双曲線の焦点である．

参考　本問の背景には，**離心率 (eccentricity)** という概念がある．離心率は 2 次曲線の問題を解く際に，鍵となる概念であり，巻末付録 5 で詳しく説明しているので，参照されたい．

#9－A 5

曲線 $y=\dfrac{1}{6}x^3+\dfrac{1}{2x}$ $(1\leqq x\leqq 3)$ の長さを求めよ．

【2019 東京電気大学】

解説　$y'=\dfrac{1}{2}x^2-\dfrac{1}{2x^2}=\dfrac{1}{2}\left(x^2-\dfrac{1}{x^2}\right)$ より，

$$\begin{aligned}1+(y')^2&=1+\frac{1}{4}\left(x^2-\frac{1}{x^2}\right)^2\\&=1+\frac{1}{4}\left(x^4-2x^2\cdot\frac{1}{x^2}+\frac{1}{x^4}\right)\\&=\frac{1}{4}\left(x^4+2+\frac{1}{x^4}\right)\\&=\frac{1}{4}\left(x^2+\frac{1}{x^2}\right)^2.\end{aligned}$$

$$\therefore\ \sqrt{1+(y')^2}=\frac{1}{2}\left(x^2+\frac{1}{x^2}\right).$$

これより，求める長さは

$$\begin{aligned}\int_1^3\sqrt{1+(y')^2}\,dx&=\int_1^3\frac{1}{2}\left(x^2+\frac{1}{x^2}\right)dx\\&=\frac{1}{2}\left[\frac{1}{3}x^3-\frac{1}{x}\right]_1^3\\&=\boldsymbol{\frac{14}{3}}.\end{aligned}$$

…(答)

曲線 $y=f(x)$ $(a\leqq x\leqq b)$ の長さは

$$\int_a^b\sqrt{1+\{f'(x)\}^2}\,dx.$$

#9－A 6

関数 $y=\sqrt[3]{x^2+10}$ のグラフの変曲点の座標をすべて求めよ．

【2019 学習院大学】

解説　$y=(x^2+10)^{\frac{1}{3}}$ より，

$$\begin{aligned}y'&=\frac{1}{3}(x^2+10)^{-\frac{2}{3}}\cdot 2x\\&=\frac{2}{3}\left\{(x^2+10)^{-\frac{2}{3}}\cdot x\right\}\end{aligned}$$

であり，

$$\begin{aligned}y''&=\frac{2}{3}\left\{-\frac{2}{3}(x^2+10)^{-\frac{5}{3}}\cdot 2x\times x+(x^2+10)^{-\frac{2}{3}}\times 1\right\}\\&=\frac{2}{3}(x^2+10)^{-\frac{5}{3}}\left\{-\frac{4}{3}x^2+(x^2+10)\right\}\\&=\underbrace{\frac{2}{9}(x^2+10)^{-\frac{5}{3}}}_{\text{つねにプラス}}(30-x^2).\end{aligned}$$

y'' の符号は $30-x^2=0$ を満たす $x=\pm\sqrt{30}$ を境に変化し，この値を x 座標とする曲線上の点が変曲点であるので，変曲点の座標は

$\sqrt[3]{40}=\sqrt[3]{2^3\cdot 5}$

$$\left(\boldsymbol{\pm\sqrt{30},\ 2\sqrt[3]{5}}\right).$$

…(答)

注意　$f(x)=\sqrt[3]{x^2+10}$ の定義域は実数全体であり，

$$f(x)=f(-x)$$

がすべての x で成り立つことから，$f(x)$ は偶関数であり，$y=f(x)$ のグラフは y 軸対称であることがわかる．当然，2 つの変曲点も y 軸対称の位置にある．

#9－A 7

不定積分 $\displaystyle\int\sqrt[3]{x^5+x^3}dx$ を求めよ．

【2013 広島市立大学】

解説　$\sqrt[3]{x^5+x^3}=x\sqrt[3]{x^2+1}$ に注意して，

$$\left\{(x^2+1)^{\frac{4}{3}}\right\}'=\frac{4}{3}(x^2+1)^{\frac{1}{3}}\cdot 2x=\frac{8}{3}x\sqrt[3]{x^2+1}$$

より，

$$\int\sqrt[3]{x^5+x^3}dx=\int x\sqrt[3]{x^2+1}dx=\boldsymbol{\frac{3}{8}(x^2+1)^{\frac{4}{3}}+C}.$$

…(答)

参考　次のように処理してもよい (本質的に上と同じ)．

$$\int\sqrt[3]{x^5+x^3}dx=\int x\sqrt[3]{x^2+1}dx$$

であり，$x^2+1=t$ とおくと，$2xdx=dt$ より，

$$\begin{aligned}\int\sqrt[3]{x^2+1}x\,dx&=\int\sqrt[3]{t}\cdot\frac{1}{2}dt\\&=\frac{1}{2}\int t^{\frac{1}{3}}dt\\&=\frac{3}{8}t^{\frac{4}{3}}+C\\&=\boldsymbol{\frac{3}{8}(x^2+1)^{\frac{4}{3}}+C}.\end{aligned}$$

#9−B **1**

媒介変数 θ を用いて表された曲線

$$x=\theta-\sin\theta,\quad y=1-\cos\theta\quad(0\leqq\theta\leqq 2\pi)$$

について，次の問いに答えよ．

(1) この曲線の接線の傾き $\dfrac{dy}{dx}$ を θ を変数として求めよ．

(2) 接線の傾き $\dfrac{dy}{dx}$ が 0 となる曲線上の点 $(x,\ y)$ を求めよ．

(3) 極限 $\displaystyle\lim_{\theta\to+0}\frac{dy}{dx}$ および $\displaystyle\lim_{\theta\to2\pi-0}\frac{dy}{dx}$ を求めよ．

(4) この曲線の概形を描け．

(5) この曲線と x 軸で囲まれた図形の面積を求めよ．

【1993 山口大学 (後期)】

解説

(1) $\dfrac{dx}{d\theta}=1-\cos\theta$，$\dfrac{dy}{d\theta}=\sin\theta$ であるから，

$$\frac{dy}{dx}=\frac{\frac{dy}{d\theta}}{\frac{dx}{d\theta}}=\boldsymbol{\frac{\sin\theta}{1-\cos\theta}}\quad(0<\theta<2\pi).\qquad\cdots(答)$$

(2) $0<\theta<2\pi$ において，$\dfrac{dy}{dx}=0$ を満たす θ は

$$\frac{\sin\theta}{1-\cos\theta}=0\ \ つまり\ \ \sin\theta=0\quad より\quad\theta=\pi.$$

ゆえに，接線の傾き $\dfrac{dy}{dx}$ が 0 となる点は

$$(x,\ y)=\boldsymbol{(\pi,\ 2)}.\qquad\cdots(答)$$

(3)

$$\frac{\sin\theta}{1-\cos\theta}=\frac{\sin\theta(1+\cos\theta)}{(1-\cos\theta)(1+\cos\theta)}=\frac{1+\cos\theta}{\sin\theta}$$

であるから，

$$\lim_{\theta\to+0}\frac{dy}{dx}=\lim_{\theta\to+0}\frac{1+\cos\theta}{\sin\theta}=\boldsymbol{+\infty},\qquad\cdots(答)$$

$$\lim_{\theta\to2\pi-0}\frac{dy}{dx}=\lim_{\theta\to2\pi-0}\frac{1+\cos\theta}{\sin\theta}=\boldsymbol{-\infty}.\qquad\cdots(答)$$

(4) θ $(0\leqq\theta\leqq 2\pi)$ の変化に伴う点 $(x,\ y)$ の動きは次の表のようになる．

θ	0	$\cdots$	π	$\cdots$	2π
$\frac{dx}{d\theta}$		$+$	$+$	$+$	
$\frac{dy}{d\theta}$		$+$	0	$-$	
$(x,\ y)$	$(0,\ 0)$	↗	$(\pi,\ 2)$	↘	$(2\pi,\ 0)$

この曲線の概形は次のようになる．

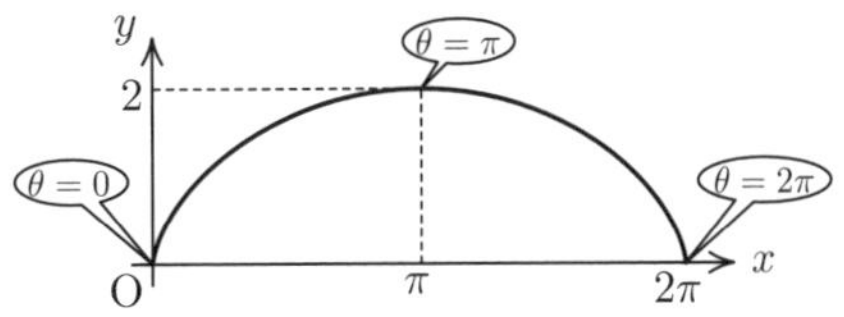

(5) 求める面積は

$$\begin{aligned}\int_0^{2\pi}y\,dx&=\int_0^{2\pi}(1-\cos\theta)(1-\cos\theta)d\theta\\&=\int_0^{2\pi}(1-2\cos\theta+\cos^2\theta)d\theta\\&=\int_0^{2\pi}\left(1-2\cos\theta+\frac{1+\cos2\theta}{2}\right)d\theta\\&=\left[\frac{3}{2}\theta-2\sin\theta-\frac{\sin2\theta}{4}\right]_0^{2\pi}\\&=\boldsymbol{3\pi}.\end{aligned}\qquad\cdots(答)$$

注意　(4) において凹凸を調べたい場合には次のように計算する．

$$\frac{d^2y}{dx^2}=\frac{d}{dx}\left(\frac{dy}{dx}\right)=\frac{\frac{d}{d\theta}\left(\frac{dy}{dx}\right)}{\frac{dx}{d\theta}}.$$

ここで，

$$\begin{aligned}\frac{d}{d\theta}\left(\frac{dy}{dx}\right)&=\frac{d}{d\theta}\left(\frac{\sin\theta}{1-\cos\theta}\right)\\&=\frac{\cos\theta(1-\cos\theta)-\sin\theta\cdot\sin\theta}{(1-\cos\theta)^2}\\&=\frac{\cos\theta-1}{(1-\cos\theta)^2}=-\frac{1}{1-\cos\theta}\end{aligned}$$

であるから，$0<\theta<2\pi$ において，

$$\frac{d^2y}{dx^2}=\frac{-\frac{1}{1-\cos\theta}}{1-\cos\theta}=-\frac{1}{(1-\cos\theta)^2}<0.$$

よって，この曲線は上に凸である．

参考　この曲線は**サイクロイド (Cycloid)** と呼ばれる (名付け親はガリレオ・ガリレイであり，1599 年のことである．詳細は P・J・ナーイン (著)，細川尋史 (訳)：『最大値と最小値の数学』，丸善出版 や E・ハイラー，G・ヴァンナー (著)，蟹江幸博 (訳)：『解析教程』，丸善出版 を参照)．

サイクロイドは，滑らずに転がる円に固定された点の軌跡である．円の中心を Q_θ，円に固定された点 P_θ，円の半径を 1 とし，はじめ $(\theta=0)$ の状態では，Q_θ が点 $(0,\ 1)$ にあり，P_θ が原点にあるものとし，x 軸上を図のように転がっていくとき，θ だけ回転したときの，P_θ の位置について，

$$\overrightarrow{OP_\theta}=\overrightarrow{OQ_\theta}+\overrightarrow{Q_\theta P_\theta}=\begin{pmatrix}\theta\\1\end{pmatrix}+\begin{pmatrix}\cos\left(\frac{3}{2}\pi-\theta\right)\\\sin\left(\frac{3}{2}\pi-\theta\right)\end{pmatrix}=\begin{pmatrix}\theta-\sin\theta\\1-\cos\theta\end{pmatrix}$$

が成り立つ．

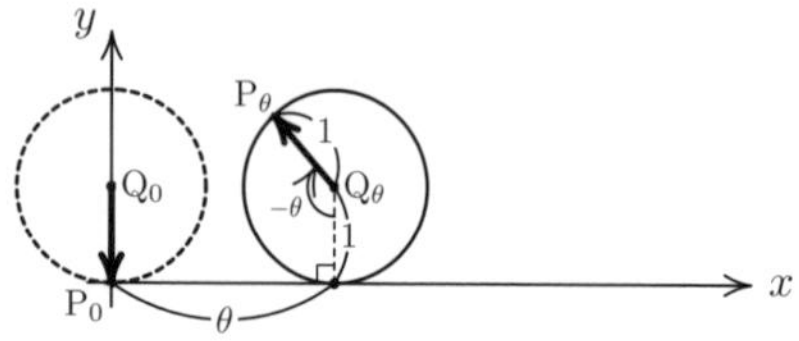

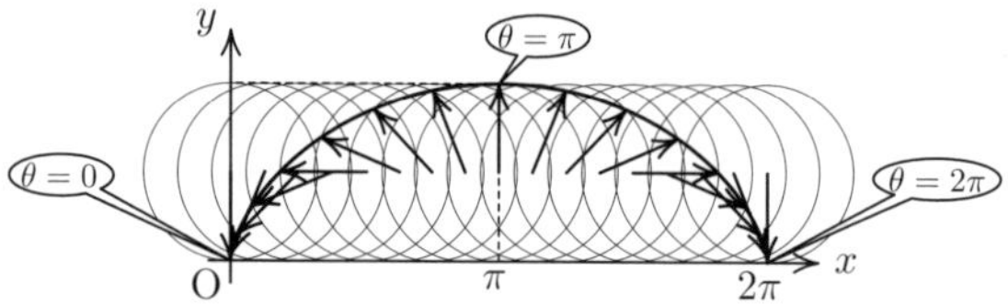

#9－B **2**

実数 a は $0<a<1$ を満たすとする．

$a_1=a,\ a_{n+1}=-\dfrac{1}{2}{a_n}^3+\dfrac{3}{2}a_n\quad(n=1,\ 2,\ 3,\ \cdots)$

によって定義される数列 $\{a_n\}$ について次の問いに答えよ．

(1) すべての n について $0<a_n<1$ であることを示せ．

(2) a_n と a_{n+1} の大小関係を調べよ．

(3) $r=\dfrac{1-a_2}{1-a_1}$ とおく．次の不等式が成り立つことを示せ．

$$1-a_{n+1}\leqq r(1-a_n)\quad(n=1,\ 2,\ 3,\ \cdots).$$

(4) 数列 $\{a_n\}$ は収束することを示し，その極限値 $\displaystyle\lim_{n\to\infty}a_n$ を求めよ．　【2000 鳥取大学】

解説　$f(x)=-\dfrac{1}{2}x^3+\dfrac{3}{2}x$ とおくと，$\{a_n\}$ の漸化式は $a_{n+1}=f(a_n)\ (n=1,\ 2,\ 3,\ \cdots)$ と表せる．$0<x<1$ において

$$\begin{aligned}f'(x)&=-\frac{3}{2}x^2+\frac{3}{2}\\&=-\frac{3}{2}(x^2-1)\\&=-\frac{3}{2}(x-1)(x+1)>0\end{aligned}$$

より，$0\leqq x\leqq 1$ において $f(x)$ は単調増加であり，$f(0)=0,\ f(1)=1$ であるから，

$$0<x<1\quad\Longrightarrow\quad 0<f(x)<1\qquad\cdots(*)$$

であることがわかる．

(1) すべての正の整数 n について $0<a_n<1$ であることを数学的帰納法で示す．

(i) $a_1=a,\ 0<a<1$ により $0<a_1<1$ は成り立っている．

(ii) $0<a_k<1$ が成り立つとすると，$(*)$ により，$0<f(a_k)<1$ が成り立つ．$a_{k+1}=f(a_k)$ であるので，これは $0<a_{k+1}<1$ の成立を意味する．

(i), (ii) により，すべての正の整数 n で $0<a_n<1$ が成り立つ．　(証明終り)

(2) $n=1,\ 2,\ 3,\ \cdots$ に対して，

$$\begin{aligned}a_{n+1}-a_n&=-\frac{1}{2}{a_n}^3+\frac{3}{2}a_n-a_n\\&=-\frac{1}{2}{a_n}^3+\frac{1}{2}a_n\\&=-\frac{1}{2}\left({a_n}^3-a_n\right)\end{aligned}$$

ここで，$0<a_n<1$ により，${a_n}^3<a_n$ であるから，

$$a_{n+1}-a_n>0\ \ (n=1,\ 2,\ 3,\ \cdots)$$

つまり

$$\boldsymbol{a_n<a_{n+1}\ \ (n=1,\ 2,\ 3,\ \cdots)}.\qquad\cdots(\text{答})$$

(3)

$$\begin{aligned}f(x)-f(1)&=-\frac{1}{2}x^3+\frac{3}{2}x-1\\&=-\frac{1}{2}(x^3-3x+2)\\&=-\frac{1}{2}(x-1)(x^2+x-2).\end{aligned}$$

これより，

$$\begin{aligned}a_{n+1}-1&=f(a_n)-f(1)\\&=-\frac{1}{2}(a_n-1)({a_n}^2+a_n-2)\end{aligned}$$

であり，

$$\frac{1-a_{n+1}}{1-a_n}=\frac{a_{n+1}-1}{a_n-1}=-\frac{1}{2}({a_n}^2+a_n-2)$$

を得る．ここで，$g(x)=-\dfrac{1}{2}\left(x^2+x-2\right)$ とおくと，

$$g'(x)=-x-\frac{1}{2}<0\quad(0<x<1)$$

であり，$0<x<1$ において $g(x)$ は減少関数である．一方，(2) より $a_1<a_2<\cdots<a_n$ であり，さらに (1) とあわせて

$$0<a_1\leqq a_n<1\ \ (n=1,\ 2,\ 3,\ \cdots)$$

である．

よって，$g(a_1)\geqq g(a_n)$ すなわち

$$\frac{1-a_{n+1}}{1-a_n}\leqq\frac{1-a_2}{1-a_1}\quad(n=1,\ 2,\ 3,\ \cdots)$$

が成り立つ．(1) より，$1-a_n>0$ だから

$$1-a_{n+1}\leqq r(1-a_n)$$

が成り立つ．　(証明終り)

(4) (3) より，

$$1-a_2 \leqq r(1-a_1)$$

が成り立ち，さらに，

$$1-a_3 \leqq r(1-a_2) \leqq r^2(1-a_1),$$
$$1-a_4 \leqq r(1-a_3) \leqq r^3(1-a_1),$$
$$\vdots$$

であり，任意の自然数 n に対して，

$$0 < 1-a_n \leqq r^{n-1}(1-a_1)$$

の成立がわかる．ここで，$0 < a_1 < a_2 < 1$ より，$r = \dfrac{1-a_2}{1-a_1}$ が $0 < r < 1$ を満たす定数であることに注意して $\displaystyle\lim_{n\to\infty} r^{n-1}(1-a_1) = 0$ であることから，はさみうちの原理により，

$$\lim_{n\to\infty}(1-a_n) = 0.$$

これより，

$$\lim_{n\to\infty} a_n = \mathbf{1}. \qquad \cdots(答)$$

参考　(3) の不等式は次のように図形的に解釈することができる．$n = 1,\ 2,\ 3,\ \cdots$ に対して，$\mathrm{P}_n(a_n,\ a_{n+1})$ とし，$\mathrm{P}(1,\ 1)$ とする．(3) の $r = \dfrac{1-a_2}{1-a_1}$ は

$$r = \frac{1-a_2}{1-a_1} = (直線\ \mathrm{P_1P}\ の傾き)$$

と解釈することができ，一方，

$$\frac{1-a_{n+1}}{1-a_n} = (直線\ \mathrm{P}_n\mathrm{P}\ の傾き)$$

と解釈することができる．

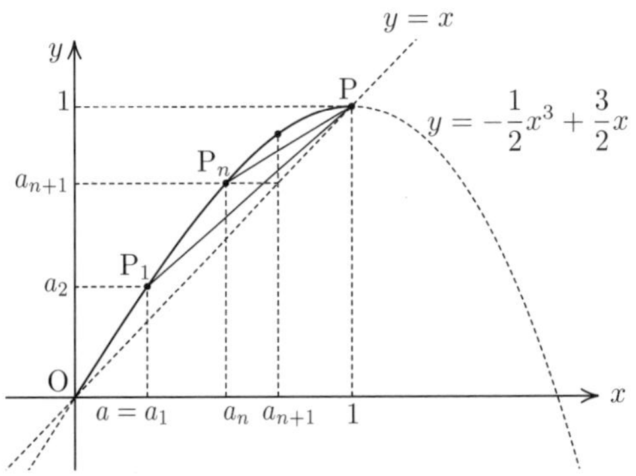

(3) の不等式を

$$\frac{1-a_{n+1}}{1-a_n} \leqq r$$

とかくと，これは

$$(直線\ \mathrm{P}_n\mathrm{P}\ の傾き) \leqq (直線\ \mathrm{P_1P}\ の傾き)$$

を意味していることがわかる．これは図からはあきらかにも見えるが，“図から明らか” として許されるのか定かではない (許してくれる人もいればそうでない人もいるだろう) ので，(3) の解答としては式による証明を書いておいた．記述としては，n が大きくなるにつれ図形的に直線 $\mathrm{P}_n\mathrm{P}$ の傾き が小さくなることをきちんと証明したが，このように蜘蛛の巣 (cobweb diagram) を用いると (#5− B **2** 参照)，数列の挙動を図形的に考察できる．

#9− B **3**

定数 $a > 0$ に対し，曲線 $y = a\tan x$ の $0 \leqq x < \dfrac{\pi}{2}$ の部分を C_1，曲線 $y = \sin 2x$ の $0 \leqq x < \dfrac{\pi}{2}$ の部分を C_2 とする．

(1) C_1 と C_2 が原点以外に交点をもつための a の条件を求めよ．

(2) a が (1) の条件を満たすとき，原点以外の C_1 と C_2 の交点を P とし，P の x 座標を p とする．P における C_1 と C_2 のそれぞれの接線が直交するとき，a および $\cos 2p$ の値を求めよ．

(3) a が (2) で求めた値のとき，C_1 と C_2 で囲まれた図形の面積を求めよ．　【2017 九州大学】

解説　C_1 も C_2 も原点を通っている．

(1) $0 < x < \dfrac{\pi}{2}$ において，

$$a\tan x = \sin 2x \iff a\cdot\frac{\sin x}{\cos x} = 2\sin x\cos x$$
$$\iff \cos^2 x = \frac{a}{2}$$

であるから，$\cos^2 x = \dfrac{a}{2}$ を満たす x $\left(0 < x < \dfrac{\pi}{2}\right)$ が存在する a の条件を求めて，

$$0 < \frac{a}{2} < 1$$

より，

$$\mathbf{0 < a < 2}. \qquad \cdots(答)$$

(2) p は

$$\cos^2 p = \frac{a}{2},\quad 0 < p < \frac{\pi}{2}$$

を満たす．また，$(a\tan x)' = \dfrac{a}{\cos^2 x}$ より，C_1 の P での接線の傾きは

$$\frac{a}{\cos^2 p}$$

であり，$(\sin 2x)' = 2\cos 2x$ より，C_2 の P での接線の傾きは

$$2\cos 2p$$

であるので，直交条件により，

$$\frac{a}{\cos^2 p}\cdot 2\cos 2p = -1.$$

ゆえに,

$$\cos 2p = -\frac{\cos^2 p}{2a} = -\frac{\frac{a}{2}}{2a} = -\mathbf{\frac{1}{4}}. \qquad \cdots(\text{答})$$

また,

$$a = 2\cos^2 p = 1 + \cos 2p = 1 - \frac{1}{4} = \mathbf{\frac{3}{4}}. \qquad \cdots(\text{答})$$

(3) 求める面積を S とすると, S は次図の斜線部分の面積である.

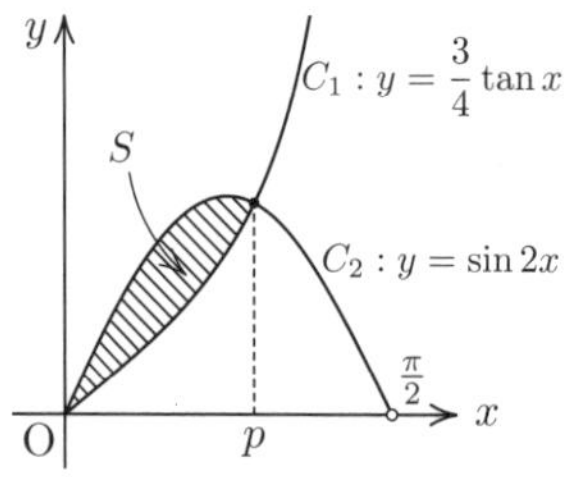

$$\begin{aligned} S &= \int_0^p \left(\sin 2x - \frac{3}{4}\tan x\right) dx \\ &= \left[-\frac{1}{2}\cos 2x + \frac{3}{4}\log(\cos x)\right]_0^p \\ &= \frac{1}{2}(1-\cos 2p) + \frac{3}{4}\log(\cos p). \end{aligned}$$

ここで,

$$\log(\cos p) = \log\sqrt{\frac{a}{2}} = \frac{1}{2}\log\frac{3}{8}$$

なので,

$$\begin{aligned} S &= \frac{1}{2}(1-\cos 2p) + \frac{3}{4}\log(\cos p) \\ &= \frac{1}{2}\left\{1 - \left(-\frac{1}{4}\right)\right\} + \frac{3}{4}\cdot\frac{1}{2}\log\frac{3}{8} \\ &= \mathbf{\frac{1}{8}\left(5 + 3\log\frac{3}{8}\right)}. \qquad \cdots(\text{答}) \end{aligned}$$

$$(\tan x)' = \frac{1}{\cos^2 x}, \quad \int \tan x\, dx = -\log|\cos x| + C.$$

#9−B **4**

座標空間内の 4 点 A(1, 0, 0), B(−1, 0, 0), C(0, 1, $\sqrt{2}$), D(0, −1, $\sqrt{2}$) を頂点とする四面体 ABCD を考える.

(1) 点 P(0, 0, t) を通り z 軸に垂直な平面と辺 AC が点 Q において交わるとする. Q の座標を t で表せ.

(2) 四面体 ABCD(内部を含む) を z 軸の周りに 1 回転させてできる立体の体積を求めよ.

【2017 岡山大学】

解説

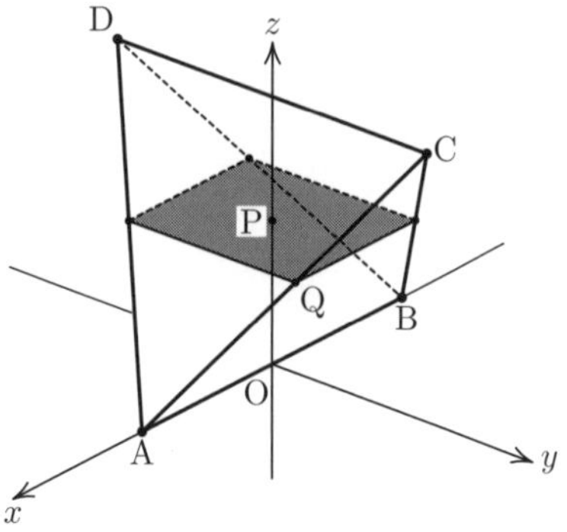

(1) $\overrightarrow{AC} = (-1,\ 1,\ \sqrt{2})$ であり, 辺 AC 上の点 Q について, ある実数 q を用いて

$$\overrightarrow{AQ} = q\,\overrightarrow{AC}$$

と表せるから,

$$\begin{aligned} \overrightarrow{OQ} &= \overrightarrow{OA} + \overrightarrow{AQ} = \overrightarrow{OA} + q\overrightarrow{AC} \\ &= (1,\ 0,\ 0) + q(-1,\ 1,\ \sqrt{2}) \\ &= (1-q,\ q,\ \sqrt{2}q). \end{aligned}$$

点 Q の z 座標が t であることから, $\sqrt{2}q = t$ より,

$$q = \frac{t}{\sqrt{2}}.$$

交点 Q がとれる範囲

これより, Q の座標は t $(0 \leqq t \leqq \sqrt{2})$ を用いて

$$\mathrm{Q}\left(\mathbf{1 - \frac{t}{\sqrt{2}},\ \frac{t}{\sqrt{2}},\ t}\right) \qquad \cdots(\text{答})$$

と表される.

(2) 四面体 ABCD の平面 $z = t$ $(0 < t < \sqrt{2})$ による切り口は点 Q を 1 つの頂点とし, 点 P を対角線の交点とする長方形である. これより, 回転体の平面 $z = t$ $(0 < t < \sqrt{2})$ による切り口は点 P(0, 0, t) を中心とする半径 PQ の円であるから, 求める体積は

$$\begin{aligned} \int_0^{\sqrt{2}} \pi \mathrm{PQ}^2 dt &= \pi\int_0^{\sqrt{2}} \left\{\left(1 - \frac{t}{\sqrt{2}}\right)^2 + \left(\frac{t}{\sqrt{2}}\right)^2\right\} dt \\ &= \pi\int_0^{\sqrt{2}} (t^2 - \sqrt{2}t + 1) dt \\ &= \pi\left[\frac{t^3}{3} - \frac{\sqrt{2}}{2}t^2 + t\right]_0^{\sqrt{2}} \\ &= \mathbf{\frac{2\sqrt{2}}{3}\pi}. \qquad \cdots(\text{答}) \end{aligned}$$

#9− B **5**

(1) $\displaystyle\int_{-\pi}^{\pi} x\sin 2x\,dx$ を求めよ．

(2) m，n が自然数のとき，$\displaystyle\int_{-\pi}^{\pi} \sin mx \sin nx\,dx$ を求めよ．

(3) a，b を実数とする．a，b の値を変化させたときの定積分 $I=\displaystyle\int_{-\pi}^{\pi}(x-a\sin x-b\sin 2x)^2dx$ の最小値，およびそのときの a，b の値を求めよ．

【2011 琉球大学】

解説

(1) 部分積分法により，

反復部分積分 (付録 1 参照)

$$\int_{-\pi}^{\pi} x\sin 2x\,dx=\left[x\cdot\frac{\cos 2x}{-2}-1\cdot\frac{\sin 2x}{-4}\right]_{-\pi}^{\pi}+\int_{-\pi}^{\pi}0\,dx$$
$$=\boldsymbol{-\pi}. \qquad\cdots(答)$$

(2) 積和公式により，

$$\sin mx\sin nx=-\frac{1}{2}\Big\{\cos(m+n)x-\cos(m-n)x\Big\}.$$

ここで，整数 ℓ に対して，

$$\int_{-\pi}^{\pi}\cos \ell x\,dx=\begin{cases}\displaystyle\int_{-\pi}^{\pi}1\,dx=2\pi & (\ell=0 のとき),\\ \displaystyle\left[\frac{\sin \ell x}{\ell}\right]_{-\pi}^{\pi}=0 & (\ell\neq 0 のとき)\end{cases}$$

であることに注意すると，

$$\int_{-\pi}^{\pi}\sin mx\sin nx\,dx$$
$$=-\frac{1}{2}\int_{-\pi}^{\pi}\cos(m+n)x\,dx+\frac{1}{2}\int_{-\pi}^{\pi}\cos(m-n)x\,dx$$
$$=\begin{cases}-\dfrac{1}{2}\cdot 0+\dfrac{1}{2}\cdot 2\pi=\boldsymbol{\pi} & (\boldsymbol{m=n} のとき),\\ -\dfrac{1}{2}\cdot 0+\dfrac{1}{2}\cdot 0=\boldsymbol{0} & (\boldsymbol{m\neq n} のとき).\end{cases}\qquad\cdots(答)$$

(3) $I_1=\displaystyle\int_{-\pi}^{\pi}x\sin x\,dx$ とおくと，部分積分法により，

反復部分積分 (付録 1 参照)

$$I_1=\Big[x\cdot(-\cos x)-1\cdot(-\sin x)\Big]_{-\pi}^{\pi}+\int_{-\pi}^{\pi}0\,dx=2\pi$$

であり，

$$I_2=\int_{-\pi}^{\pi}x\sin 2x\,dx$$

とおくと，(1) により，

$$I_2=-\pi.$$

また，自然数 m，n に対して，

$$J_{m,n}=\int_{-\pi}^{\pi}\sin mx\sin nx\,dx$$

とおくと，(2) により，

$$J_{m,n}=\begin{cases}\pi & (m=n のとき),\\ 0 & (m\neq n のとき).\end{cases}$$

$f(x)=a\sin x+b\sin 2x$ とおくと，

$$I=\int_{-\pi}^{\pi}\big\{x-f(x)\big\}^2dx$$
$$=\int_{-\pi}^{\pi}\Big\{x^2-2xf(x)+\big(f(x)\big)^2\Big\}dx$$
$$=\int_{-\pi}^{\pi}x^2\,dx-2\int_{-\pi}^{\pi}xf(x)\,dx+\int_{-\pi}^{\pi}\big(f(x)\big)^2dx$$
$$=\left[\frac{x^3}{3}\right]_{-\pi}^{\pi}-2(aI_1+bI_2)+\big(a^2J_{1,1}+b^2J_{2,2}+2abJ_{1,2}\big)$$
$$=\frac{2\pi^3}{3}-2\big\{a\cdot 2\pi+b\cdot(-\pi)\big\}+\pi\left(a^2+b^2+0\right)$$
$$=\pi\left(a^2-4a+b^2+2b\right)+\frac{2\pi^3}{3}$$
$$=\pi\left\{(a-2)^2+(b+1)^2-5\right\}+\frac{2\pi^3}{3}$$
$$=\pi\left\{(a-2)^2+(b+1)^2\right\}+\frac{2\pi^3}{3}-5\pi.$$

よって，$\boldsymbol{a=2}$，$\boldsymbol{b=-1}$ のとき，I は最小となり，最小値は $\boldsymbol{\dfrac{2\pi^3}{3}-5\pi}$．　$\cdots$(答)

参考　本問を次のように一般化してみよう．

a_1，a_2，$\cdots$，a_n がそれぞれ実数全体を変化するとき，

$$I=\int_{-\pi}^{\pi}\left(x-\sum_{k=1}^{n}a_k\sin kx\right)^2dx$$

を最小にする a_1，a_2，$\cdots$，a_n の値と，そのときの最小値を調べてみる．$f(x)=\displaystyle\sum_{k=1}^{n}a_k\sin kx$ とおくと，

$$I=\int_{-\pi}^{\pi}\big\{x-f(x)\big\}^2dx$$
$$=\int_{-\pi}^{\pi}\Big\{x^2-2xf(x)+\big(f(x)\big)^2\Big\}dx$$
$$=\int_{-\pi}^{\pi}x^2\,dx-2\int_{-\pi}^{\pi}xf(x)\,dx+\int_{-\pi}^{\pi}\big(f(x)\big)^2dx.$$

ここで，

$$\int_{-\pi}^{\pi}xf(x)dx=\int_{-\pi}^{\pi}x\left(\sum_{k=1}^{n}a_k\sin kx\right)dx=\sum_{k=1}^{n}a_k\underbrace{\int_{-\pi}^{\pi}x\sin kxdx}_{I_k とおく}$$

であり，自然数 k に対して，$I_k=\displaystyle\int_{-\pi}^{\pi}x\sin kx\,dx$ は，

反復部分積分 (付録 1 参照)

$$\int_{-\pi}^{\pi}x\sin kx\,dx=\left[x\cdot\frac{\cos kx}{-k}-1\cdot\frac{\sin kx}{-k^2}\right]_{-\pi}^{\pi}+\int_{-\pi}^{\pi}0\,dx$$
$$=\pi\cdot\frac{\cos k\pi}{-k}-(-\pi)\cdot\frac{\cos(-k\pi)}{-k}$$
$$=-\frac{2\pi}{k}\cos k\pi=\frac{2\pi}{k}\cdot(-1)^{k+1}.$$

また,

$$\int_{-\pi}^{\pi}(f(x))^2dx=\int_{-\pi}^{\pi}\left(\sum_{k=1}^{n}a_k\sin kx\right)^2dx$$

$$=\int_{-\pi}^{\pi}\left(\sum_{k=1}^{n}{a_k}^2\sin^2 kx+\sum_{i\neq j}a_ia_j\sin ix\sin jx\right)dx$$

$$=\sum_{k=1}^{n}\left({a_k}^2\int_{-\pi}^{\pi}\sin^2 kx\,dx\right)+\sum_{i\neq j}\left(a_ia_j\int_{-\pi}^{\pi}\sin ix\sin jx\,dx\right)$$

$$=\sum_{k=1}^{n}({a_k}^2\underbrace{J_{k,k}}_{=\pi})+\sum_{i\neq j}(a_ia_j\underbrace{J_{i,j}}_{=0})$$

$$=\pi\sum_{k=1}^{n}{a_k}^2.$$

$$J_{m,n}=\begin{cases}\pi & (m=n),\\ 0 & (m\neq n).\end{cases}$$

たとえば，$n=4$ の場合，$\displaystyle\int_{-\pi}^{\pi}(f(x))^2dx$ は次のような積分値の合計を考えていることになるが 灰色部分 はすべて 0 で実質は対角線部分の和となっている．

積の積分	$a_1\sin x$	$a_2\sin 2x$	$a_3\sin 3x$	$a_4\sin 4x$
$a_1\sin x$	$\boldsymbol{{a_1}^2J_{1,1}}$	$a_1a_2J_{1,2}$	$a_1a_3J_{1,3}$	$a_1a_4J_{1,4}$
$a_2\sin 2x$	$a_2a_1J_{2,1}$	$\boldsymbol{{a_2}^2J_{2,2}}$	$a_2a_3J_{2,3}$	$a_2a_4J_{2,4}$
$a_3\sin 3x$	$a_3a_1J_{3,1}$	$a_3a_2J_{3,2}$	$\boldsymbol{{a_3}^2J_{3,3}}$	$a_3a_4J_{3,4}$
$a_4\sin 4x$	$a_4a_1J_{4,1}$	$a_4a_2J_{4,2}$	$a_4a_3J_{4,3}$	$\boldsymbol{{a_4}^2J_{4,4}}$

したがって,

$$I=\frac{2\pi^3}{3}-2\sum_{k=1}^{n}a_kI_k+\pi\sum_{k=1}^{n}{a_k}^2$$

$$=\pi\sum_{k=1}^{n}{a_k}^2-2\sum_{k=1}^{n}a_k\cdot\frac{(-1)^{k+1}}{k}\cdot 2\pi+\frac{2\pi^3}{3}$$

$$=\pi\sum_{k=1}^{n}\left({a_k}^2-4\cdot\frac{(-1)^{k+1}}{k}a_k\right)+\frac{2\pi^3}{3}$$

$$=\pi\sum_{k=1}^{n}\left(a_k-2\cdot\frac{(-1)^{k+1}}{k}\right)^2+\frac{2\pi^3}{3}-4\pi\sum_{k=1}^{n}\frac{1}{k^2}.$$

よって，$a_k=(-1)^{k+1}\dfrac{2}{k}$　$(k=1,\ 2,\ \cdots,n)$ のとき，I は最小となり，I の最小値は $\dfrac{2\pi^3}{3}-4\pi\displaystyle\sum_{k=1}^{n}\frac{1}{k^2}$.

このような問題は，1 次関数 x を周期 (周波数) の異なる正弦関数の和で近似することを考えている．様々な関数を三角関数で表すという発想はフランスの **Fourier**（フーリエ） (Jean Baptiste Joseph Fourier, 1768〜1830, 仏) による．彼は熱の伝わり方をこのアイデアで考察した．現代では彼のアイデアはフーリエ解析という一大分野として整備されており，I を最小とする a_k が $\dfrac{1}{\pi}\displaystyle\int_{-\pi}^{\pi}x\sin kxdx$ であることの背景もフーリエ解析によって意味付けされている．Fourier（フーリエ）は#4− B **1** のコメントでも紹介したナポレオンが 1798 年のエジプト遠征の際に連れていった学者の一人でもある．フーリエ解析については，様々な面白い話があるが，話題が尽きないので，ここでは参考文献を 2 冊紹介しておくだけにする．

- E・マオール (著)，好田順治 (訳)：『素晴らしい三角法の世界』，青土社
- 志賀浩二 (著)：『数学が育っていく物語 3　積分の世界』，岩波書店

I は常に 0 以上の値であるので，I の最小値も 0 以上であることから，

$$\frac{2\pi^3}{3}-4\pi\sum_{k=1}^{n}\frac{1}{k^2}\geqq 0 \qquad \cdots(*)$$

より

$$\frac{\pi^2}{6}\geqq\sum_{k=1}^{n}\frac{1}{k^2} \qquad \cdots(**)$$

が成り立つことがわかる．不等式 $(*)$ は **Bessel**（ベッセル）**の不等式**と呼ばれる不等式の特別な場合である．ベッセル (Friedrich Wilhelm Bessel) はこの不等式を 1828 年に導いた． ベッセルの不等式はフーリエ解析において，級数の収束性を議論する際に用いられる不等式である．

ちなみに，不等式 $(**)$ に関連して，次が成り立つ．

$$\sum_{k=1}^{\infty}\frac{1}{k^2}=\frac{\pi^2}{6}. \qquad \cdots(\dagger)$$

これは **Euler**（オイラー） によって 1735 年 (オイラーが 28 歳のとき) に見出された． $(\dagger)$ の証明は多くの方法が知られている (Paul Loya による Amazing and Aesthetic Aspects of Analysis, Springer 参照) が，高校数学の範囲内で証明する方法は，筆者が知っているものでは 2 通りある．

一つは，#5− B **1** で扱った Wallis（ウォリス）積を用いた松岡芳男先生 (鹿児島大) の証明方法 (“An Elementary Proof of the formula $\sum_{k=1}^{\infty}1/k^2=\pi^2/6$ ” (*The American Mathematical Monthly*, Vol.68, No.5, pp.485 - 487)) であり，この証明方法は 2003 年日本女子大の自己推薦入試で出題されたことがある．ちなみに，Daniel J. Velleman が *The American Mathematical Monthly*, Vol.123, No.1, p.77 で松岡先生の証明をよりシンプルにした証明を紹介している (が，本質的には松岡先生の方法と同じ)．

もう一つの証明方法はたとえば，A. M. Yaglom & I. M. Yaglom による Challenging mathematical problems with elementary solutions (Volume 2) の p.24 に紹介されている複素数を用いたものである．この方法で証明する問題が 2018 年の東海大学医学部の入試で出題されているので，その問題と略解を掲載しておく．この証明方法は，ほぼ de Moivre の定理のみででき，解析学をほぼ使わないところがスゴイ!

問題 (2018年東海大・医)

i を虚数単位とする．

(1) $(1+i)^7=$ **ア**．

(2) $(\sqrt{x}+i)^7$ の "虚部" は x の3次多項式 **イ** である．

ただし，イ は降べきの順に整理して答えよ．

(3) $(\cos\theta+i\sin\theta)^7$ が実数のとき，

$$\theta=\boxed{ウ},\ \boxed{エ},\ \boxed{オ}$$

である．ただし，

$$0<\boxed{ウ}<\boxed{エ}<\boxed{オ}<\frac{\pi}{2}$$

とする．

(4) $a=\tan$ ウ，$b=\tan$ エ，$c=\tan$ オ とおき，多項式 イ を因数分解すると，

$$\boxed{イ}=\boxed{カ}\left(x-\boxed{キ}\right)\left(x-\boxed{ク}\right)\left(x-\boxed{ケ}\right)$$

となる．ただし，キ は a を，ク は b を，ケ は c を用いて表せ．

(5) n が自然数のとき，$(\sqrt{x}+i)^{2n+1}$ の "虚部" は x の n 次多項式になる．

この多項式の n 次の係数は **コ**，$(n-1)$ 次の係数は **サ** である．

したがって，

$$\frac{1}{\tan^2\frac{1}{2n+1}\pi}+\frac{1}{\tan^2\frac{2}{2n+1}\pi}+\cdots\cdots+\frac{1}{\tan^2\frac{n}{2n+1}\pi}=\boxed{シ}.$$

(6) $0<\theta<\dfrac{\pi}{2}$ のとき $\sin\theta<\theta<\tan\theta$ により，

$\dfrac{1}{\tan^2\theta}<\dfrac{1}{\theta^2}<\dfrac{1}{\sin^2\theta}$ が成り立ち，それゆえ，

$\displaystyle\lim_{n\to\infty}\sum_{k=1}^{n}\frac{1}{k^2}=\boxed{ス}$ を得る．

【解答一覧】

ア	イ	ウ	エ	オ	カ	キ
$8(1-i)$	$7x^3-35x^2+21x-1$	$\frac{\pi}{7}$	$\frac{2\pi}{7}$	$\frac{3\pi}{7}$	7	$\frac{1}{a^2}$

ク	ケ	コ	サ	シ	ス
$\frac{1}{b^2}$	$\frac{1}{c^2}$	$2n+1$	$-\frac{n(2n+1)(2n-1)}{3}$	$\frac{n(2n-1)}{3}$	$\frac{\pi^2}{6}$

【略解】

(1) de Moivre(ドモアブル)の定理を用いる．

(2) 二項定理 (展開) から得られる．

(3) de Moivre(ドモアブル)の定理を用いたあと，実数条件 (虚部が0であること) から，三角関数を含む方程式を解くことになる．具体的には，

$$\sin 7\theta=0 \iff 7\theta=m\pi \ \ (m: 整数)$$
$$\iff \theta=\frac{m\pi}{7} \ \ (m: 整数)$$

であり，$0<\theta<\dfrac{\pi}{2}$ であれば，$m=1,2,3$ に対応する $\theta=\dfrac{\pi}{7},\dfrac{2\pi}{7},\dfrac{3\pi}{7}$.

(4) 問題を整理すると，「$a=\tan\dfrac{\pi}{7}$，$b=\tan\dfrac{2\pi}{7}$，$c=\tan\dfrac{3\pi}{7}$ とおくとき，多項式 $7x^3-35x^2+21x-1$ を因数分解せよ」となる．$0<\theta<\dfrac{\pi}{2}$ において，

$$\cos\theta+i\sin\theta=\sin\theta\left(\frac{1}{\tan\theta}+i\right)$$

と変形できることから，

$$(\cos\theta+i\sin\theta)^7=\sin^7\theta\left(\frac{1}{\tan\theta}+i\right)^7$$

が実数となる条件は，$\left(\dfrac{1}{\tan\theta}+i\right)^7$ の虚部が0であること．これは，$\sqrt{x}=\dfrac{1}{\tan\theta}$ とおくと，$x=\dfrac{1}{\tan^2\theta}$ が (2) の イ $=0$ の解であるということ．よって，$x=\dfrac{1}{a^2},\dfrac{1}{b^2},\dfrac{1}{c^2}$ は $7x^3-35x^2+21x-1=0$ の3解であるから，

$$7x^3-35x^2+21x-1=7\left(x-\frac{1}{a^2}\right)\left(x-\frac{1}{b^2}\right)\left(x-\frac{1}{c^2}\right)$$

と因数分解できる．

(5) **(2)，(3)，(4) でやったことを一般の n に対する議論に昇華させればよい!**

(n 次方程式の) 解と係数の関係 ("係数比較" のこと!!) より，n 個の解の和は $-\dfrac{(n-1)\text{ 次の係数}}{n\text{ 次の係数}}$ つまり

$$\sum_{k=1}^{n}\frac{1}{\tan^2\frac{k}{2n+1}\pi}=-\frac{-\frac{(2n+1)n(2n-1)}{3}}{2n+1}=\frac{n(2n-1)}{3}.$$

(6) $\theta_k=\dfrac{k}{2n+1}\pi$ $(k=1,2,\cdots,n)$ は，$0<\theta_k<\dfrac{\pi}{2}$ を満たすので，$0<\sin\theta_k>\theta_k<\tan\theta_k$ により，

$$\frac{1}{\tan^2\theta_k}<\frac{1}{{\theta_k}^2}=\frac{(2n+1)^2}{\pi^2}\cdot\frac{1}{k^2}<\frac{1}{\tan^2\theta_k}+1$$

が成り立ち，k について総和をとり，(5) の結果により，

$$\frac{n(2n-1)}{3}<\frac{(2n+1)^2}{\pi^2}\sum_{k=1}^{n}\frac{1}{k^2}<\frac{n(2n-1)}{3}+n$$

を得る．辺々 $\dfrac{(2n+1)^2}{\pi^2}$ で割ったあと，はさみうちの原理から，

$$\boldsymbol{\lim_{n\to\infty}\sum_{k=1}^{n}\frac{1}{k^2}=\frac{\pi^2}{6}}$$

を得る．

#10− A 1

2 次方程式 $3x^2+13x+5=0$ の 2 つの解を α, β とし，p を正の実数とする．放物線 $y=\alpha x^2+px+\beta$ の準線と放物線 $y=\beta x^2+px+\alpha$ の準線が一致するような p の値を求めよ．【2017 東海大学】

解説 α, β は 2 次方程式 $3x^2+13x+5=0$ の 2 解より，0 ではない．

放物線 $C_1: y=\alpha x^2+px+\beta$ の式は

$$\left(x+\frac{p}{2\alpha}\right)^2=4\cdot\frac{1}{4\alpha}\left(y+\frac{p^2}{4\alpha}-\beta\right)$$

と変形できる．

平方完成してから，$(x-★)^2=4\cdot♣(y-♠)$の形を作る

これより，C_1 は放物線 $x^2=4\cdot\frac{1}{4\alpha}\cdot y$ を x 軸方向に $-\frac{p}{2\alpha}$，y 軸方向に $-\frac{p^2}{4\alpha}+\beta$ だけ平行移動したものであり，C_1 の準線は

$$y=-\frac{1}{4\alpha}-\frac{p^2}{4\alpha}+\beta.$$

C_1 での α と β を入れ替えたもの

同様に，放物線 $C_2: y=\beta x^2+px+\alpha$ の準線は

$$y=-\frac{1}{4\beta}-\frac{p^2}{4\beta}+\alpha.$$

C_1 での α と β を入れ替えたもの

C_1 の準線と C_2 の準線が一致することから，

$$-\frac{1}{4\alpha}-\frac{p^2}{4\alpha}+\beta=-\frac{1}{4\beta}-\frac{p^2}{4\beta}+\alpha.$$

両辺に $4\alpha\beta$ をかけ，

$$-\beta-p^2\beta+4\alpha\beta^2=-\alpha-p^2\alpha+4\alpha^2\beta.$$

$$(\alpha-\beta)+p^2(\alpha-\beta)-4\alpha\beta(\alpha-\beta)=0. \qquad \cdots(*)$$

ここで，α, β は 2 次方程式 $3x^2+13x+5=0$ の 2 解より，解と係数の関係から

$$\alpha\beta=\frac{5}{3}$$

であり，$3x^2+13x+5=0$ の判別式は

$$13^2-4\cdot3\cdot5\neq0$$

より，$\alpha\neq\beta$ であるので，$(*)$ の両辺を $\alpha-\beta\ (\neq0)$ で割って，

$$1+p^2-4\cdot\frac{5}{3}=0 \qquad \text{つまり} \qquad p^2=\frac{17}{3}$$

を得る．これより，正の数 p の値は

$$p=\sqrt{\frac{17}{3}}=\boldsymbol{\frac{\sqrt{51}}{3}}. \qquad \cdots(答)$$

放物線 $x^2=4py$ (p は 0 でない定数) の焦点の座標は $(0,\ p)$ であり，準線の方程式は $y=-p$ である．

#10− A 2

関数 $y=\frac{2x+5}{x+2}$ $(0\leqq x\leqq2)$ の逆関数を求めよ．また，その定義域を求めよ．【2016 広島市立大学】

解説 $f(x)=\frac{2x+5}{x+2}$ とおくと，$f(x)=2+\frac{1}{x+2}$ より，$0\leqq x\leqq2$ において $f(x)$ は単調減少．この区間において，$f(x)$ のとり得る値の範囲は

$$f(2)\leqq f(x)\leqq f(0)$$

つまり

$$\frac{9}{4}\leqq f(x)\leqq\frac{5}{2}.$$

また，$f(x)=2+\frac{1}{x+2}$ を x について解くと，

$$x=\frac{1}{f(x)-2}-2.$$

よって，求める逆関数を $g(x)$ とすると，

$$g(x)=\boldsymbol{\frac{1}{x-2}-2}\ \left(=\boldsymbol{\frac{-2x+5}{x-2}}\right)$$

であり，その定義域は

$$\boldsymbol{\frac{9}{4}\leqq x\leqq\frac{5}{2}}$$

である． $\cdots$(答)

注意 $y=\frac{2x+5}{x+2}$ $(0\leqq x\leqq2)$ のグラフは次のようになる．

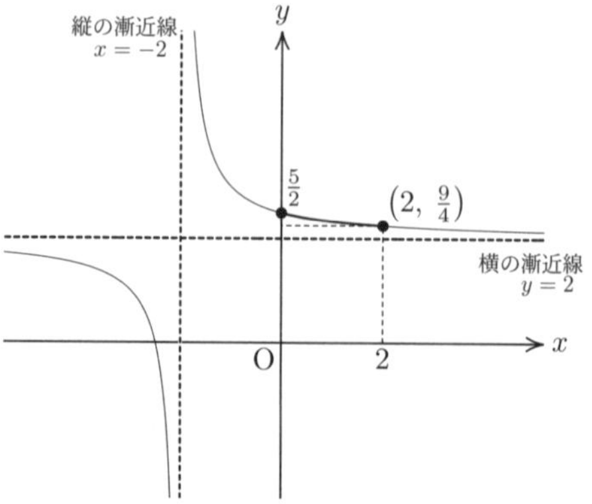

横の漸近線 $y=2$ は，極限

$$\lim_{x\to\pm\infty}\frac{2x+5}{x+2}=\lim_{x\to\pm\infty}\left(2+\frac{1}{x+2}\right)=2$$

からわかる．

注意　$f(x)=2+\dfrac{1}{x+2}$ は次のように段階的に考えられる．

$$\boxed{x}\xrightarrow[+2]{}\boxed{x+2}\xrightarrow[\text{逆数}]{}\boxed{\frac{1}{x+2}}\xrightarrow[+2]{}\boxed{2+\frac{1}{x+2}}$$

この逆の対応は，

$$\boxed{x}\xleftarrow[-2]{}\boxed{x+2}\xleftarrow[\text{逆数}]{}\boxed{\frac{1}{x+2}}\xleftarrow[-2]{}\boxed{2+\frac{1}{x+2}}$$

であり，その入力 ($f(x)$ の出力にあたる $2+\frac{1}{x+2}$) を改めて x と書くと，次のように出力が $\dfrac{1}{x-2}-2$ となる．

$$\boxed{\frac{1}{x-2}-2}\xleftarrow[-2]{}\boxed{\frac{1}{x-2}}\xleftarrow[\text{逆数}]{}\boxed{x-2}\xleftarrow[-2]{}\boxed{x}$$

よって，

$$f^{-1}(x)=\frac{1}{x-2}-2$$

であり，これが $f(x)$ の逆関数である．

#10− A 3

複素数平面上で，二つの不等式

$$|z-(1+2i)|\leqq|z-(2+3i)|,\quad |z-(1+2i)|\leqq 1$$

を同時に満たす複素数 z の存在範囲を描き，この部分の面積を求めよ．　【1998 法政大学】

解説

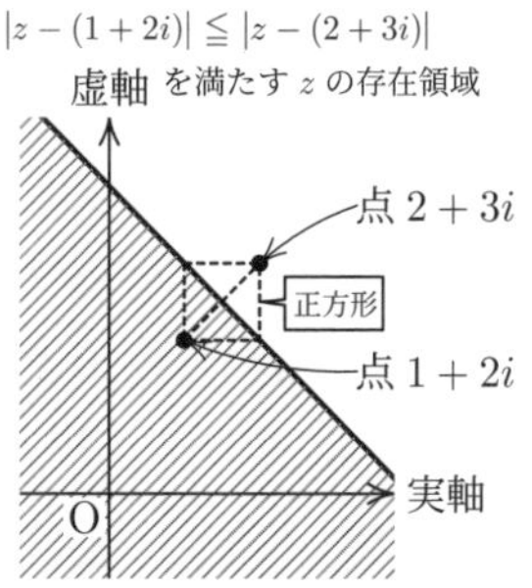

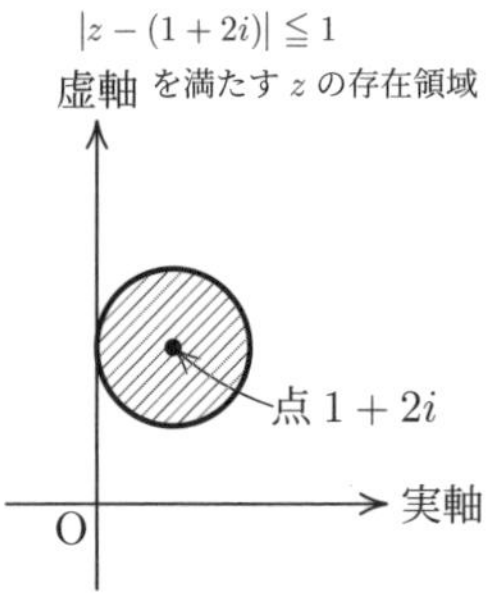

これら 2 つの領域の共通部分が求める z の存在領域であり，次図の斜線部分 (境界線も含む) である．

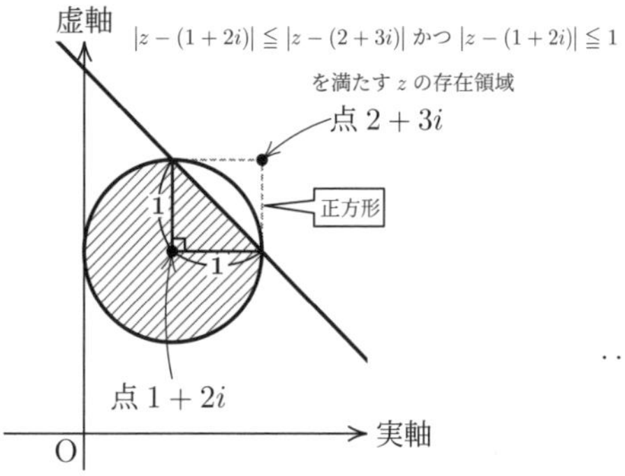

$\cdots$(答)

さらに，この領域の面積は

$$\pi\cdot 1^2\times\frac{3}{4}+\frac{1\cdot 1}{2}=\mathbf{\frac{3\pi+2}{4}}. \qquad\cdots(\text{答})$$

注意　絶対値の図形的な意味は次の通り．

> 一般に複素数 z, w に対して，$|z-w|$ は複素数平面上の 2 点 z, w 間の距離を表す．

このことに注意すると，$|z-(1+2i)|$ は点 z と点 $1+2i$ 間の距離を表し，$|z-(2+3i)|$ は点 z と点 $2+3i$ 間の距離を表すことから，$|z-(1+2i)|\leqq|z-(2+3i)|$ は $1+2i$ までの距離が $2+3i$ までの距離以下であるような点 z の条件となっている．このような点 z の存在範囲は 2 点 $1+2i$, $2+3i$ を結ぶ線分の垂直二等分線に関して点 $1+2i$ 側を含む半平面である．

また，$|z-(1+2i)|\leqq 1$ は点 $1+2i$ までの距離が 1 以下であるような点 z の条件となっており，これを満たす点 z の存在範囲は点 $1+2i$ を中心とする半径 1 の円の周および内部である．

これら 2 つの領域の共通部分が求める z の存在範囲であり，それぞれの境界線である直線と円との位置関係に注意して処理すればよい．

#10− A 4

極限 $\displaystyle\lim_{x\to a}\frac{a^2\sin^2 x-x^2\sin^2 a}{x-a}$ を求めよ．

【1999 立教大学】

解説

$$\frac{a^2\sin^2 x-x^2\sin^2 a}{x-a}$$

$$=\frac{a^2\sin^2 x\overbrace{-a^2\sin^2 a+a^2\sin^2 a}^{\text{“殴って摩る” 変形}}-x^2\sin^2 a}{x-a}$$

$$=\frac{a^2(\sin^2 x-\sin^2 a)-\sin^2 a(x^2-a^2)}{x-a}$$

$$=a^2\cdot\frac{\sin^2 x-\sin^2 a}{x-a}-\sin^2 a\cdot\frac{x^2-a^2}{x-a}.$$

ここで，$f(x)=\sin^2 x$ とおくと，微分係数の定義により，

$$\lim_{x\to a}\frac{\sin^2 x-\sin^2 a}{x-a}=\lim_{x\to a}\frac{f(x)-f(a)}{x-a}=f'(a)$$

であり，$g(x)=x^2$ とおくと，微分係数の定義により，

$$\lim_{x\to a}\frac{x^2-a^2}{x-a}=\lim_{x\to a}\frac{g(x)-g(a)}{x-a}=g'(a)$$

である．

$$f'(x)=2\sin x\cos x,\quad g(x)=2x$$

であるから，

$$\begin{aligned}\lim_{x\to a}\frac{a^2\sin^2 x-x^2\sin^2 a}{x-a}&=a^2f'(a)-\sin^2 ag'(a)\\&=a^2\cdot 2\sin a\cos a-\sin^2 a\cdot 2a\\&=\boldsymbol{2a\sin a(a\cos a-\sin a)}.\end{aligned}$$

$\cdots$(答)

注意　次のようにしてもよい．

$$\begin{aligned}&\frac{a^2\sin^2 x-x^2\sin^2 a}{x-a}\\&=a^2\cdot\frac{\sin^2 x-\sin^2 a}{x-a}-\sin^2 a\cdot\frac{x^2-a^2}{x-a}\\&=a^2(\sin x+\sin a)\cdot\frac{\sin x-\sin a}{x-a}-\sin^2 a\cdot(x+a).\end{aligned}$$

ここで，$h(x)=\sin x$ とおくと，微分係数の定義により，

$$\lim_{x\to a}\frac{\sin x-\sin a}{x-a}=\lim_{x\to a}\frac{h(x)-h(a)}{x-a}=h'(a)$$

である．

$$h'(x)=\cos x$$

であるから，

$$\lim_{x\to a}\frac{\sin x-\sin a}{x-a}=\cos a.$$

したがって，

$$\begin{aligned}&\lim_{x\to a}\frac{a^2\sin^2 x-x^2\sin^2 a}{x-a}\\&=a^2\cdot 2\sin a\cdot\cos a-\sin^2 a\cdot 2a\\&=\boldsymbol{2a\sin a(a\cos a-\sin a)}.\end{aligned}$$

参考　分子の $a^2\sin^2 x-x^2\sin^2 a$ は $\bigstar^2\sin^2\blacksquare$ での $\bigstar$ と $\blacksquare$ が入れ替わった (ねじれた) 形の式になっている．上で“殴って摩る”変形と書いた部分ではこのねじれた形を解消するための式変形を行っている．$a^2\sin^2 x$ の a^2 にあわせた $a^2\sin^2 a$ を (無理矢理) 引き，でもそうすると値が変わってしまうので，値を変えないようにすぐに $a^2\sin^2 a$ を足している．所望の形が欲しいとき，その形を無理矢理作り (“殴る”)，値が変わらないように補正する (“摩る”) 式変形のことを“殴って摩る”変形という．“殴って摩る”変形の典型例は，積の微分公式の導出であろう．積の微分公式の導出では，微分係数の定義にもちこむために“殴って摩る”変形を行う．以下に掲載しておく．

積の微分公式「$(fg)'=f'g+fg'$」の証明．

$$\begin{aligned}&\frac{f(x+h)g(x+h)-f(x)g(x)}{h}\\&=\frac{f(x+h)g(x+h)\overbrace{-f(x)g(x+h)+f(x)g(x+h)}^{\text{“殴って摩る”変形}}-f(x)g(x)}{h}\\&=\frac{f(x+h)-f(x)}{h}\cdot g(x+h)+f(x)\cdot\frac{g(x+h)-g(x)}{h}\end{aligned}$$

ここで，$f(x)$，$g(x)$ がともに微分可能であれば，

$$\lim_{h\to 0}\frac{f(x+h)-f(x)}{h}=f'(x),\quad \lim_{h\to 0}\frac{g(x+h)-g(x)}{h}=g'(x)$$

であり，さらに $g(x)$ が微分可能であることから，$g(x)$ は連続であり，$\lim_{h\to 0}g(x+h)=g(x)$ であるから，

$$\lim_{h\to 0}\frac{f(x+h)g(x+h)-f(x)g(x)}{h}=f'(x)g(x)+f(x)g'(x).$$

#10−A 5

定積分 $\displaystyle\int_{\sqrt{\sqrt{e}-1}}^{\sqrt{e^2-1}}\frac{x\log\left(\log(x^2+1)\right)}{x^2+1}dx$ を求めよ．

【2021 東海大学】

解説　$\log(x^2+1)=t$ とおくと，

$$\frac{2x}{x^2+1}dx=dt\quad つまり\quad \frac{x}{x^2+1}dx=\frac{1}{2}dt$$

であり，x : $\sqrt{\sqrt{e}-1}\ \to\ \sqrt{e^2-1}$ と変化するとき，$t:\dfrac{1}{2}\to 2$ と変化するので，

$$\begin{aligned}\int_{\sqrt{\sqrt{e}-1}}^{\sqrt{e^2-1}}\underbrace{\frac{x\log\left(\log(x^2+1)\right)}{x^2+1}}_{\log\left(\log(x^2+1)\right)\cdot\frac{x}{x^2+1}}dx&=\int_{\frac{1}{2}}^{2}\log t\cdot\frac{1}{2}dt\\&=\frac{1}{2}\Big[t\log t-t\Big]_{\frac{1}{2}}^{2}\\&=\boldsymbol{\frac{5\log 2-3}{4}}.\end{aligned}$$

$\cdots$(答)

$$\int\frac{\boldsymbol{f'(x)}}{\boldsymbol{f(x)}}\boldsymbol{dx}=\boldsymbol{\log|f(x)|+C},$$

$$\int\boldsymbol{\log x\,dx=x\log x-x+C}.$$

#10– A 6

関数 $f(x)=\sqrt{2x-1}$ について，微分係数 $f'(5)$ を定義に基づいて求めよ．【2005 弘前大学】

解説　$f(5)=3$ であり，

$$\begin{aligned}\frac{f(5+h)-f(5)}{h}&=\frac{\sqrt{2(5+h)-1}-3}{h}\\&=\frac{\sqrt{2h+9}-3}{h}\\&=\frac{(2h+9)-3^2}{h(\sqrt{2h+9}+3)}\\&=\frac{2}{\sqrt{2h+9}+3}\\&\to\frac{2}{\sqrt{2\cdot 0+9}+3}=\frac{1}{3}\quad(h\to 0).\end{aligned}$$

これより，

$$f'(5)=\lim_{h\to 0}\frac{f(5+h)-f(5)}{h}=\boldsymbol{\frac{1}{3}}.\qquad\cdots(答)$$

極限値 $\displaystyle\lim_{h\to 0}\frac{f(a+h)-f(a)}{h}$ が存在するとき，$f(x)$ は $x=a$ で**微分可能**であるという．また，この極限値を $f(x)$ の $x=a$ での**微分係数**といい，記号 $f'(a)$ で表す．

#10– A 7

$\displaystyle\frac{d}{dx}\int_0^x (x-t)f(t)\,dt=x^2\sin x$ を満たす連続関数 $f(x)$ を求めよ．【1981 琉球大学】

解説　条件により，

$$\frac{d}{dx}\int_0^x\{xf(t)-tf(t)\}\,dt=x^2\sin x.$$

積分に関係ない x は前へ出す!

$$\frac{d}{dx}\left\{x\int_0^x f(t)dt-\int_0^x tf(t)dt\right\}=x^2\sin x.$$

$$\underbrace{\frac{d}{dx}\left\{x\int_0^x f(t)dt\right\}}_{\text{積の微分公式で計算する}}-\frac{d}{dx}\int_0^x tf(t)dt=x^2\sin x.$$

$$1\cdot\int_0^x f(t)dt+x\cdot f(x)-xf(x)=x^2\sin x.$$

$$\int_0^x f(t)dt=x^2\sin x.$$

両辺を x で微分して，

$$f(x)=\boldsymbol{2x\sin x+x^2\cos x}.\qquad\cdots(答)$$

参考　本問はヴォルテラ型の積分方程式 (#5– A 4 参照) が主題である．

Coffee Break　ここでは，微分積分を用いることであっさり解決できる問題を 2 つ紹介しよう．

例 1　1 でない任意の実数の定数 a に対して，2 次方程式 $3(a-1)x^2+6x-a-2=0$ は，0 と 1 の間に少なくとも 1 つの解をもつことを示せ．【1988 お茶の水女子大学】

例 1 の解答　$f(x)=3(a-1)x^2+6x-a-2$ とすると，

$$\begin{aligned}\int_0^1 f(x)\,dx&=\Big[(a-1)x^3+3x^2-(a+2)x\Big]_0^1\\&=(a-1)+3-(a+2)\\&=0.\end{aligned}$$

ここで，もし，$f(x)=0$ が 0 と 1 の間に解を一つももたなかったとすると，0 と 1 の間で連続関数 $f(x)$ は常に正の値をとるか，常に負の値をとることになるが，前者の場合には $\displaystyle\int_0^1 f(x)\,dx>0$ となり，後者の場合には $\displaystyle\int_0^1 f(x)\,dx<0$ となるのでいずれにしても矛盾が生じる．

よって，$f(x)=0$ は 0 と 1 の間に少なくとも 1 つの解をもつ．■

例 2　正の整数 n に対して，和 $\displaystyle\sum_{k=0}^{n}\frac{{}_n\mathrm{C}_k}{k+1}$ を求めよ．【1987 横浜国立大学】

例 2 の解答　二項定理により，

$$\sum_{k=0}^{n}{}_n\mathrm{C}_k x^k=(1+x)^n$$

であり，これを $0\leqq x\leqq 1$ において積分すると，

$$\int_0^1\left(\sum_{k=0}^{n}{}_n\mathrm{C}_k x^k\right)dx=\int_0^1(1+x)^n dx.$$

これより，

$$\sum_{k=0}^{n}\left\{\left[\frac{{}_n\mathrm{C}_k}{k+1}x^{k+1}\right]_0^1\right\}=\left[\frac{1}{n+1}(1+x)^{n+1}\right]_0^1$$

つまり

$$\sum_{k=0}^{n}\frac{{}_n\mathrm{C}_k}{k+1}=\boldsymbol{\frac{2^{n+1}}{n+1}}.\qquad\cdots(答)$$

#10− B **1**

$$a_1 = 1, \quad a_{n+1} = 2a_n + 1 \quad (n = 1,\ 2,\ 3,\ \cdots)$$

で定義される数列 $\{a_n\}$ を考え，$n = 1,\ 2,\ 3,\ \cdots$ に対し，ベクトル $\overrightarrow{p_n}$ を

$$\overrightarrow{p_n} = (a_n,\ a_{n+1})$$

で定める．また，2 つのベクトル $\overrightarrow{p_n}$ と $\overrightarrow{p_{n+1}}$ のなす角を θ_n $(0 \leqq \theta_n \leqq \pi)$ とする．

(1) $\{a_n\}$ の一般項を求めよ．

(2) $\tan\theta_n$ を n の式で表せ．

(3) $\displaystyle\lim_{n\to\infty} \theta_n = 0$ を示せ．ただし，必要であれば $0 < \theta < \dfrac{\pi}{2}$ のとき，$0 < \theta < \tan\theta$ であることを用いてよい．

(4) $\displaystyle\lim_{n\to\infty} 2^n\theta_n$ を求めよ．【2017 神戸大学 (後)】

解説

(1) $a_{n+1} = 2a_n + 1$ は

$$a_{n+1} + 1 = 2(a_n + 1)$$

と変形できることから，$\{a_n + 1\}$ は公比 2 の等比数列をなすことがわかるので，

$$a_n + 1 = (a_1 + 1)\cdot 2^{n-1} = 2^n.$$

$$\therefore\ a_n = \boldsymbol{2^n - 1}\ (n = 1,\ 2,\ 3,\ \cdots). \qquad \cdots(答)$$

(2) $\overrightarrow{p_n}$ と $\overrightarrow{e} = (1,\ 0)$ とのなす角を q_n とすると，

$$\tan q_n = \frac{a_{n+1}}{a_n}$$

であり，$\overrightarrow{\mathrm{OP}_n} = \overrightarrow{p_n}$ によって点 P_n を定めると，点 P_n は直線 $y = 2x + 1$ 上にあり，$\theta_n = q_n - q_{n+1}$ であることがわかる．

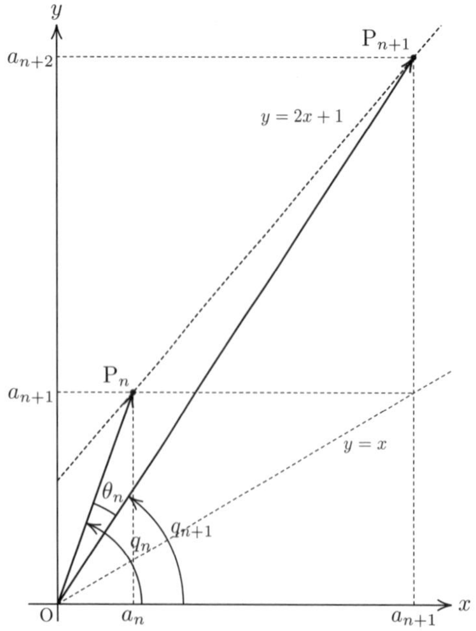

ゆえに，

$$\begin{aligned}\tan\theta_n &= \tan(q_n - q_{n+1}) \\ &= \frac{\tan q_n - \tan q_{n+1}}{1 + \tan q_n \tan q_{n+1}} \\ &= \frac{\dfrac{a_{n+1}}{a_n} - \dfrac{a_{n+2}}{a_{n+1}}}{1 + \dfrac{a_{n+1}}{a_n}\cdot\dfrac{a_{n+2}}{a_{n+1}}} = \frac{{a_{n+1}}^2 - a_n a_{n+2}}{a_{n+1}(a_n + a_{n+2})} \\ &= \frac{(2^{n+1}-1)^2 - (2^n - 1)(2^{n+2} - 1)}{(2^{n+1} - 1)\{(2^n - 1) + (2^{n+2} - 1)\}} \\ &= \boldsymbol{\frac{2^n}{(2^{n+1} - 1)(5\cdot 2^n - 2)}}. \qquad \cdots(答)\end{aligned}$$

tan の加法定理

(3) $0 < \theta_n < \tan\theta_n$ であり，(2) により，

$$\tan\theta_n = \frac{1}{\left(2 - \frac{1}{2^n}\right)(5\cdot 2^n - 2)} \to 0 \ (n\to\infty)$$

であるから，はさみうちの原理により，

$$\lim_{n\to\infty} \theta_n = 0. \qquad (証明終り)$$

(4) $2^n\theta_n = 2^n\tan\theta_n \cdot \dfrac{\theta_n}{\tan\theta_n}$ に注目する．

$$2^n\tan\theta_n = \frac{1}{\left(2 - \frac{1}{2^n}\right)\left(5 - \frac{2}{2^n}\right)} \to \frac{1}{10} \ (n\to\infty)$$

であり，$\displaystyle\lim_{n\to\infty}\theta_n = 0$ により，

$$\frac{\theta_n}{\tan\theta_n} = \frac{1}{\frac{\sin\theta_n}{\theta_n}}\cdot\cos\theta_n \to \frac{1}{1}\cdot 1 = 1 \ (n\to\infty)$$

であるから，

$$\lim_{n\to\infty} 2^n\theta_n = \frac{1}{10}\cdot 1 = \boldsymbol{\frac{1}{10}}. \qquad \cdots(答)$$

注意 $0 < \theta < \dfrac{\pi}{2}$ において

$$\sin\theta < \theta < \tan\theta$$

が成り立つことは知っておこう (この説明は教科書では「$\displaystyle\lim_{\theta\to 0}\frac{\sin\theta}{\theta} = 1$」の直前付近に書かれている)．グラフでみると，次のようになっている．

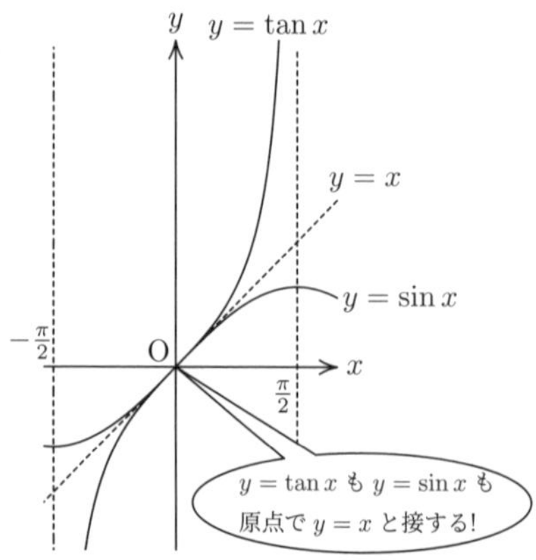

#10– B **2**

すべての実数 x において，関数 $f(x)$ は微分可能で，その導関数 $f'(x)$ は連続とする．$f(x)$，$f'(x)$ が等式

$$\int_0^x \sqrt{1+\left(f'(t)\right)^2}\,dt = -e^{-x} + f(x)$$

を満たすとき，以下の問いに答えよ．

(1) $f(x)$ を求めよ．

(2) 曲線 $y=f(x)$ と直線 $x=1$，および x 軸，y 軸で囲まれた部分を，y 軸の周りに 1 回転させてできる立体の体積を求めよ．　【2015 群馬大学】

解説

(1)

（#5– A [4] 参照）

$$\int_0^x \sqrt{1+\left(f'(t)\right)^2}\,dt = -e^{-x} + f(x)$$

$$\iff \begin{cases} \dfrac{d}{dx}\displaystyle\int_0^x \sqrt{1+\left(f'(t)\right)^2} = \dfrac{d}{dx}\left(-e^{-x}+f(x)\right), \\ \displaystyle\int_0^0 \sqrt{1+\left(f'(t)\right)^2}\,dt = -e^0 + f(0) \end{cases}$$

$$\iff \begin{cases} \sqrt{1+\left(f'(x)\right)^2} = e^{-x} + f'(x), \\ 0 = -1 + f(0) \end{cases}$$

$$\iff \begin{cases} 1+\left(f'(x)\right)^2 = \left(e^{-x}+f'(x)\right)^2,\ \ e^{-x}+f'(x) \geqq 0, \\ f(0) = 1 \end{cases}$$

$$\iff \begin{cases} 1 = e^{-2x} + 2e^{-x}f'(x),\ \ e^{-x}+f'(x) \geqq 0, \\ f(0) = 1 \end{cases}$$

$$\iff \begin{cases} f'(x) = \dfrac{e^x - e^{-x}}{2}, \\ f(0) = 1. \end{cases}$$

（$e^{-x}+f'(x) = \dfrac{e^x+e^{-x}}{2}$ であり，$e^{-x}+f'(x) \geqq 0$ は満たされている．）

これより，

$$\begin{aligned} f(x) &= f(0) + \int_0^x f'(t)\,dt \\ &= 1 + \int_0^x \frac{e^t - e^{-t}}{2}\,dt \\ &= 1 + \left[\frac{e^t + e^{-t}}{2}\right]_0^x \\ &= \boldsymbol{\frac{e^x + e^{-x}}{2}}. \end{aligned}$$

$\cdots$(答)

(2)

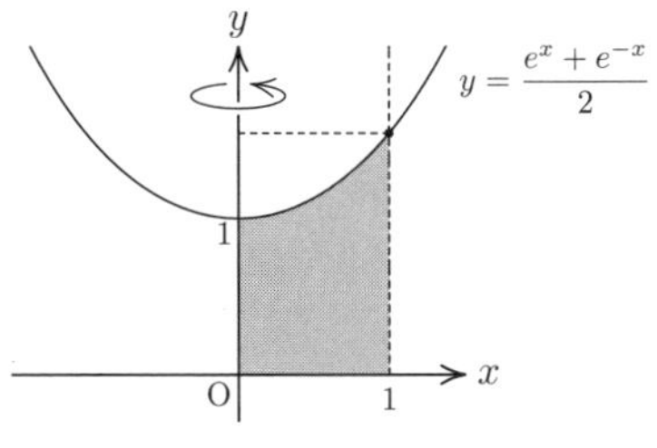

求める体積は（shell integral(付録 3 参照)）

$$\int_0^1 2\pi x f(x)\,dx = \int_0^1 2\pi x\cdot\frac{e^x+e^{-x}}{2}\,dx$$

$$= \pi\int_0^1 x\left(e^x+e^{-x}\right)dx$$

（反復部分積分（付録 1 参照））

$$= \pi\left\{\left[x\left(e^x-e^{-x}\right) - 1\cdot\left(e^x+e^{-x}\right)\right]_0^1 + \int_0^1 0\,dx\right\}$$

$$= \pi(2-2e^{-1}) = \boldsymbol{2\pi\left(1-\frac{1}{e}\right)}.$$

$\cdots$(答)

参考　本問の $f(x)$，つまり，$\dfrac{e^x+e^{-x}}{2}$ は双曲線余弦関数（ハイパボリックコサイン）と呼ばれ，その導関数 $\dfrac{e^x-e^{-x}}{2}$ は双曲線正弦関数（ハイパボリックサイン）と呼ばれる．これらの詳細に興味のある人は，E・マオール(著)，伊理由美(訳)：『不思議な数 e の物語』，ちくま学芸文庫 の 12 章，および，P・J・ナーイン(著)，細川尋史(訳)：『最大値と最小値の数学(下)』，丸善出版 の 6.6 章を参照されたい．

#10– B **3**

関数 $f(x) = xe^{-\sqrt{x}}$ $(x \geqq 0)$ を考える．

(1) $f(x)$ の増減と曲線 $y=f(x)$ の凹凸を調べ，関数 $f(x)$ のグラフの概形を描け．

(2) xy 平面上において曲線 $y=f(x)$ と直線 $y=\dfrac{x}{e^2}$ で囲まれた部分の面積を求めよ．

【2017 京都府立医科大学】

解説

(1) $x>0$ において，

$$\begin{aligned} f'(x) &= 1\cdot e^{-\sqrt{x}} + x\cdot e^{-\sqrt{x}}\cdot\left(-\frac{1}{2\sqrt{x}}\right) \\ &= e^{-\sqrt{x}}\left(1-\frac{x}{2\sqrt{x}}\right) = e^{-\sqrt{x}}\left(1-\frac{\sqrt{x}}{2}\right) \end{aligned}$$

であり，さらに，

$$\begin{aligned} f''(x) &= e^{-\sqrt{x}}\left(-\frac{1}{2\sqrt{x}}\right)\left(1-\frac{\sqrt{x}}{2}\right) + e^{-\sqrt{x}}\cdot\left(-\frac{1}{4\sqrt{x}}\right) \\ &= e^{-\sqrt{x}}\cdot\frac{\sqrt{x}-3}{4\sqrt{x}}. \end{aligned}$$

以上により，$f(x)$ の増減と曲線 $y=f(x)$ の凹凸は次の表のようになる．

x	0	$\cdots$	4	$\cdots$	9	$\cdots$
$f'(x)$		$+$	0	$-$	$-$	$-$
$f''(x)$		$-$	$-$	$-$	0	$+$
$f(x)$	0	↗	$4e^{-2}$	↘	$9e^{-3}$	↘

$\cdots$(答)

さらに，（任意の自然数 n に対して $\lim_{x\to\infty}\frac{x^n}{e^x}=0$ であることは常識としておこう．）

$$\lim_{x\to\infty} f(x) = \lim_{x\to\infty} xe^{-\sqrt{x}} = \lim_{t\to\infty}\frac{t^2}{e^t} = 0$$

であることを踏まえると，$y=f(x)$ のグラフは次のようになる．

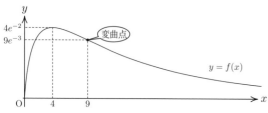

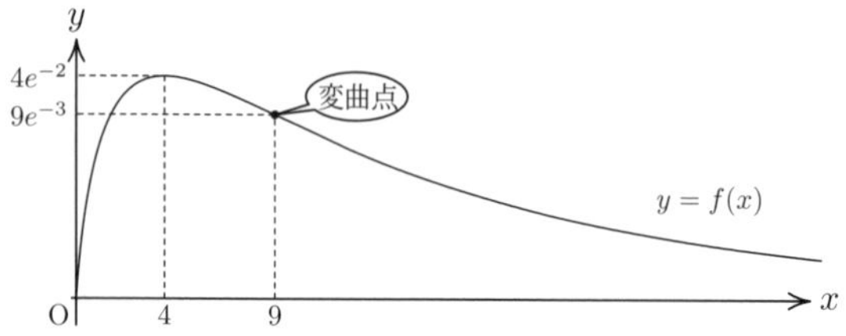

(2)　$f(x) - \dfrac{x}{e^2} = xe^{-\sqrt{x}} - xe^{-2}$

$$= x\left(e^{-\sqrt{x}} - e^{-2}\right)\begin{cases} <0 & (x>4), \\ =0 & (x=0,\ 4), \\ >0 & (0<x<4) \end{cases}$$

に注意すると，求める面積を S として，

$$S = \int_0^4 \left\{f(x) - \frac{x}{e^2}\right\}dx = \int_0^4 \left(xe^{-\sqrt{x}} - \frac{x}{e^2}\right)dx$$
$$= \int_0^4 xe^{-\sqrt{x}}dx - \frac{1}{e^2}\left[\frac{1}{2}x^2\right]_0^4.$$

ここで，第一項目の積分に関して，$\sqrt{x}=t$ とおくと，$x=t^2$ より，$dx=2tdt$ であり，$x:0\to 4$ のとき，$t:0\to 2$ なので，

$$\int_0^4 xe^{-\sqrt{x}}dx = \int_0^2 t^2e^{-t}\cdot 2tdt = \int_0^2 2t^3e^{-t}dt$$
$$= \left[2t^3\cdot(-e^{-t}) - 6t^2\cdot e^{-t} + 12t\cdot(-e^{-t}) - 12e^{-t}\right]_0^2 + \int_0^2 0\,dt$$
$$= 12 - 76e^{-2} = 12 - \frac{76}{e^2}.$$

（反復部分積分 (付録 1 参照)）

したがって，

$$S = 12 - \frac{76}{e^2} - \frac{1}{e^2}\cdot 8 = \mathbf{12 - \frac{84}{e^2}}. \qquad \cdots(\text{答})$$

注意　(1) では，極限に関する知識として，自然数 n に対して，

$$\lim_{x\to\infty}\frac{x^n}{e^x} = 0 \qquad \cdots(\bigstar)$$

であることを用いる箇所があった．この事実は，問題文で与えられることもあるが，本問のようにノーコメントの場合もあるので，知っておいた方がよい．

$(\bigstar)$ を証明しておく．$X>0$ において，

$$\int_0^X e^t\,dt > \int_0^X 1\,dt \quad \text{つまり} \quad e^X - e^0 > X$$

が成り立つ．特に，$e^X > X$ が成り立つ．

これより，両辺を $(n+1)$ 乗した

$$e^{(n+1)X} > X^{n+1}$$

が成り立ち，$(n+1)X = x$ とおくと，

$$e^x > \left(\frac{x}{n+1}\right)^{n+1}$$

より

$$0 < \frac{x^n}{e^x} < \frac{(n+1)^{n+1}}{x}$$

が成り立つ．$\displaystyle\lim_{x\to+\infty}\frac{(n+1)^{n+1}}{x} = 0$ より，はさみうちの原理から，

$$\lim_{x\to+\infty}\frac{x^n}{e^x} = 0. \qquad ■$$

別の証明方法も紹介しておこう．

$(\bigstar)$ の分母と分子を入れ替えた

$$\lim_{x\to\infty}\frac{e^x}{x^n} = \infty \qquad \cdots(\dagger)$$

を示すことにする．そのために，対数を考え，

$$\log\frac{e^x}{x^n} = \log(e^x) - \log(x^n) = x - n\log x = x\left(1 - n\cdot\frac{\log x}{x}\right).$$

ここで，#1−B **2** で紹介した

$$\lim_{x\to\infty}\frac{\log x}{x} = 0$$

により，

$$\lim_{x\to\infty}\log\frac{e^x}{x^n} = \lim_{x\to\infty} x\left(1 - n\cdot\frac{\log x}{x}\right) = \infty$$

であることがわかるので，$(\dagger)$ が示される． ■

#10−B **4**

2 つの複素数 z，w が $\overline{z}w = 3z + 10i$ を満たしているとする．

(1) 複素数 z が $|z|=1$ を満たしながら複素数平面上を動くとき，$|w|$ の最大値を求めよ．また，そのときの z の値を求めよ．

(2) 複素数 z が $\begin{cases} |z| \geqq |z+2i|, \\ z^2 + (\overline{z})^2 = -20 \end{cases}$ を満たしながら複素数平面上を動くとき，w の実部の最大値を求めよ．また，そのときの z の値を求めよ．

【2021 弘前大学 (後)】

解説　$\overline{z}=0$ つまり $z=0$ なら $\overline{z}w = 3z+10i$ は成り立たない．したがって，$\overline{z}w = 3z+10i$ のとき，$\overline{z}\neq 0$ であり，それゆえ，

$$w = \frac{3z+10i}{\overline{z}}.$$

(1) $|z|=1$ のとき，$|\overline{z}|=1$ であり，

$$|w|=\left|\frac{3z+10i}{\overline{z}}\right|=\frac{|3z+10i|}{|\overline{z}|}=|3z+10i|.$$

$|z|=1$ のとき，$|3z+10i|$ を最大にする z を求めたい．点 z に対し，点 $3z$ は点 z を原点中心に 3 倍拡大した位置にある点であり，点 $3z+10i$ は点 $3z$ を虚軸方向に 10 だけ移動した点である．これと z が単位円を描くことから，$3z$ は点 0 を中心とする半径 3 の円を描き，$3z+10i$ は点 $10i$ を中心とする半径 3 の円を描く．

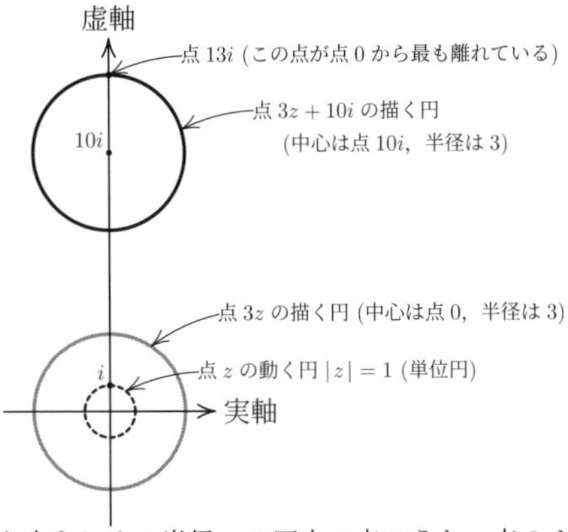

点 $10i$ を中心とする半径 3 の円上の点のうち，点 0 から最も離れている点は $13i$ であり，これに対応する z は $3z+10i=13i$ を満たす $z=i$ である．

よって，$|w|$ の最大値は **13** であり，このとき z の値は $z=\boldsymbol{i}$ である．　…(答)

(2) まず，$|z| \geqq |z+2i|$　…① を満たす z を考えよう．①を満たす点 z の軌跡は 2 点 0，$-2i$ を結ぶ線分の垂直二等分線上およびそれに関して点 0 と反対側の領域である．

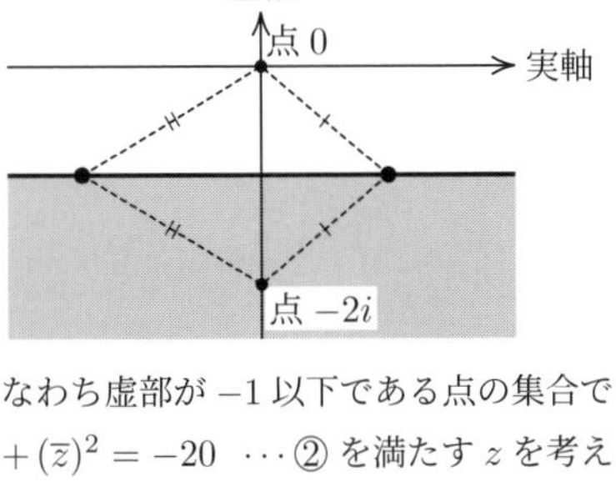

これはすなわち虚部が -1 以下である点の集合である．

次に，$z^2+(\overline{z})^2=-20$　…② を満たす z を考えよう．

$z=x+yi$ (x, y は実数) とおくと，

$$z^2=(x+yi)^2=(x^2-y^2)+2xy\,i,$$

$$(\overline{z})^2=(x-yi)^2=(x^2-y^2)-2xy\,i$$

より，②は，

$$2(x^2-y^2)=-20.$$

$$x^2-y^2=-10.　\cdots ②'$$

このとき，

$$w=\frac{3z+10i}{\overline{z}}=\frac{z(3z+10i)}{|z|^2}$$
$$=\frac{(x+yi)\{3x+(10+3y)i\}}{x^2+y^2}$$

分母・分子に z をかけて分母を実数化している．

の実部 $\mathrm{Re}(w)$ は，

$$\mathrm{Re}(w)=\frac{3x^2-y(10+3y)}{x^2+y^2}.$$

これより，実数 x, y が $y \leqq -1$, $x^2-y^2=-10$ を満たすとき，$\mathrm{Re}(w)=\dfrac{3x^2-y(10+3y)}{x^2+y^2}$ が最大となる状況を考えればよい．

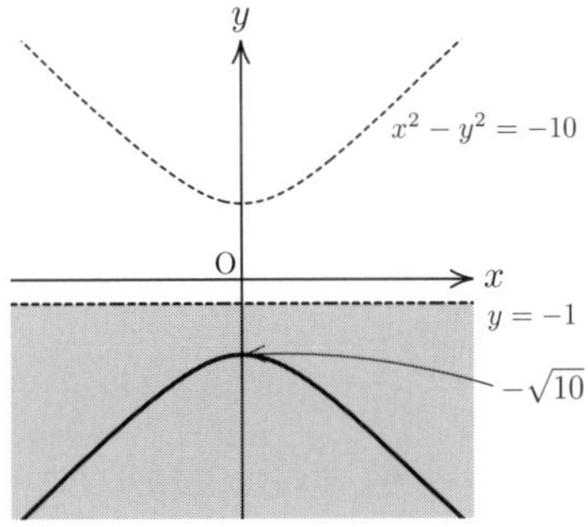

図より，y のとり得る値の範囲は $y \leqq -\sqrt{10}$ であり，

$$\mathrm{Re}(w)=\frac{3x^2-y(10+3y)}{x^2+y^2}$$
$$=\frac{3(y^2-10)-y(10+3y)}{(y^2-10)+y^2}$$
$$=\underbrace{\frac{-5(y+3)}{y^2-5}}_{f(y)\text{ とおく}}.$$

$f(y)=\dfrac{-5(y+3)}{y^2-5}$ の $y \leqq -\sqrt{10}$ における最大値を調べる．$y<-\sqrt{10}$ において，

$$f'(y)=-5\cdot\frac{1\cdot(y^2-5)-(y+3)\cdot 2y}{(y^2-5)^2}$$
$$=5\cdot\frac{y^2+6y+5}{(y^2-5)}=5\cdot\frac{(y+1)(y+5)}{(y^2-5)}$$
$$=\underbrace{\frac{5(y+1)}{(y^2-5)}}_{\text{つねに負}}(y+5)$$

より，$y \leqq -\sqrt{10}$ における $f(y)$ の増減は次のよう．

y	$\cdots$	-5	$\cdots$	$-\sqrt{10}$
$f'(y)$	$+$	0	$-$	
$f(y)$	↗	極大	↘	

ゆえに，$f(y)$ は $y=-5$ で最大値

$$f(-5)=\boldsymbol{\frac{1}{2}}　\cdots(答)$$

をとる．また，このとき，②$'$により，$x=\pm\sqrt{15}$ であるから，

$$z=\pm\sqrt{\mathbf{15}}-\mathbf{5}\boldsymbol{i}. \qquad \cdots(答)$$

注意　①を満たす点 z の軌跡は $z=x+yi$ (x, y : 実数) とおいて調べることもできる．実際，

$$|z|=\sqrt{x^2+y^2},\ \ |z+2i|=\sqrt{x^2+(y+2)^2}$$

より，①は

$$\sqrt{x^2+y^2} \geqq \sqrt{x^2+(y+2)^2}$$

つまり

$$x^2+y^2 \geqq x^2+(y+2)^2$$

より，$y \leqq -1$ が得られる．

#10−B 5

(1) 定積分 $\displaystyle\int_{\frac{\pi}{4}}^{\frac{3\pi}{4}} \frac{1}{\sin x}dx$ の値を求めよ．

(2) 定積分 $\displaystyle\int_{\frac{\pi}{4}}^{\frac{3\pi}{4}} \frac{x-\frac{\pi}{2}}{\sin x}dx$ の値を求めよ．

(3) (1)，(2) の結果を用いて，定積分 $\displaystyle\int_{\frac{\pi}{4}}^{\frac{3\pi}{4}} \frac{x}{\sin x}dx$ の値を求めよ．　【2016 山形大学】

解説

(1) $\displaystyle\int_{\frac{\pi}{4}}^{\frac{3\pi}{4}} \frac{1}{\sin x}dx=\int_{\frac{\pi}{4}}^{\frac{3\pi}{4}} \frac{\sin x}{\sin^2 x}dx=\int_{\frac{\pi}{4}}^{\frac{3\pi}{4}} \frac{\sin x}{1-\cos^2 x}dx.$

そこで，$\cos x=t$ とおくと，$-\sin x dx=dt$ であり，$x:\dfrac{\pi}{4}\to\dfrac{3\pi}{4}$ のとき，$t:\dfrac{1}{\sqrt{2}}\to-\dfrac{1}{\sqrt{2}}$ より，

$$\begin{aligned}\int_{\frac{\pi}{4}}^{\frac{3\pi}{4}} \frac{1}{\sin x}dx&=\int_{\frac{\pi}{4}}^{\frac{3\pi}{4}} \frac{\sin x}{1-\cos^2 x}dx\\&=\int_{\frac{1}{\sqrt{2}}}^{-\frac{1}{\sqrt{2}}} \frac{-1}{1-t^2}dt=\int_{-\frac{1}{\sqrt{2}}}^{\frac{1}{\sqrt{2}}} \frac{1}{1-t^2}dt\\&=2\int_0^{\frac{1}{\sqrt{2}}} \frac{1}{1-t^2}dt\\&=2\int_0^{\frac{1}{\sqrt{2}}} \left(\frac{\frac{1}{2}}{1+t}+\frac{\frac{1}{2}}{1-t}\right)dt\\&=\Big[\log(1+t)-\log(1-t)\Big]_0^{\frac{1}{\sqrt{2}}}\\&=\log\frac{1+\frac{1}{\sqrt{2}}}{1-\frac{1}{\sqrt{2}}}=\log\frac{\sqrt{2}+1}{\sqrt{2}-1}\\&=\log(\sqrt{2}+1)^2\\&=\mathbf{2\log(\sqrt{2}+1)}. \qquad \cdots(答)\end{aligned}$$

(2) $\displaystyle\int_{\frac{\pi}{4}}^{\frac{3\pi}{4}} \frac{x-\frac{\pi}{2}}{\sin x}dx$ において，$x-\dfrac{\pi}{2}=u$ とおくと，$dx=du$ であり，$x:\dfrac{\pi}{4}\to\dfrac{3\pi}{4}$ のとき，$u:-\dfrac{\pi}{4}\to\dfrac{\pi}{4}$ と変化する．さらに，

$$\sin x=\sin\left(u+\frac{\pi}{2}\right)=\cos u$$

より，

奇関数の −★～★までの積分は0

$$\int_{\frac{\pi}{4}}^{\frac{3\pi}{4}} \frac{x-\frac{\pi}{2}}{\sin x}dx=\int_{-\frac{\pi}{4}}^{\frac{\pi}{4}} \frac{u}{\cos u}du=\mathbf{0}. \qquad \cdots(答)$$

(3) (1)，(2) により，

$$\begin{aligned}\int_{\frac{\pi}{4}}^{\frac{3\pi}{4}} \frac{x}{\sin x}dx&=\int_{\frac{\pi}{4}}^{\frac{3\pi}{4}} \frac{\left(x-\frac{\pi}{2}\right)+\frac{\pi}{2}}{\sin x}dx\\&=\int_{\frac{\pi}{4}}^{\frac{3\pi}{4}} \frac{x-\frac{\pi}{2}}{\sin x}dx+\frac{\pi}{2}\int_{\frac{\pi}{4}}^{\frac{3\pi}{4}} \frac{1}{\sin x}dx\\&=0+\frac{\pi}{2}\cdot 2\log(\sqrt{2}+1)\\&=\boldsymbol{\pi}\,\mathbf{\log(\sqrt{2}+1)}. \qquad \cdots(答)\end{aligned}$$

注意　一般に，$f(-x)=f(x)$ を満たす関数 f を**偶関数**といい，$f(-x)=-f(x)$ を満たす関数 f を**奇関数**という．偶関数 f に対して $y=f(x)$ のグラフは y 軸に関して (線) 対称であり，奇関数 f に対して $y=f(x)$ のグラフは原点に関して (点) 対称である．

さらに，定積分との関連では，$\bigstar>0$ として

$$\int_{-\bigstar}^{\bigstar}(\text{偶関数})dx=2\int_0^{\bigstar}(\text{偶関数})dx$$

および

$$\int_{-\bigstar}^{\bigstar}(\text{奇関数})dx=0$$

が成り立つ．

(2) では，$f(u)=\dfrac{u}{\cos u}$ とおくと，

$$f(-u)=\frac{-u}{\cos(-u)}=-\frac{u}{\cos u}=-f(u)$$

であるから，f は奇関数であり，それゆえ

$$\int_{-\frac{\pi}{4}}^{\frac{\pi}{4}} \frac{u}{\cos u}du=0$$

とした．

Coffee Break 次の問題を見てもらいたい.

問題

次の条件 (A), (B) を同時に満たす 5 次式 $f(x)$ を求めよ.

(A) $f(x)+8$ は $(x+1)^3$ で割り切れる.

(B) $f(x)-8$ は $(x-1)^3$ で割り切れる.

【2001 年 埼玉大学・理学部 数学科 (前期)】

未知の 5 次式 $f(x)$ を求める**多項式の決定問題**である.

「$f(x)$ は 5 次式であるから,

$$f(x)=ax^5+bx^4+cx^3+dx^2+ex+f$$

と係数を未知数として設定し, $f(x)+8$ を $(x+1)^3$ で割る計算および $f(x)-8$ を $(x-1)^3$ で割る計算をし, それら余りがともに 0 となる」と考え, 直接その処理をやってみると次のようになる.

$f(x)+8$ を $(x+1)^3$ で割ると, 商が

$$ax^2+(b-3a)x+(c-3b+6a)$$

であり, 余りが

$$(d-3c+6b-10a)x^2+(e-3c+8b-15a)x+(f-c+3b-6a+8).$$

また, $f(x)-8$ を $(x-1)^3$ で割ると, 商が

$$ax^2+(b+3a)x+(c+3b+6a)$$

であり, 余りが

$$(d+3c+6b+10a)x^2+(e-3c-8b-15a)x+(f+c+3b+6a-8).$$

$a\sim f$ の条件は,

$$\begin{cases} d-3c+6b-10a=0, & d+3c+6b+10a=0, \\ e-3c+8b-15a=0, & e-3c-8b-15a=0, \\ f-c+3b-6a+8=0, & f+c+3b+6a-8=0. \end{cases}$$

$$\begin{cases} d+6b=0, & 3c+10a=0, \\ e-3c-15a=0, & b=0, \\ f+3b=0, & c+6a=8. \end{cases}$$

$$\therefore\ a=3,\ b=0,\ c=-10,\ d=0,\ e=15,\ f=0.$$

したがって, 求める 5 次式 $f(x)$ は

$$f(x)=\boldsymbol{3x^5-10x^3+15x}. \qquad \cdots(\text{答})$$

もちろん, このように地道に頑張れば求めることはできるが, 本問には上手い解法がある. 以下でその方法を紹介する.

上手い解法 ある多項式 $Q_1(x)$, $Q_2(x)$ が存在し,

$$f(x)+8=(x+1)^3Q_1(x), \quad f(x)-8=(x-1)^3Q_2(x)$$

と表せるとすると,

$$f'(x)=(x+1)^2q_1(x), \quad f'(x)=(x-1)^2q_2(x)$$

を満たす多項式 $q_1(x)$, $q_2(x)$ が存在する*ことになる. $f(x)$ が 5 次式のとき, $f'(x)$ は 4 次式であり, $f'(x)$ が $(x+1)^2$ と $(x-1)^2$ を因数にもつことから, ある 0 でない定数 k が存在し,

$$\begin{aligned} f'(x)&=k(x+1)^2(x-1)^2 \\ &=k(x^4-2x^2+1) \end{aligned}$$

とかける. これより, ある定数 c を用いて,

$$f(x)=k\left(\frac{1}{5}x^5-\frac{2}{3}x^3+x\right)+c$$

と表せる. ここで, $f(-1)=-8$, $f(1)=8$ であることから, $k=15$, $c=0$ とわかる.

したがって, 求める 5 次式 $f(x)$ は

$$f(x)=15\left(\frac{1}{5}x^5-\frac{2}{3}x^3+x\right)=\boldsymbol{3x^5-10x^3+15x}.$$

多項式には様々な性質があり, それらの性質は整数と似ている部分もある†が, 大きく異なる点は, 多項式では微積分ができる (整数ではできない) 点である.

このような多項式の除法に関する問題であっても, 微積分の手法によって上手く解決できることがあり, 多項式では多面的な側面を活用した解法が考えられるのである.

---

* 具体的には, 積の微分公式により,

$$f'(x)=3(x+1)^2Q_1(x)+(x+1)^3{Q_1}'(x)=(x+1)^2\left\{3Q_1(x)+(x+1){Q_1}'(x)\right\},$$

$$f'(x)=3(x-1)^2Q_2(x)+(x-1)^3{Q_2}'(x)=(x-1)^2\left\{3Q_2(x)+(x-1){Q_2}'(x)\right\}$$

であるから, $q_1(x)=3Q_1(x)+(x+1){Q_1}'(x)$, $q_2(x)=3Q_2(x)+(x-1){Q_2}'(x)$ である. しかし, 重要なことは, これら $q_1(x)$ や $q_2(x)$ の具体的な形ではなく, $f'(x)$ が $(x+1)^2$ や $(x-1)^2$ を因数にもっているということである.

† 多項式も整数も, 足し算や引き算, 掛け算ができたり, 余りを算出する割り算ができたりする.

#11– A 1

$x>0$ で定義された関数 $f(x)=x^{\sin x}$ の導関数を求めよ．【2000 東京理科大学】

解説　$\log f(x)=\log\left(x^{\sin x}\right)=\sin x\log x$ であり，x で微分すると，

（合成関数の微分）（積の微分）

$$\frac{f'(x)}{f(x)}=\cos x\cdot\log x+\sin x\cdot\frac{1}{x}.$$

ゆえに，

$$\begin{aligned}f'(x)&=f(x)\left(\cos x\cdot\log x+\sin x\cdot\frac{1}{x}\right)\\&=\boldsymbol{x^{\sin x}\left(\cos x\cdot\log x+\frac{\sin x}{x}\right)}.\qquad\cdots(答)\end{aligned}$$

注意　指数と底の両方に変数が含まれる関数 $\{g(x)\}^{h(x)}$ の微分計算においては，対数を用いて，

$$\log\{g(x)\}^{h(x)}=h(x)\times\log\{g(x)\}$$

のように指数を掛け算にしてから微分することにより処理ができる．この操作を**対数微分法**という．一般に，関数 $f(x)\ (>0)$ に対する**対数微分**とは $\dfrac{f'(x)}{f(x)}$ のことを指す．これは $f(x)$ の対数の微分，つまり，$\left(\log f(x)\right)'$ が $\dfrac{f'(x)}{f(x)}$ であることから名付けられている．$f(x)$ の対数微分の積分は，もちろん，$f(x)$ の対数であり，一般には，

$$\boldsymbol{\int\frac{f'(x)}{f(x)}dx=\log|f(x)|+C}\quad(C\text{ は積分定数})$$

である．このことも併せて覚えておこう．

別解　“底の変換” により，次のように計算することもできる．

$$f(x)=x^{\sin x}=\left(e^{\log x}\right)^{\sin x}=e^{\log x\sin x}$$

と変形して微分すると，（合成関数の微分 (chain rule)）

$$\begin{aligned}f'(x)&=e^{\log x\sin x}(\log x\sin x)'\\&=x^{\sin x}\left(\frac{1}{x}\cdot\sin x+\log x\cdot\cos x\right)\\&=\boldsymbol{x^{\sin x}\left(\frac{\sin x}{x}+\log x\cdot\cos x\right)}.\end{aligned}$$

注意　一般に，負の数の実数乗を考えることはできない．指数を一般の実数の範囲で考える場合には，正の実数乗として考える必要があり，本問での $f(x)$ の定義域が $x>0$ となっているのはそのためである．

#11– A 2

絶対値が 1 の複素数 $\alpha_1, \alpha_2, \alpha_3$ が $\alpha_1+\alpha_2+\alpha_3=3$ を満たすとき，α_1，α_2，α_3 を求めよ．【1999 金沢大学】

解説　一般に，複素数 α について $|\alpha|=1$ のとき，

$$\begin{cases}\alpha=1\Longrightarrow \mathrm{Re}(\alpha)=1,\\ \alpha\neq1\Longrightarrow \mathrm{Re}(\alpha)<1\end{cases}$$

であることに注意すると，α_1，α_2，α_3 のうち 1 でないものがあるなら，

$$\mathrm{Re}(\alpha_1)+\mathrm{Re}(\alpha_2)+\mathrm{Re}(\alpha_3)<1+1+1$$

となるが，この左辺は，

$$\mathrm{Re}(\alpha_1+\alpha_2+\alpha_3)=\mathrm{Re}(3)=3$$

であるから，矛盾が生じることになる．

$$\therefore\ \boldsymbol{\alpha_1=\alpha_2=\alpha_3=1}.\qquad\cdots(答)$$

注意　α_1，α_2，α_3 がすべて 1 であることを上では論証したが，この結論は直観的に次のような図形的な理解が可能である (むしろ，直観的な現象を論理的な説明に置き換えたものが上の証明である)．複素数平面上で，$\mathrm{O}(0)$，$\mathrm{A}_1(\alpha_1)$，$\mathrm{A}_2(\alpha_2)$，$\mathrm{A}_3(\alpha_3)$ とする．$|\alpha_1|=|\alpha_2|=|\alpha_3|=1$ という条件は

$$\left|\overrightarrow{\mathrm{OA}_1}\right|=\left|\overrightarrow{\mathrm{OA}_2}\right|=\left|\overrightarrow{\mathrm{OA}_3}\right|=1$$

に対応しており，$\alpha_1+\alpha_2+\alpha_3$ は $\overrightarrow{\mathrm{OA}_1}+\overrightarrow{\mathrm{OA}_2}+\overrightarrow{\mathrm{OA}_3}$ に対応している．xy 平面では，

$$\overrightarrow{\mathrm{OA}_1}+\overrightarrow{\mathrm{OA}_2}+\overrightarrow{\mathrm{OA}_3}=(3,\ 0)$$

であるとき，3 つの単位ベクトル $\overrightarrow{\mathrm{OA}_1}$，$\overrightarrow{\mathrm{OA}_2}$，$\overrightarrow{\mathrm{OA}_3}$ はどのようなベクトルか？　ということを考える問題と同じである．

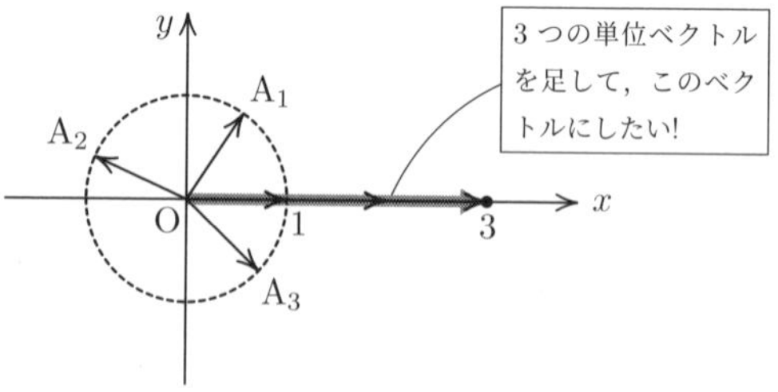

原点から右に 1 移動するベクトルを 3 つ足すことでようやく点 (3, 0) に到達するので，3 つの単位ベクトルのうち向きが少しでも真右方向と異なるものが存在してしまうと，点(3, 0) に到達できなくなる．証明ではこの部分を (背理法によって) 複素数の実部 (つまり，x 座標) に着目して議論した．

#11− A [3]

定積分 $\displaystyle\int_0^2 \frac{2x+1}{\sqrt{x^2+4}}\,dx$ を求めよ．【2007 京都大学】

解説 $I=\displaystyle\int_0^2 \frac{2x+1}{\sqrt{x^2+4}}\,dx$ とおく．

$$I=\int_0^2 \frac{2x}{\sqrt{x^2+4}}\,dx+\int_0^2 \frac{1}{\sqrt{x^2+4}}\,dx$$

であり，この右辺の第 1 項を I_1，第 2 項を I_2 とする．

I_1 については，

$$\begin{aligned}I_1&=\int_0^2 \frac{2x}{\sqrt{x^2+4}}\,dx=\int_0^2 \frac{(x^2+4)'}{\sqrt{x^2+4}}\,dx\\&=\Big[2\sqrt{x^2+4}\Big]_0^2=2(2\sqrt{2}-2)=4(\sqrt{2}-1).\end{aligned}$$

I_2 については，$x=2\tan\theta$ $\left(-\dfrac{\pi}{2}<\theta<\dfrac{\pi}{2}\right)$ と置換すると，$x:0\to 2$ のとき $\theta:0\to\dfrac{\pi}{4}$ であり，$dx=\dfrac{2}{\cos^2\theta}d\theta$ であるから，

$$\begin{aligned}I_2&=\int_0^2 \frac{1}{\sqrt{x^2+4}}\,dx\\&=\int_0^{\frac{\pi}{4}} \frac{1}{\sqrt{4(\tan^2\theta+1)}}\,\frac{2}{\cos^2\theta}d\theta\\&=\int_0^{\frac{\pi}{4}} \frac{1}{\cos\theta}d\theta\\&=\int_0^{\frac{\pi}{4}} \frac{\cos\theta}{\cos^2\theta}d\theta\\&=\int_0^{\frac{\pi}{4}} \frac{\cos\theta}{1-\sin^2\theta}d\theta\end{aligned}$$

ここで，$\sin\theta=t$ とおくと，$\cos\theta d\theta=dt$ であり，$\theta:0\to\dfrac{\pi}{4}$ と変化するとき，$t:0\to\dfrac{1}{\sqrt{2}}$ と変化するので，

$$\begin{aligned}I_2&=\int_0^{\frac{1}{\sqrt{2}}} \frac{1}{1-t^2}dt\\&=\int_0^{\frac{1}{\sqrt{2}}} \frac{1}{(1+t)(1-t)}dt\\&=\int_0^{\frac{1}{\sqrt{2}}} \left(\frac{\frac{1}{2}}{1+t}+\frac{\frac{1}{2}}{1-t}\right)dt\\&=\frac{1}{2}\Big[\log(1+t)-\log(1-t)\Big]_0^{\frac{1}{\sqrt{2}}}\\&=\frac{1}{2}\left[\log\frac{1+t}{1-t}\right]_0^{\frac{1}{\sqrt{2}}}=\frac{1}{2}\log\frac{1+\frac{1}{\sqrt{2}}}{1-\frac{1}{\sqrt{2}}}\\&=\frac{1}{2}\log\frac{\sqrt{2}+1}{\sqrt{2}-1}=\frac{1}{2}\log(\sqrt{2}+1)^2\\&=\log(\sqrt{2}+1).\end{aligned}$$

（部分分数分解）

ゆえに，

$$I=I_1+I_2=\mathbf{4(\sqrt{2}-1)+\log(\sqrt{2}+1)}.\quad\cdots(\text{答})$$

#11− A [4]

楕円 $x^2+4y^2-4x+8y+4=0$ が，傾き 1 の直線から切りとる線分の長さの最大値を求めよ．

【1968 一橋大学】

解説

$$\begin{aligned}&x^2+4y^2-4x+8y+4=0\\\iff&(x-2)^2-4+4(y+1)^2-4+4=0\\\iff&(x-2)^2+4(y+1)^2=4\\\iff&\frac{(x-2)^2}{2^2}+(y+1)^2=1\end{aligned}$$

より，楕円 $x^2+4y^2-4x+8y+4=0$ は楕円 $\dfrac{x^2}{2^2}+y^2=1$ を平行移動したもの．したがって，楕円 $\dfrac{x^2}{2^2}+y^2=1$ が傾き 1 の直線から切り取る線分の長さの最大値を求めればよい．

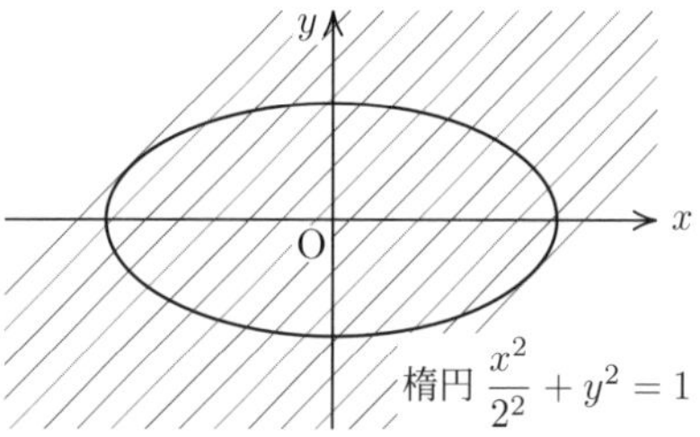

$y=x+k$ （k は定数）と楕円 $\dfrac{x^2}{2^2}+y^2=1$ との共有点について，y を消去し，整理して得られる x の 2 次方程式

$$\frac{5}{4}x^2+2kx+(k^2-1)=0\qquad\cdots(*)$$

を考える．これが異なる 2 つの実数解をもつ状況を考え，その中で，2 解を $x=\alpha,\ \beta$ $(\alpha<\beta)$ とおくと，" 切り取る線分の長さ" は $\sqrt{2}(\beta-\alpha)$ と表されるので，$\beta-\alpha$ が最大となるときを調べればよい．

$(*)$ の判別式を D とすると，

$$D=(2k)^2-4\cdot\frac{5}{4}(k^2-1)=5-k^2$$

であるから，$D>0$ として，

$$-\sqrt{5}<k<\sqrt{5}.$$

このとき，

$$\alpha=\frac{-2k-\sqrt{D}}{2\cdot\frac{5}{4}},\qquad\beta=\frac{-2k+\sqrt{D}}{2\cdot\frac{5}{4}}$$

より，

$$\beta-\alpha=\frac{2\sqrt{D}}{2\cdot\frac{5}{4}}=\frac{4}{5}\sqrt{D}=\frac{4}{5}\sqrt{5-k^2}.$$

これより，$-\sqrt{5} < k < \sqrt{5}$ においては $k = 0$ で $\beta - \alpha$ は最大値 $\dfrac{4}{5}\sqrt{5}$ をとり，このとき，切り取る線分の長さは最大値

$$\sqrt{2} \times \frac{4}{5}\sqrt{5} = \boldsymbol{\frac{4}{5}\sqrt{10}} \qquad \cdots(\text{答})$$

をとる．

注意　一般に，xy 平面上で，傾きが m の直線上の 2 点 U，V 間の距離は

$$\sqrt{1+m^2} \times |2\text{点の } x \text{ 座標の差}|$$

で計算できる．このことは，次の図の直角三角形に着目すれば納得できる．

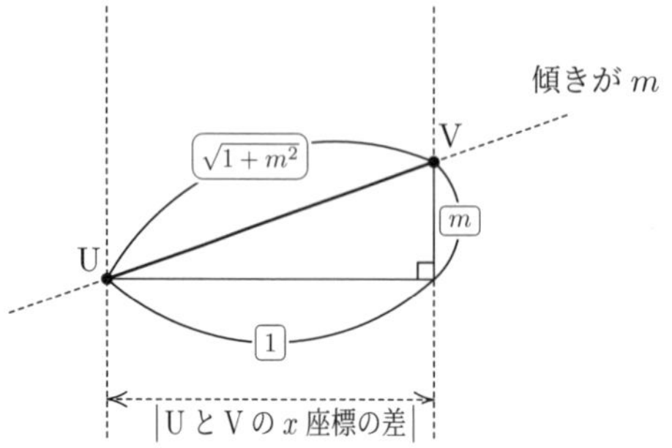

参考　切り取る線分の長さが最大となるのは，楕円の中心を直線が通過するときである．

#11−A 5

関数 $f(x) = 2x - \sqrt{2}\sin x + \sqrt{6}\cos x$ $(0 \leqq x \leqq \pi)$ を考える．曲線 $y = f(x)$ の凹凸を調べ，$y = f(x)$ のグラフを描け．また，変曲点の座標を答えよ．

【1988 電気通信大学】

解説

$$\begin{aligned} -\sqrt{2}\sin x + \sqrt{6}\cos x &= 2\sqrt{2}\left\{\sin x \cdot \left(-\frac{1}{2}\right) + \cos x \cdot \frac{\sqrt{3}}{2}\right\} \\ &= 2\sqrt{2}\left\{\sin x \cos\frac{2}{3}\pi + \cos x \sin\frac{2}{3}\pi\right\} \\ &= 2\sqrt{2}\sin\left(x + \frac{2}{3}\pi\right) \end{aligned}$$

より，

$$f(x) = 2x + 2\sqrt{2}\sin\left(x + \frac{2}{3}\pi\right).$$

ゆえに，

$$\begin{aligned} f'(x) &= 2 + 2\sqrt{2}\cos\left(x + \frac{2}{3}\pi\right) \\ &= 2\sqrt{2}\left\{\cos\left(x + \frac{2}{3}\pi\right) - \frac{-1}{2}\right\} \end{aligned}$$

であり，

$$f''(x) = -2\sqrt{2}\sin\left(x + \frac{2}{3}\pi\right).$$

x	0	$\cdots$	$\frac{\pi}{12}$	$\cdots$	$\frac{\pi}{3}$	$\cdots$	$\frac{7\pi}{12}$	$\cdots$	π
$f'(x)$		$+$	0	$-$	$-$	$-$	0	$+$	
$f''(x)$		$-$	$-$	$-$	0	$+$	$+$	$+$	
$f(x)$		↗		↘		↘		↗	

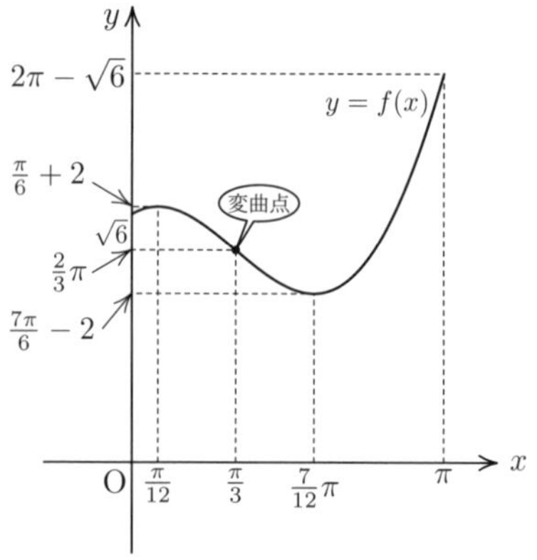

$\cdots(\text{答})$

また，変曲点の座標は

$$\left(\boldsymbol{\frac{\pi}{3}},\ \boldsymbol{\frac{2}{3}\pi}\right). \qquad \cdots(\text{答})$$

注意　cos 合成で処理すると，次のようになる．

$$\begin{aligned} -\sqrt{2}\sin x + \sqrt{6}\cos x &= 2\sqrt{2}\left(\cos x \cdot \frac{\sqrt{3}}{2} - \sin x \cdot \frac{1}{2}\right) \\ &= 2\sqrt{2}\left(\cos x \cos\frac{\pi}{6} - \sin x \sin\frac{\pi}{6}\right) \\ &= 2\sqrt{2}\cos\left(x + \frac{\pi}{6}\right) \end{aligned}$$

より，

$$f(x) = 2x + 2\sqrt{2}\cos\left(x + \frac{\pi}{6}\right).$$

ゆえに，

$$\begin{aligned} f'(x) &= 2 - 2\sqrt{2}\sin\left(x + \frac{\pi}{6}\right) \\ &= 2\sqrt{2}\left\{\frac{1}{\sqrt{2}} - \sin\left(x + \frac{\pi}{6}\right)\right\} \end{aligned}$$

であり，

$$f''(x) = -2\sqrt{2}\cos\left(x + \frac{\pi}{6}\right).$$

#11− A 6

定積分 $\displaystyle\int_0^{\frac{\pi}{12}} \cos x\cos(2x)\cos(3x)\,dx$ を求めよ.

【2002 東京理科大学】

解説

$$\int_0^{\frac{\pi}{12}} \cos x\cos(2x)\cos(3x)\,dx$$

(積和公式)

$$= \int_0^{\frac{\pi}{12}} \frac{1}{2}\{\cos 3x + \cos x\}\cos(3x)\,dx$$

$$= \frac{1}{2}\int_0^{\frac{\pi}{12}} (\cos^2 3x + \cos 3x\cos x)\,dx$$

(半角公式)(積和公式)

$$= \frac{1}{2}\int_0^{\frac{\pi}{12}} \left(\frac{1+\cos 6x}{2} + \frac{\cos 4x + \cos 2x}{2}\right)dx$$

$$= \frac{1}{4}\left[x + \frac{\sin 6x}{6} + \frac{\sin 4x}{4} + \frac{\sin 2x}{2}\right]_0^{\frac{\pi}{12}}$$

$$= \frac{1}{4}\left(\frac{\pi}{12} + \frac{1}{6}\cdot 1 + \frac{1}{4}\cdot\frac{\sqrt{3}}{2} + \frac{1}{2}\cdot\frac{1}{2}\right)$$

$$= \frac{1}{4}\left(\frac{\pi}{12} + \frac{\sqrt{3}}{8} + \frac{5}{12}\right) = \boldsymbol{\frac{\pi+5}{48} + \frac{\sqrt{3}}{32}}. \qquad \cdots(答)$$

参考 本問では，三角関数の積和公式を用いる．これによって，三角関数の積の積分を三角関数の和の積分に変換できる．和の積分は積分の和となり，処理しやすい．三角関数の積和公式は次のように加法定理での符号違いを足したり引いたりすることで得られる．

$$\begin{cases}\cos(\alpha+\beta) = \cos\alpha\cos\beta - \sin\alpha\sin\beta,\\ \cos(\alpha-\beta) = \cos\alpha\cos\beta + \sin\alpha\sin\beta\end{cases}$$

の辺々を足せば，

$$\cos(\alpha+\beta) + \cos(\alpha-\beta) = 2\cos\alpha\cos\beta$$

が得られ，辺々引けば，

$$\cos(\alpha+\beta) - \cos(\alpha-\beta) = -2\sin\alpha\sin\beta$$

が得られる．

$$\cos(\alpha+\beta) + \cos(\alpha-\beta) = 2\cos\alpha\cos\beta$$

より，

$$\cos\alpha\cos\beta = \frac{\cos(\alpha+\beta) + \cos(\alpha-\beta)}{2} \qquad \cdots(*)$$

であり，$(*)$ に $\alpha = x$，$\beta = 2x$ を代入すると，

$$\cos x\cos 2x = \frac{\cos 3x + \cos(-x)}{2}$$

となるが，一般に，

$$\cos(-x) = \cos x$$

であるから，

$$\cos x\cos 2x = \frac{\cos 3x + \cos x}{2}$$

である．これは $(*)$ に $\alpha = 2x$，$\beta = x$ を代入して得られる式と同じもので，最初から $\alpha = 2x$，$\beta = x$ を代入すればよかったわけである．

#11− A 7

極限 $\displaystyle\lim_{n\to\infty}\sum_{k=n+1}^{2n}\frac{1}{k}$ を求めよ．

【2014 愛媛大学】

解説

($\frac{1}{n}$ を作る)

$$\lim_{n\to\infty}\sum_{k=n+1}^{2n}\frac{1}{k} = \lim_{n\to\infty}\frac{1}{n}\sum_{k=n+1}^{2n}\frac{n}{k}$$

($\frac{k}{n}$ を作る)

$$= \lim_{n\to\infty}\frac{1}{n}\sum_{k=n+1}^{2n}\frac{1}{\frac{k}{n}}$$

(積分区間に注意!)

$$= \int_1^2 \frac{1}{x}dx = \Big[\log x\Big]_1^2 = \mathbf{\log 2}. \qquad \cdots(答)$$

注意 次の**区分求積法**の公式を用いた．

$$\lim_{n\to\infty}\frac{a_n}{n} = \alpha,\ \lim_{n\to\infty}\frac{b_n}{n} = \beta \text{ のとき,}$$

$$\lim_{n\to\infty}\frac{1}{n}\sum_{k=a_n}^{b_n} f\left(\frac{k}{n}\right) = \int_\alpha^\beta f(x)dx.$$

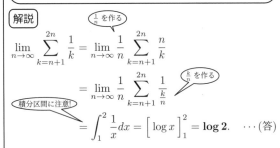

#11−B **1**

2 曲線 $y=e^x$, $y=\log x$ について，次の各問に答えよ．

(1) 曲線 $y=e^x$ 上の点 $(a,\ e^a)$ における接線の方程式を求めよ．

(2) (1) で求めた接線が曲線 $y=\log x$ に接するような a の条件式を求めよ．

(3) (2) の条件式を満たす a は $-2<a<-1$ と $1<a<2$ の範囲に 1 つずつあることを示せ．

【2000 宮崎大学】

解説

(1) $(e^x)'=e^x$ により，求める接線は

$$y=e^a(x-a)+e^a$$

すなわち

$$\boldsymbol{y=e^ax+(1-a)e^a}. \qquad \cdots(答)$$

(2) $(\log x)'=\dfrac{1}{x}$ により，$t>0$ として，曲線 $y=\log x$ の点 $(t,\ \log t)$ での接線は

$$y=\frac{1}{t}(x-t)+\log t$$

すなわち

$$y=\frac{1}{t}x+\log t-1.$$

これが (1) で求めた接線と一致する条件は，

$$e^a=\frac{1}{t},\quad (1-a)e^a=\log t-1. \qquad \cdots(*)$$

したがって，a の条件は，$(*)$ を満たす正の実数 t が存在することである．

任意の実数 a に対して，$e^a=\dfrac{1}{t}$ を満たす t は

$$t=e^{-a}$$

という正の実数であるから，これを

$$(1-a)e^a=\log t-1$$

に代入して，求める a の条件式は

$$(1-a)e^a=\log\left(e^{-a}\right)-1$$

すなわち

これと同値な式なら O.K.

$$\boldsymbol{(1-a)e^a=-a-1}. \qquad \cdots(答)$$

(3) (2) で得た条件式を満たす実数 a について考えたい．$a=1$ はこの条件式を満たしていないことに注意すると，条件式は

$$e^a=\frac{a+1}{a-1}$$

と書き換えられる．

ここで，ay 平面において，2 つの曲線 $y=e^a$ のグラフと

$$y=\frac{a+1}{a-1}\quad つまり\quad y=1+\frac{2}{a-1}$$

（$y=1$ が横の漸近線，$a=1$ が縦の漸近線）

のグラフの位置関係は，$3<e^2$ に注意すると，次のようになる．

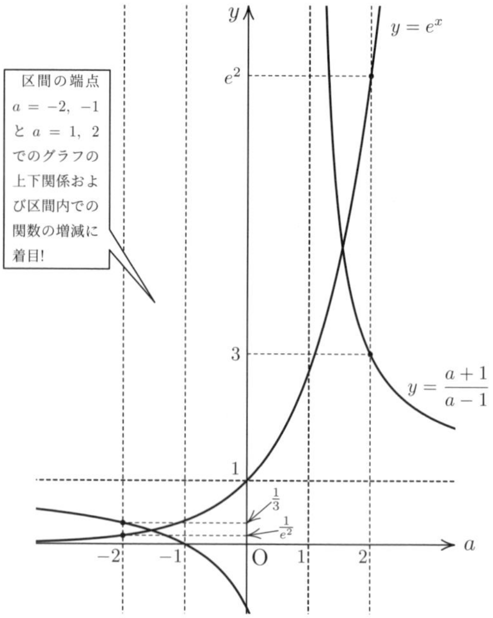

(2) の条件式を満たす a は 2 つのグラフの共有点の a 座標であり，グラフから，$-2<a<-1$ と $1<a<2$ の範囲に 1 つずつあることがわかる．　(証明終り)

注意　自然対数の底 $e=2.718281828459\cdots$ は無理数であるが，その値が 2.7 くらいであることは知っておこう．

#11−B **2**

楕円 $C_1:\dfrac{x^2}{9}+\dfrac{y^2}{5}=1$ の焦点を F，F$'$ とする．ただし，F の x 座標は正である．正の実数 m に対し，2 直線 $y=mx$，$y=-mx$ を漸近線にもち，2 点 F，F$'$ を焦点とする双曲線を C_2 とする．第 1 象限にある C_1 と C_2 の交点を P とする．

(1) C_2 の方程式を m を用いて表せ．

(2) 線分 FP および線分 F$'$P の長さを m を用いて表せ．

(3) $\angle$F$'$PF $=60^\circ$ となる m の値を求めよ．

【2016 大阪府立大学】

解説　焦点 F の座標は $(\sqrt{9-5},\ 0)$ つまり $(2,\ 0)$．

もう一つの焦点 F$'$ の座標は $(-2,\ 0)$．

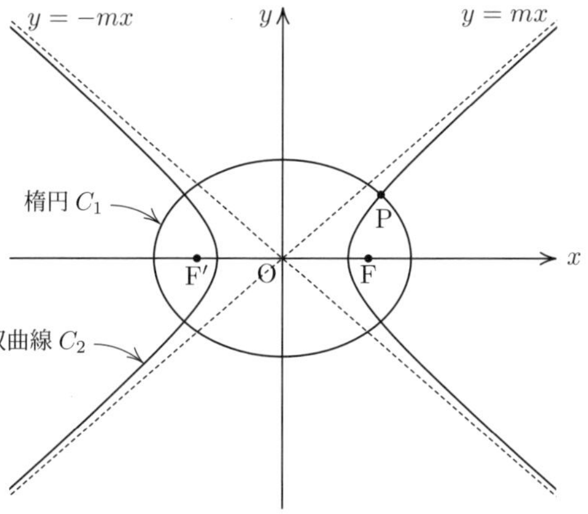

(1) 正の実数 a, b を用いて，双曲線 C_2 の式は

$$\frac{x^2}{a^2}-\frac{y^2}{b^2}=1$$

と表せる．C_2 の漸近線が $y=\pm mx$ であることから，

$$\frac{b}{a}=m \qquad \cdots ①$$

であり，C_2 の焦点が $(\pm 2,\ 0)$ であることから，

$$\sqrt{a^2+b^2}=2 \qquad \cdots ②$$

である．

①より，$b=ma$ であり，これと②より，

$$a^2+(ma)^2=4.$$

$$(1+m^2)a^2=4.$$

$$\therefore\ a^2=\frac{4}{1+m^2}.$$

さらに，$b^2=m^2a^2=\dfrac{4m^2}{1+m^2}$ であるから，C_2 の式は

$$\boldsymbol{\frac{x^2}{\frac{4}{1+m^2}}-\frac{y^2}{\frac{4m^2}{1+m^2}}=1}. \qquad \cdots(答)$$

(2) 点 P が楕円 $C_1:\dfrac{x^2}{9}+\dfrac{y^2}{5}=1$ 上にあることから，2 焦点からの距離の和について，

$$\mathrm{FP}+\mathrm{F'P}=2\cdot 3. \qquad \cdots ③$$

一方，点 P が双曲線 $C_2:\dfrac{x^2}{a^2}-\dfrac{y^2}{b^2}=1$ 上にあることから，2 焦点からの距離の差について，

$$|\mathrm{FP}-\mathrm{F'P}|=2a$$

であり，さらに，点 P が第 1 象限にあることから，$\mathrm{FP}<\mathrm{F'P}$ であることに注意すると，

$$\mathrm{F'P}-\mathrm{FP}=2a. \qquad \cdots ④$$

$\dfrac{③-④}{2}$ により，

$$\mathrm{FP}=3-a=\boldsymbol{3-\frac{2}{\sqrt{1+m^2}}}. \qquad \cdots(答)$$

$\dfrac{③+④}{2}$ により，

$$\mathrm{F'P}=3+a=\boldsymbol{3+\frac{2}{\sqrt{1+m^2}}}. \qquad \cdots(答)$$

(3) 三角形 PF′F で余弦定理を用いて，

$$\begin{aligned}\cos\angle\mathrm{F'PF}&=\frac{\mathrm{FP}^2+\mathrm{F'P}^2-\mathrm{F'F}^2}{2\cdot\mathrm{FP}\cdot\mathrm{F'P}}\\&=\frac{(3-a)^2+(3+a)^2-4^2}{2(3-a)(3+a)}\\&=\frac{a^2+1}{9-a^2}=-1+\frac{10}{9-a^2}.\end{aligned}$$

ゆえに，$\angle\mathrm{F'PF}=60^\circ$ となる条件は

$$-1+\frac{10}{9-a^2}=\frac{1}{2}.$$

$$\therefore\ a^2=\frac{7}{3}.$$

$a^2=\dfrac{4}{1+m^2}$ より，

$$m^2=\frac{5}{7}.$$

$m>0$ より，

$$m=\sqrt{\frac{5}{7}}=\boldsymbol{\frac{\sqrt{35}}{7}}. \qquad \cdots(答)$$

#11−B 3

a を正の定数とする．$f(x)=x^2-a$ として，曲線 $y=f(x)$ 上の点 $\bigl(x_n,\ f(x_n)\bigr)$ における接線が x 軸と交わる点の x 座標を x_{n+1} とする．このようにして，x_1 から順に x_2, x_3, x_4, $\cdots$ を作る．ただし，$x_1>\sqrt{a}$ とする．

(1) x_{n+1} を x_n を用いて表せ．

(2) $\sqrt{a}<x_{n+1}<x_n$ であることを示せ．

(3) $\left|x_{n+1}-\sqrt{a}\right|<\dfrac{1}{2}\left|x_n-\sqrt{a}\right|$ であることを示せ．

(4) $\displaystyle\lim_{n\to\infty}x_n$ を求めよ． 【1995 名古屋大学 (後期)】

解説 $f'(x)=2x$ である．曲線 $y=f(x)$ の点 $(t,\ f(t))$ における接線 l_t の式は

$$\begin{aligned}y&=f'(t)(x-t)+f(t)\\&=2t(x-t)+t^2-a\\&=2tx-t^2-a.\end{aligned}$$

これより，

$$\begin{cases}t=0\Longrightarrow x\text{ 軸と }l_t\text{ は平行で交わらず,}\\ t\neq 0\Longrightarrow x\text{ 軸と }l_t\text{ は点 }\left(\dfrac{t^2+a}{2t},\ 0\right)\text{ で交わる.}\end{cases}$$

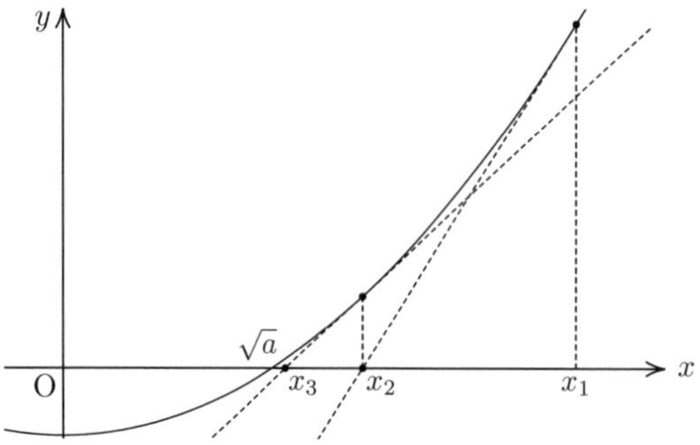

(1) $x_1 > \sqrt{a} > 0$ であることから，

$$x_2 = \frac{{x_1}^2 + a}{2x_1}\ (> 0)$$

であり，さらに，

$$x_3 = \frac{{x_2}^2 + a}{2x_2}\ (> 0)$$

である．
このように順次，$x_2 > 0$，$x_3 > 0$，$\cdots$，$x_n > 0$，$\cdots$ とわかり，

$$x_{n+1} = \boldsymbol{\frac{{x_n}^2 + a}{2x_n}} \quad (n = 1,\ 2,\ 3,\ \cdots). \qquad \cdots(\text{答})$$

(2) (1) より，$n = 1,\ 2,\ 3,\ \cdots$ に対して，

$$\begin{aligned} x_{n+1} - \sqrt{a} &= \frac{{x_n}^2 + a}{2x_n} - \sqrt{a} \\ &= \frac{{x_n}^2 - 2x_n\sqrt{a} + a}{2x_n} \\ &= \frac{(x_n - \sqrt{a})^2}{2x_n} \end{aligned}$$

が成り立つ．
これに注意して，$n = 1,\ 2,\ 3,\ \cdots$ に対して，

$$\sqrt{a} < x_n \qquad \cdots(*)$$

が成り立つことを数学的帰納法で示そう．
(i) x_1 についての条件から $x_1 > \sqrt{a}$ は成立．
(ii) $x_k > \sqrt{a}$ であると仮定すると，

$$x_{k+1} - \sqrt{a} = \frac{(x_k - \sqrt{a})^2}{2x_k} > 0$$

により，$x_{k+1} > \sqrt{a}$ が成り立つ．
(i), (ii) により，すべての正の整数 n に対して $(*)$ が成り立つ．これと，(1) より $n = 1,\ 2,\ 3,\ \cdots$ に対して，

$$\begin{aligned} x_n - x_{n+1} &= x_n - \frac{{x_n}^2 + a}{2x_n} \\ &= \frac{{x_n}^2 - a}{2x_n} \end{aligned}$$

が成り立つことから，

$$x_n > \sqrt{a}\ \ (n = 1,\ 2,\ 3,\ \cdots)$$

かつ

$$x_n - x_{n+1} > 0\ \ (n = 1,\ 2,\ 3,\ \cdots).$$

以上により，

$$\sqrt{a} < x_{n+1} < x_n\ \ (n = 1,\ 2,\ 3,\ \cdots)$$

が成り立つ． (証明終り)

(3) $n = 1,\ 2,\ 3,\ \cdots$ に対して，

$$\begin{aligned} x_{n+1} - \sqrt{a} &= \frac{(x_n - \sqrt{a})^2}{2x_n} \\ &= \frac{x_n - \sqrt{a}}{2x_n}(x_n - \sqrt{a}) \\ &= \frac{1}{2}\left(1 - \frac{\sqrt{a}}{x_n}\right)(x_n - \sqrt{a}) \end{aligned}$$

(2)での計算

が成り立つ．さらに，

$$0 < \frac{1}{2}\left(1 - \frac{\sqrt{a}}{x_n}\right) < \frac{1}{2}$$

により，$n = 1,\ 2,\ 3,\ \cdots$ に対して，

$$|x_{n+1} - \sqrt{a}| = \left|\frac{1}{2} - \frac{\sqrt{a}}{2x_n}\right||x_n - \sqrt{a}| < \frac{1}{2}|x_n - \sqrt{a}|$$

(∗) により等号は不成立

が成り立つ． (証明終り)

(4) (3) より，

$$|x_2 - \sqrt{a}| < \frac{1}{2}|x_1 - \sqrt{a}|$$

が成り立ち，さらに，

$$|x_3 - \sqrt{a}| < \frac{1}{2}|x_2 - \sqrt{a}| < \left(\frac{1}{2}\right)^2 |x_1 - \sqrt{a}|,$$

$$|x_4 - \sqrt{a}| < \frac{1}{2}|x_3 - \sqrt{a}| < \left(\frac{1}{2}\right)^3 |x_1 - \sqrt{a}|,$$

$$\vdots$$

であり，任意の自然数 n に対して，

$$0 \leqq |x_n - \sqrt{a}| \leqq \left(\frac{1}{2}\right)^{n-1} |x_1 - \sqrt{a}|$$

の成立がわかる．ここで，$\displaystyle\lim_{n\to\infty}\left(\frac{1}{2}\right)^{n-1}|x_1 - \sqrt{a}| = 0$ であることから，はさみうちの原理により，

$$\lim_{n\to\infty}|x_n - \sqrt{a}| = 0.$$

これより

$$\lim_{n\to\infty} x_n = \boldsymbol{\sqrt{a}}. \qquad \cdots(\text{答})$$

参考　本問は **Newton**法（ニュートン）と呼ばれる数値解析の手法を主題としている．たとえば，本問で $a = 2$，$x_1 = 1.5$ とすると，$\sqrt{2} = 1.414213562373095\cdots$ に収束する数列 $\{x_n\}$ が次の表のように得られる．

n	x_n
2	$\frac{17}{12} = 1.4166666666666\cdots$
3	$\frac{577}{408} = 1.4142156862745\cdots$
4	$\frac{665857}{470832} = 1.4142135623746\cdots$
$\vdots$	$\vdots$

$f(x)$ を 2 次関数ではなくもっと複雑な関数に取り替えても，接線と x 軸との交点をとるという操作を反復していくことで，様々な $f(x)=0$ の解の近似値を知ることに役立てることができる．一般に数列 $\{a_n\}$ が α に p 次収束するとは，ある (n に依(よ)らない) 正の定数 M が存在して，$|a_{n+1}-\alpha| \leqq M|a_n-\alpha|^p$ となることをいい，一般に (適当な条件において)Newton 法は **2 次収束**する．計算手順の簡便さと収束の速さが Newton 法の魅力であるが，更なる改良も考えられている (“A Modification of Newton's Method” (*The American Mathematical Monthly*, Vol.55, No.2, pp.90 - 94)).

#11−B 4

複素数 $z = \dfrac{1-\sin\theta + i\cos\theta}{1-\sin\theta - i\cos\theta}$ $\left(0<\theta<\dfrac{\pi}{2}\right)$ について，次の問いに答えよ．

(1) z の絶対値と偏角を求めよ．ただし，偏角は最小の正の角をとるものとする．

(2) $\theta = \dfrac{\pi}{13}$ のとき，z^n が実数となるような最小の自然数 n と，そのときの z^n の値を求めよ．

【1970 名古屋工業大学】

解説

(1)
$$\begin{aligned} z &= \frac{(1-\sin\theta+i\cos\theta)(1-\sin\theta+i\cos\theta)}{(1-\sin\theta-i\cos\theta)(1-\sin\theta+i\cos\theta)} \\ &= \frac{(1-\sin\theta+i\cos\theta)^2}{(1-\sin\theta)^2+\cos^2\theta} \\ &= \frac{(1-\sin\theta)^2+2(1-\sin\theta)\cos\theta\, i + i^2\cos^2\theta}{(1-\sin\theta)^2+(1-\sin^2\theta)} \\ &= \frac{(1-\sin\theta)^2+2(1-\sin\theta)\cos\theta\, i - (1-\sin^2\theta)}{(1-\sin\theta)^2+(1-\sin^2\theta)} \\ &= \frac{(1-\sin\theta)+2\cos\theta\, i-(1+\sin\theta)}{(1-\sin\theta)+(1+\sin\theta)} \\ &= -\sin\theta + \cos\theta i. \end{aligned}$$

$(1-\sin\theta)$ で約分した

ここで，

$$\cos\left(\theta+\frac{\pi}{2}\right) = -\sin\theta, \quad \sin\left(\theta+\frac{\pi}{2}\right) = \cos\theta$$

であることに注意すると，

$$z = \cos\left(\theta+\frac{\pi}{2}\right) + i\sin\left(\theta+\frac{\pi}{2}\right)$$

と書けることがわかる．これが偏角を正で最小としてとった z の極形式である．ゆえに，z の絶対値は $|z| = \mathbf{1}$，z の偏角は $\arg z = \boldsymbol{\theta + \dfrac{\pi}{2}}$ である．$\cdots$(答)

(2) $\theta = \dfrac{\pi}{13}$ のとき，$\theta + \dfrac{\pi}{2} = \dfrac{15}{26}\pi$ ゆえ，

$$z = \cos\frac{15}{26}\pi + i\sin\frac{15}{26}\pi.$$

すると，自然数 n に対して，de Moivre(ド モアブル) の定理により，

$$z^n = \cos\frac{15n}{26}\pi + i\sin\frac{15n}{26}\pi.$$

これが実数となるのは，$\dfrac{15n}{26}\pi$ が π の整数倍となるときであり，15 と 26 が互いに素であることに注意すると，そのような最小の自然数 n は

$$n = \mathbf{26} \qquad \cdots(\text{答})$$

である．このとき，

$$z^n = z^{26} = \cos 15\pi + i\sin 15\pi = \mathbf{-1}. \qquad \cdots(\text{答})$$

参考 (1) では，やや技巧的ではあるが，以下のように変形することができる．$1-\sin$ ではどうしようもないが，$1\pm\cos$ なら倍角公式で式変形が進む．さらに，極形式の形で商の計算を行うことで z の極形式が容易に得られる．

どういう狙いで式変形しているのかを考えながら鑑賞してもらいたい．三角関数のよい復習となるであろう．

$\varphi = \dfrac{\pi}{2} - \theta$ とおくと，$\theta = \dfrac{\pi}{2} - \varphi$ であり，

$$\sin\theta = \cos\varphi, \qquad \cos\theta = \sin\varphi$$

なので，

$$1-\sin\theta = 1-\cos\varphi = 2\sin^2\frac{\varphi}{2}$$

より，

$$\begin{aligned} z &= \frac{1-\sin\theta+i\cos\theta}{1-\sin\theta-i\cos\theta} \\ &= \frac{2\sin^2\frac{\varphi}{2} + i\sin\varphi}{2\sin^2\frac{\varphi}{2} - i\sin\varphi} \\ &= \frac{2\sin^2\frac{\varphi}{2} + i\cdot 2\sin\frac{\varphi}{2}\cos\frac{\varphi}{2}}{2\sin^2\frac{\varphi}{2} - i\cdot 2\sin\frac{\varphi}{2}\cos\frac{\varphi}{2}} \\ &= \frac{\sin\frac{\varphi}{2} + i\cos\frac{\varphi}{2}}{\sin\frac{\varphi}{2} - i\cos\frac{\varphi}{2}} \\ &= \frac{i\left(\cos\frac{\varphi}{2} - i\sin\frac{\varphi}{2}\right)}{-i\left(\cos\frac{\varphi}{2} + i\sin\frac{\varphi}{2}\right)} \end{aligned}$$

$2\sin\frac{\varphi}{2}$ で約分した

$$= \frac{i\left\{\cos\left(-\frac{\varphi}{2}\right) + i\sin\left(-\frac{\varphi}{2}\right)\right\}}{-i\left(\cos\frac{\varphi}{2} + i\sin\frac{\varphi}{2}\right)}$$
$$= -\{\cos(-\varphi) + i\sin(-\varphi)\}$$ 　$\left(-\frac{\varphi}{2}\right) - \frac{\varphi}{2} = -\varphi$
$$= \cos(\pi - \varphi) + i\sin(\pi - \varphi)$$
$$= \cos\left(\theta + \frac{\pi}{2}\right) + i\sin\left(\theta + \frac{\pi}{2}\right).$$

#11－B **5**

関数 $f(x) = 2e^{-x}\sin x$ がある．曲線 $y = |f(x)|$ $(x \geqq 0)$ と x 軸で囲まれた図形について，y 軸に近い順にその面積をそれぞれ S_0，S_1，S_2，$\cdots$ とする．

(1) S_0 の値を求めよ．

(2) 非負の整数 k に対して，S_k を k を用いて表せ．

(3) $T_n = \sum_{k=0}^{n} S_k$ を n を用いて表せ．

(4) 極限 $\lim_{n\to\infty} T_n$ を求めよ．　【2022 福島大学】

解説

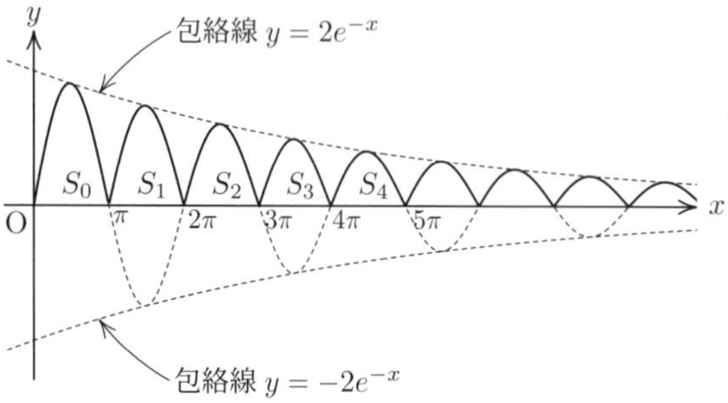

$x \geqq 0$ において，

$$|f(x)| = 0 \iff \sin x = 0 \iff x = k\pi \ (k = 0,\ 1,\ 2,\ \cdots)$$

であり，$k = 0,\ 1,\ 2, \cdots$ に対して，

$$|f(x)| = (-1)^k 2e^{-x}\sin x \quad (k\pi \leqq x \leqq (k+1)\pi).$$

また，

$$(e^{-x}\sin x)' = -e^{-x}\sin x + e^{-x}\cos x$$

と

$$(e^{-x}\cos x)' = -e^{-x}\cos x - e^{-x}\sin x$$

の辺々を足すことで，

$$(e^{-x}\sin x)' + (e^{-x}\cos x)' = -2e^{-x}\sin x$$

つまり

$$\left\{e^{-x}(\sin x + \cos x)\right\}' = -2e^{-x}\sin x$$

であることがわかる．これより，

$$\int 2e^{-x}\sin x\,dx = -e^{-x}(\sin x + \cos x) + C \ \ (C : 積分定数)$$

である．

(1) S_0 は $y = |f(x)|$ のグラフの $0 \leqq x \leqq \pi$ の部分と x 軸で囲まれる部分の面積であり，

$$S_0 = \int_0^\pi 2e^{-x}\sin x\,dx = \Big[-e^{-x}(\sin x + \cos x)\Big]_0^\pi = \boldsymbol{e^{-\pi} + 1}. \quad \cdots(答)$$

(2) $k = 0,\ 1,\ 2,\ \cdots$ に対して，S_k は $y = |f(x)|$ のグラフの $k\pi \leqq x \leqq (k+1)\pi$ の部分と x 軸で囲まれる部分の面積であり，

$$S_k = \int_{k\pi}^{(k+1)\pi} (-1)^k 2e^{-x}\sin x\,dx$$
$$= (-1)^k\Big[-e^{-x}(\sin x + \cos x)\Big]_{k\pi}^{(k+1)\pi}$$
$$= (-1)^k\left\{-e^{-(k+1)\pi}(-1)^{k+1} + e^{-k\pi}(-1)^k\right\}$$
$$= e^{-(k+1)\pi} + e^{-k\pi}$$
$$= \boldsymbol{(e^{-\pi} + 1)e^{-k\pi}}. \quad \cdots(答)$$

(3) $\{S_k\}$ は公比 $e^{-\pi}$ の等比数列をなすことが (2) よりわかる．したがって，$T_n = \sum_{k=0}^{n} S_k$ は初項 $S_0 = e^{-\pi} + 1$，公比 $e^{-\pi}$，項数 $(n+1)$ の等比数列の和であるから，

$$T_n = \frac{\boldsymbol{(e^{-\pi} + 1)\left\{1 - (e^{-\pi})^{n+1}\right\}}}{\boldsymbol{1 - e^{-\pi}}}. \quad \cdots(答)$$

(4) $0 < e^{-\pi} < 1$ より，$\lim_{n\to\infty}\left(e^{-\pi}\right)^{n+1} = 0$ であるから，

$$\lim_{n\to\infty} T_n = \frac{e^{-\pi} + 1}{1 - e^{-\pi}} = \frac{\boldsymbol{1 + e^{\pi}}}{\boldsymbol{e^{\pi} - 1}}. \quad \cdots(答)$$

参考　いわゆる正弦波 $y = A\sin x$ は振幅が A である同じ波形が繰り返されるグラフであるが，この A の部分を $2e^{-x}$ としたものが本問の $f(x)$ である．$-1 \leqq \sin x \leqq 1$ であることから，$y = f(x)$ のグラフは領域 $-2e^{-x} \leqq y \leqq 2e^{-x}$ にあることがわかる．また，x がどんどん大きくなると $2e^{-x}$ はどんどん小さくなり，これは波の "振幅" が徐々に小さくなっていくことを意味する．これは発生した波が遠くに伝わっていくにつれエネルギーが失われていくことにより "振幅" が小さくなるという現実的なモデルを表している．このような曲線は **"減衰曲線"** と呼ばれている．本問のような形の減衰曲線と x 軸で囲まれる各山型の部分の面積が等比数列をなし，それら面積の総和は無限等比級数として計算できることは知っておくとよいであろう．

Coffee Break たまに答案などで，3 次関数のグラフとして次のようなグラフを描いているものを見かける．

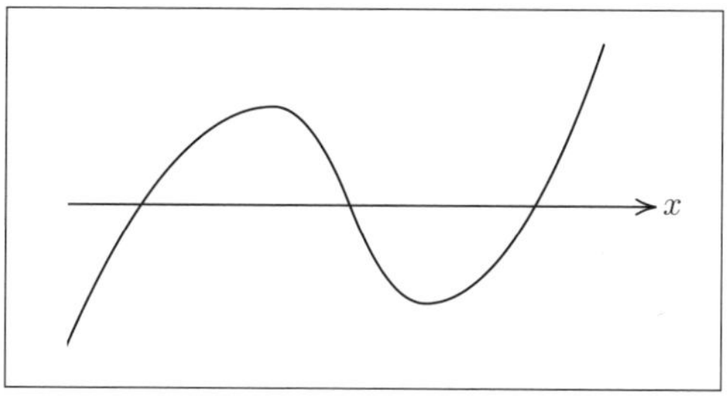

実はこのグラフには 3 次関数のグラフとして正しくない箇所がある．それがどの部分かわかるであろうか？

$a,\ b,\ c$ を $a<b<c$ を満たす実数の定数，k を正の実数の定数とする．このとき，関数 $f(x)=k(x-a)(x-b)(x-c)$ を極大にする x の値を α，極小にする x の値を β とするとき，a，b，c のうち，α に最も近い値は a であり，β に最も近い値は c である．このことを証明しておこう．まず，$k=1$ として考えてもよいことに注意する．$k=1$ のときの $f(x)$ を $g(x)$ と書くことにしよう．$a<\alpha<b<\beta<c$ であることにも注意しておく．

$g'(x)=(x-c)\{2x-(a+b)\}+(x-a)(x-b)$ より，

$$g'(\alpha)=(\alpha-c)\{2\alpha-(a+b)\}+(\alpha-a)(\alpha-b)=0$$

であるから，

$$\underbrace{(\alpha-c)}_{\oplus}\{2\alpha-(a+b)\}=\underbrace{(\alpha-a)}_{\oplus}\underbrace{(b-\alpha)}_{\oplus}.$$

したがって，$2\alpha-(a+b)>0$ とわかり，$\alpha<\dfrac{a+b}{2}$ であるから，a，b，c のうち，α に最も近い値は a である．

また，$g'(x)=(x-a)\{2x-(b+c)\}+(x-b)(x-c)$ より，

$$g'(\beta)=(\beta-a)\{2\beta-(b+c)\}+(\beta-b)(\beta-c)=0$$

であるから，

$$\underbrace{(\beta-a)}_{\oplus}\{2\beta-(b+c)\}=\underbrace{(\beta-b)}_{\oplus}\underbrace{(c-\beta)}_{\oplus}.$$

したがって，$2\beta-(b+c)>0$ とわかり，$\dfrac{b+c}{2}<\beta$ であるから，a，b，c のうち，β に最も近い値は c である．

3 次関数であれば，a と b のうち，より α に近いのは a であり，b と c のうち，より β に近いのは c であるべき!!

しかし，上で描いたグラフではそうはなっていないのである．

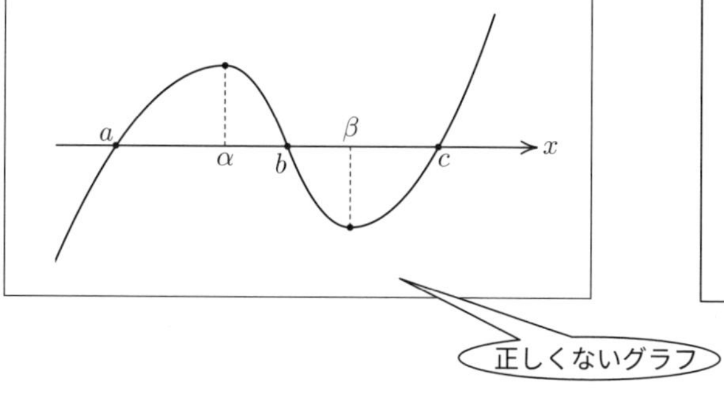

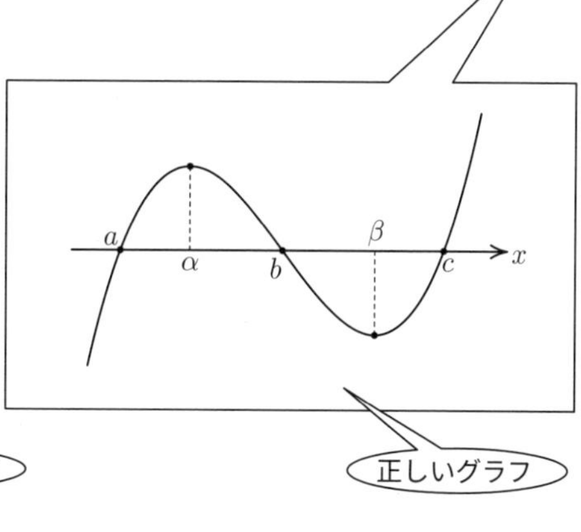

#12− A [1]

$\displaystyle\lim_{x\to\infty}\left\{\sqrt{3x^2+2x+1}-(ax+b)\right\}=0$ が成り立つような定数 a，b の値を求めよ．

【2016 藤田保健衛生大学】

解説 $a \leqq 0$ なら極限は $+\infty$ となってしまう．

これより，収束のためには $a>0$ が必要である．

$a>0$ のとき，

$$\begin{aligned}&\sqrt{3x^2+2x+1}-(ax+b)\\&=\frac{(3x^2+2x+1)-(ax+b)^2}{\sqrt{3x^2+2x+1}+(ax+b)}\\&=\frac{(3-a^2)x^2+2(1-ab)x+(1-b^2)}{\sqrt{3x^2+2x+1}+(ax+b)}\\&=\frac{(3-a^2)x+2(1-ab)+\dfrac{1-b^2}{x}}{\sqrt{3+\dfrac{2}{x}+\dfrac{1}{x^2}}+a+\dfrac{b}{x}}\end{aligned}$$

であり，$3-a^2\neq 0$，つまり，$a\neq\sqrt{3}$ なら，極限は $+\infty$ または $-\infty$ に発散してしまい，$3-a^2=0$，つまり，$a=\sqrt{3}$ なら，極限は

$$\frac{2(1-ab)}{\sqrt{3}+a}=\frac{2(1-\sqrt{3}\,b)}{2\sqrt{3}}=\frac{1-\sqrt{3}\,b}{\sqrt{3}}$$

に収束する．

これより，収束するための必要十分条件は $a=\sqrt{3}$ であることがわかる．また，$a=\sqrt{3}$ のとき，極限値は $\dfrac{1-\sqrt{3}\,b}{\sqrt{3}}$ である．

したがって，0 に収束するための必要十分条件は

$$a=\sqrt{3}\quad かつ\quad \frac{1-\sqrt{3}\,b}{\sqrt{3}}=0$$

つまり

$$a=\boldsymbol{\sqrt{3}},\quad b=\boldsymbol{\frac{1}{\sqrt{3}}}. \qquad \cdots(答)$$

#12− A [2]

複素数 $\alpha=1-i$ に対して，

$S_1=1+\alpha+\alpha^2+\cdots+\alpha^7$，$S_2=1+2\alpha+3\alpha^2+\cdots+8\alpha^7$

とするとき，S_1 と S_2 の値を求めよ．

【2003 大阪府立大学 (中期)】

解説

S_1 は公比 $\alpha\ (\neq 1)$ の等比数列の和であるので，

$$S_1=\frac{1\cdot(\alpha^8-1)}{\alpha-1}=\frac{\alpha^8-1}{\alpha-1}.$$

ここで，

$$\alpha=1-i=\sqrt{2}\left\{\cos\left(-\frac{\pi}{4}\right)+i\sin\left(-\frac{\pi}{4}\right)\right\}$$

より，de Moivre（ド・モアブル）の定理から，

$$\alpha^8=(\sqrt{2})^8\left\{\cos\left(-\frac{\pi}{4}\cdot 8\right)+i\sin\left(-\frac{\pi}{4}\cdot 8\right)\right\}=16.$$

これより，

$$S_1=\frac{16-1}{(1-i)-1}=\frac{15}{-i}=\boldsymbol{15i}. \qquad \cdots(答)$$

さらに，

$$\begin{aligned}S_2&=1+2\alpha+3\alpha^2+4\alpha^3+5\alpha^4+6\alpha^5+7\alpha^6+8\alpha^7,\\ \alpha S_2&=\qquad\ \alpha+2\alpha^2+3\alpha^3+4\alpha^4+5\alpha^5+6\alpha^6+7\alpha^7+8\alpha^8\end{aligned}$$

より，

$$S_2-\alpha S_2=1+\alpha+\alpha^2+\alpha^3+\alpha^4+\alpha^5+\alpha^6+\alpha^7-8\alpha^8$$

つまり

$$(1-\alpha)S_2=S_1-8\alpha^8$$

が成り立つ．ゆえに，

$$S_2=\frac{S_1-8\alpha^8}{1-\alpha}=\frac{15i-8\times 16}{1-(1-i)}=\boldsymbol{15+108i}. \quad \cdots(答)$$

#12− A [3]

関数 $f(x)=\dfrac{ax^2+bx+c}{x^2+2}$ $(a,\ b,\ c$ は定数$)$ が $x=-2$ で極小値 $\dfrac{1}{2}$，$x=1$ で極大値 2 をもつ．このとき，a，b，c の値を求めよ．【2006 横浜市立大学】

解説

$$f(x)=\frac{ax^2+bx+c}{x^2+2}=a+\frac{bx+(c-2a)}{x^2+2}$$

に対し，

$$\begin{aligned}f'(x)&=\frac{b(x^2+2)-\{bx+(c-2a)\}\cdot 2x}{(x^2+2)^2}\\&=\frac{-bx^2-2(c-2a)x+2b}{(x^2+2)^2}.\end{aligned}$$

ここで，$g(x)=-bx^2-2(c-2a)x+2b$ とおくと，$g(x)$ と $f'(x)$ の符号は一致する．$f(x)$ が $x=-2$ で極小値をもち，$x=1$ で極大値をもつことから，2 次式 $g(x)$ は x^2 の係数が負であり，$g(-2)=0$，$g(1)=0$ であることがわかる．

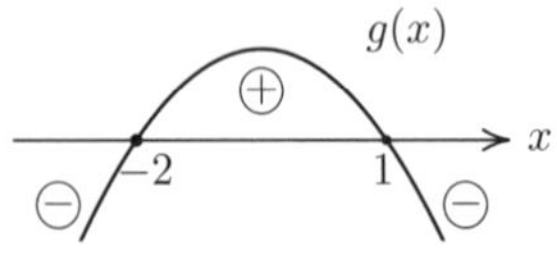

すなわち，

$$-b<0,\quad \begin{cases}g(-2)=-2b+4(c-2a)=0,\\ g(1)=b-2(c-2a)=0.\end{cases}$$

これより，

$$b>0, \quad b=2(c-2a). \qquad \cdots ①$$

さらに，$f(-2)=\dfrac{1}{2}$，$f(1)=2$ であることから，

$$\begin{cases} \dfrac{1}{2}=f(-2)=a+\dfrac{-2b+(c-2a)}{6}, \\ 2=f(1)=a+\dfrac{b+(c-2a)}{3}. \end{cases} \qquad \cdots ②$$

①，②により，

$$a=\mathbf{1}, \quad b=\mathbf{2}, \quad c=\mathbf{3}. \qquad \cdots (答)$$

参考　#1－A 6 で紹介した“分数関数の極値の計算法”によると，$f(x)$ の $x=-2$ における極値 $f(-2)$ は $\dfrac{(ax^2+bx+c)'}{(x^2+2)'}$ つまり $\dfrac{2ax+b}{2x}$ に $x=-2$ を代入した値 $\dfrac{-4a+b}{-4}$ であり，$f(x)$ の $x=1$ における極値 $f(1)$ は $\dfrac{(ax^2+bx+c)'}{(x^2+2)'}$ つまり $\dfrac{2ax+b}{2x}$ に $x=1$ を代入した値 $\dfrac{2a+b}{2}$ であることがわかる．すると，

$$\begin{cases} \dfrac{1}{2}=f(-2)=\dfrac{-4a+b}{-4}, \\ 2=f(1)=\dfrac{2a+b}{2} \end{cases}$$

により，

$$a=1, \quad b=2$$

とわかる．

c については，$f(x)=\dfrac{x^2+2x+c}{x^2+2}$ が $f(-2)=\dfrac{1}{2}$ あるいは $f(1)=2$ を満たすことから決定すればよい．

$(ax^2+bx+c)'$ により c を消せることに注目してほしい．これにより，a，b が容易に決定できている．

#12－A 4

定積分 $\displaystyle\int_0^4 \sqrt{2-\sqrt{x}}\,dx$ の値を求めよ．

【1996 小樽商科大学】

解説　$\sqrt{2-\sqrt{x}}=t$ と置換すると，

$$2-\sqrt{x}=t^2 \quad つまり \quad \sqrt{x}=2-t^2$$

である．また，$x:0\to 4$ と変化するとき，$t:\sqrt{2}\to 0$ と変化し，

$$\frac{1}{2\sqrt{x}}dx=-2tdt \quad つまり \quad dx=-4t(2-t^2)dt$$

である．これより，

$$\begin{aligned} \int_0^4 \sqrt{2-\sqrt{x}}\,dx &= \int_{\sqrt{2}}^0 t(-4t)(2-t^2)\,dt \\ &= \int_0^{\sqrt{2}} 4t^2(2-t^2)\,dt \\ &= \int_0^{\sqrt{2}} (8t^2-4t^4)\,dt \\ &= \left[\frac{8}{3}t^3-\frac{4}{5}t^5\right]_0^{\sqrt{2}} \\ &= \frac{\mathbf{32}}{\mathbf{15}}\boldsymbol{\sqrt{2}}. \end{aligned} \qquad \cdots (答)$$

#12－A 5

O を原点とする xy 平面上の 3 点 A，F，F$'$ の座標を A$(1,\ -2)$，F$(2+\sqrt{3},\ 2)$，F$'(2-\sqrt{3},\ 2)$ とする．点 P が PF$+$PF$'=4$ を満たすとき，三角形 OPA の面積が最小となるように点 P の座標を定めよ．

【1993 産業医科大学】

解説　PF$+$PF$'=4$ を満たす点 P の軌跡は 2 点 F，F$'$ を焦点とする楕円であり，その楕円の方程式は

$$\frac{(x-2)^2}{a^2}+\frac{(y-1)^2}{b^2}=1 \ \ (a>b>0)$$

とおけ，

$$\begin{cases} 2a=4, \\ \sqrt{a^2-b^2}=\sqrt{3} \end{cases} \quad つまり \quad \begin{cases} a=2, \\ b=1 \end{cases}$$

を満たすから，

$$\frac{(x-2)^2}{2^2}+(y-2)^2=1$$

である．直線 OA：$y=-2x$ を平行に y 軸方向へ上へ徐々に上げていき，楕円と共有点をもつ最初の状態を考える．このとき，楕円と傾き -2 の直線が接する点が求める点 P である．

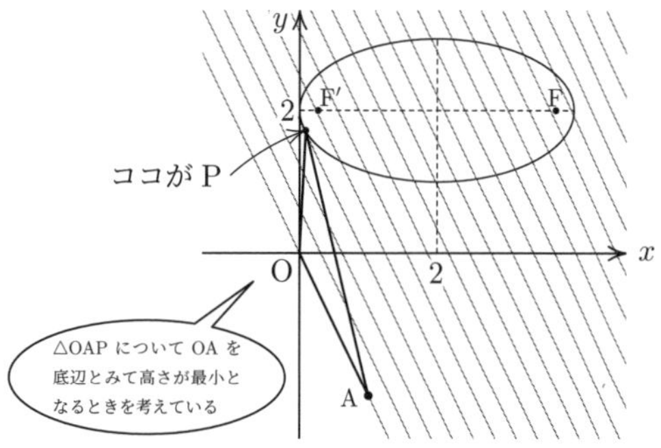

求める点 P の座標は

$$(2+2\cos\theta,\ 2+\sin\theta) \quad \left(\pi<\theta<\frac{3}{2}\pi\right)$$

パラメーター

とおける．

楕円の式 $\dfrac{(x-2)^2}{2^2}+(y-2)^2=1$ について，

$$\frac{2(x-2)}{2^2}+2(y-2)\cdot\frac{dy}{dx}=0$$

両辺を x で微分した

より

$$\frac{dy}{dx}=-\frac{x-2}{4(y-2)}.$$

これより，P における楕円の接線の傾きについて

$$-\frac{(2+2\cos\theta)-2}{4\{(2+\sin\theta)-2\}}=-2\quad つまり\quad -\frac{\cos\theta}{2\sin\theta}=-2.$$

$\cos\theta=4\sin\theta$ であるから，$\cos^2\theta+\sin^2\theta=1$ により，

$$17\sin^2\theta=1.$$

$$\therefore\ \sin^2\theta=\frac{1}{17},\quad \cos^2\theta=\frac{16}{17}.$$

$\pi<\theta<\dfrac{3}{2}\pi$ より，$\cos\theta<0$，$\sin\theta<0$ であるから，

$$\sin\theta=-\frac{1}{\sqrt{17}},\quad \cos\theta=-\frac{4}{\sqrt{17}}.$$

ゆえに，求める点 P の座標 $(2+2\cos\theta,\ 2+\sin\theta)$ は

$$\left(\mathbf{2-\frac{8}{\sqrt{17}},\ 2-\frac{1}{\sqrt{17}}}\right).\qquad\cdots(答)$$

#12– A 6

極限 $\displaystyle\lim_{n\to\infty}n^3\left(2\tan\frac{\pi}{n}-\sin\frac{2\pi}{n}\right)$ を求めよ．

【2005 立教大学】

解説

$$\begin{aligned}
&n^3\left(2\tan\frac{\pi}{n}-\sin\frac{2\pi}{n}\right)\\
&=n^3\left(2\tan\frac{\pi}{n}-2\sin\frac{\pi}{n}\cos\frac{\pi}{n}\right)\\
&=n^3\cdot2\tan\frac{\pi}{n}\left(1-\cos^2\frac{\pi}{n}\right)\\
&=n^3\cdot2\tan\frac{\pi}{n}\sin^2\frac{\pi}{n}\\
&=2n^3\cdot\frac{\tan\frac{\pi}{n}}{\frac{\pi}{n}}\left(\frac{\sin\frac{\pi}{n}}{\frac{\pi}{n}}\right)^2\cdot\left(\frac{\pi}{n}\right)^3\\
&=2\pi^3\cdot\frac{\tan\frac{\pi}{n}}{\frac{\pi}{n}}\left(\frac{\sin\frac{\pi}{n}}{\frac{\pi}{n}}\right)^2\\
&\to2\pi^3\cdot1\cdot1^2=\boldsymbol{2\pi^3}\quad(n\to\infty).\qquad\cdots(答)
\end{aligned}$$

注意　本問では次の公式を用いた．

$$\lim_{\bigstar\to0}\frac{\sin\bigstar}{\bigstar}=1,\qquad\lim_{\bigstar\to0}\frac{\tan\bigstar}{\bigstar}=1.$$

n が十分大きいとき，$\dfrac{\pi}{n}$ は十分小さく，$\tan\dfrac{\pi}{n}$ と $\sin\dfrac{\pi}{n}$ の値はともに $\dfrac{\pi}{n}$ の値とほぼ等しいとみなせ，

$$n^3\cdot2\tan\frac{\pi}{n}\sin^2\frac{\pi}{n}\fallingdotseq n^3\cdot2\cdot\frac{\pi}{n}\left(\frac{\pi}{n}\right)^2=2\pi^3$$

とみなせる．これを厳密に表現したのが上での解答である．

#12– A 7

不定積分 $\displaystyle\int\frac{1}{\sqrt{x^2+1}}dx$ を $t=\sqrt{x^2+1}+x$ と置換することにより求めよ．

【1991 小樽商科大学】

解説　$t=\sqrt{x^2+1}+x$ とおくと，

$$dt=\left(\frac{x}{\sqrt{x^2+1}}+1\right)dx\quad つまり\quad dt=\frac{\sqrt{x^2+1}+x}{\sqrt{x^2+1}}dx$$

より，C を積分定数として，

$$\begin{aligned}
\int\frac{1}{\sqrt{x^2+1}}dx&=\int\frac{1}{\sqrt{x^2+1}+x}\cdot\frac{\sqrt{x^2+1}+x}{\sqrt{x^2+1}}dx\\
&=\int\frac{1}{t}dt\\
&=\log|t|+C\\
&=\log\left|\sqrt{x^2+1}+x\right|+C\\
&=\boldsymbol{\log\left(\sqrt{x^2+1}+x\right)+C}.\qquad\cdots(答)
\end{aligned}$$

$\sqrt{x^2+1}>\sqrt{x^2}=|x|$ より，
$\sqrt{x^2+1}+x>|x|+x\geqq0.$

参考　$\displaystyle\int\frac{1}{\sqrt{x^2+1}}dx$ の計算では，本問での置換の他に，次のような置換の仕方もある．

- $x=\tan\theta\quad\left(-\dfrac{\pi}{2}<\theta<\dfrac{\pi}{2}\right)$ とおく方法．この場合，$dx=\dfrac{d\theta}{\cos^2\theta}$ であり，

$\cos\theta>0$

$$\sqrt{x^2+1}=\sqrt{\tan^2\theta+1}=\sqrt{\frac{1}{\cos^2\theta}}=\frac{1}{\cos\theta}$$

より，

$$\int\frac{1}{\sqrt{x^2+1}}dx=\int\frac{\cos\theta}{\cos^2\theta}d\theta=\int\frac{\cos\theta}{1-\sin^2\theta}d\theta$$

となり，さらにこれを計算すると

$$\begin{aligned}
\int\frac{1}{\sqrt{x^2+1}}dx&=\frac{1}{2}\int\left(\frac{\cos\theta}{\sin\theta+1}-\frac{\cos\theta}{\sin\theta-1}\right)d\theta\\
&=\frac{1}{2}\left(\log|\sin\theta+1|-\log|\sin\theta-1|\right)+C\\
&=\frac{1}{2}\log\frac{1+\sin\theta}{1-\sin\theta}+C
\end{aligned}$$

$$= \frac{1}{2}\log\frac{(1+\sin\theta)^2}{1-\sin^2\theta} + C = \log\frac{1+\sin\theta}{\cos\theta} + C$$
$$= \log\left(\frac{1}{\cos\theta} + \tan\theta\right) + C$$
$$= \boldsymbol{\log(\sqrt{x^2+1}+x)+C}.$$

- $x = \dfrac{e^u - e^{-u}}{2}$ (**双曲線関数**) とおく方法.

  $dx = \dfrac{e^u + e^{-u}}{2}du$ であり,
  $$\sqrt{x^2+1} = \sqrt{\left(\frac{e^u - e^{-u}}{2}\right)^2 + 1} = \frac{e^u + e^{-u}}{2}$$
  より,
  $$\int\frac{1}{\sqrt{x^2+1}}dx = \int\frac{2}{e^u + e^{-u}}\cdot\frac{e^u + e^{-u}}{2}du$$
  $$= \int du = u + C$$
  $$= \boldsymbol{\log(\sqrt{x^2+1}+x)+C}.$$
  $x = \dfrac{e^u - e^{-u}}{2}$ の両辺に $2e^u$ をかけて得られる

  $(e^u)^2 - 2x\cdot e^u - 1 = 0$ により $e^u = x + \sqrt{x^2+1}\ (>0)$

  であることに注意.

- $x = \dfrac{1}{2}\left(t - \dfrac{1}{t}\right)$ $(t>0)$ とおく方法.

  これは双曲線 $x^2 - y^2 = -1$ の上半分 $y = \sqrt{x^2+1}$ と漸近線の一方と平行な直線群 $x + y = t\ (>0)$ との交点の x 座標を表している.

  $\sqrt{x^2+1} = \dfrac{t^2+1}{2t}$ であり, $dx = \dfrac{t^2+1}{2t}dt$ により,
  $$\int\frac{1}{\sqrt{x^2+1}}dx = \int\frac{2t}{t^2+1}\cdot\frac{t^2+1}{2t}dt = \int dt = t + C$$
  $$= \boldsymbol{\log(\sqrt{x^2+1}+x)+C}.$$

- $\dfrac{x}{\sqrt{x^2+1}+1} = t$ とおく方法. (⟵ 少し計算が煩雑)

  これは双曲線 $x^2 - y^2 = -1$ の上半分 $y = \sqrt{x^2+1}$ の点 $(0,\ 1)$ でない点 $(x,\ y)$ と点 $(0,\ 1)$ を通る直線の傾きを t としている. 実際, この直線の傾きは
  $$\frac{\sqrt{x^2+1}-1}{x} = \frac{(x^2+1)-1}{x(\sqrt{x^2+1}+1)} = \frac{x}{\sqrt{x^2+1}+1}$$
  である. この置換では, $dx = \dfrac{2(1+t^2)}{(1-t^2)^2}dt$ となり,
  $$\int\frac{1}{\sqrt{x^2+1}}dx = \int\frac{2(1+t^2)}{(1-t^2)^2 + 2t^2(1-t^2)}dt$$
  $$= \int\frac{2}{1-t^2}dt = \log\left|\frac{t+1}{t-1}\right| + C$$
  $$= \boldsymbol{\log(\sqrt{x^2+1}+x)+C}.$$

計 5 つの置換を見たことになるが, いずれの置換も双曲線のパラメーター表示が背景にある.

Coffee Break ここでは, 楕円と双曲線の三角関数によるパラメーター表示の図形的意味を説明しておく.

楕円 $\dfrac{x^2}{a^2} + \dfrac{y^2}{b^2} = 1$ に対して,
$$\boldsymbol{x = a\cos\theta,\qquad y = b\sin\theta}$$
はその媒介変数 (parameter) 表示である.

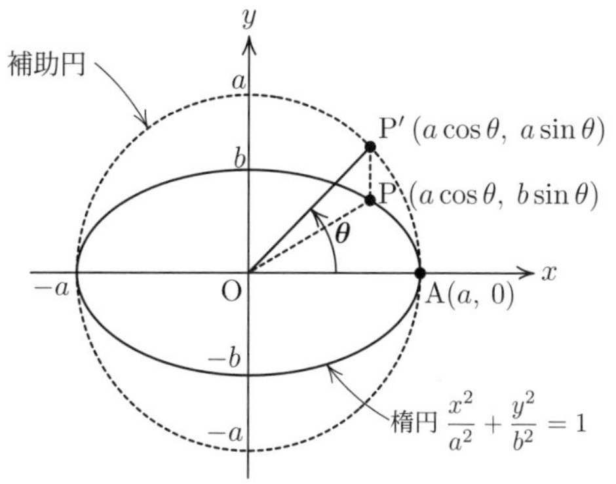

円 $x^2 + y^2 = a^2$ を楕円 $\dfrac{x^2}{a^2} + \dfrac{y^2}{b^2} = 1$ の**補助円**といい, θ を点 $\mathrm{P}(a\cos\theta,\ b\sin\theta)$ の**離心角**という.

楕円上の点 $\mathrm{P}(a\cos\theta,\ b\sin\theta)$ に対して, その離心角 θ は $\angle\mathrm{P'OA}$ であり, $\angle\mathrm{POA}$ ではないことに注意!

双曲線 $\dfrac{x^2}{a^2} - \dfrac{y^2}{b^2} = 1$ に対して,
$$\boldsymbol{x = \frac{a}{\cos\theta},\qquad y = b\tan\theta}$$
はその媒介変数 (parameter) 表示である.

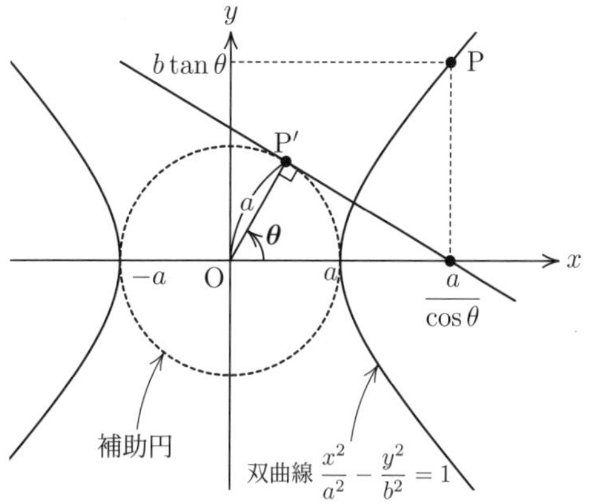

円 $x^2 + y^2 = a^2$ を双曲線 $\dfrac{x^2}{a^2} - \dfrac{y^2}{b^2} = 1$ の**補助円**, θ を点 $\mathrm{P}\left(\dfrac{a}{\cos\theta},\ b\tan\theta\right)$ の**離心角**という.

双曲線のパラメーター表示はLegendre（ルジャンドル） (1786 年) が考えたものであるが, θ の幾何学的意味はTurner（ターナー） (1846 年) による.

#12− B **1**

a を 1 より大きい実数とする．座標平面上に方程式 $x^2-\dfrac{y^2}{4}=1$ で定まる双曲線 H と，方程式 $\dfrac{x^2}{a^2}+y^2=1$ で定まる楕円 E が与えられている．H と E の第一象限における交点をＰとし，Ｐにおける H の接線を ℓ_1，Ｐにおける E の接線を ℓ_2 とする．

(1) Ｐの座標を求めよ．

(2) ℓ_1 の傾きと ℓ_2 の傾きを求めよ．

(3) ℓ_1 と ℓ_2 が垂直であることと，H と E の焦点が一致することは同値であることを示せ．

【2012 神戸大学 (後期)】

解説

(1) $\begin{cases} x^2-\dfrac{y^2}{4}=1, \\ \dfrac{x^2}{a^2}+y^2=1 \end{cases}$ から y を消去すると，$y^2=1-\dfrac{x^2}{a^2}$ より，

$$x^2-\frac{1}{4}\left(1-\frac{x^2}{a^2}\right)=1.$$

$$(4a^2+1)x^2=5a^2.$$

$$x^2=\frac{5a^2}{4a^2+1}.$$

これより，

$$y^2=1-\frac{x^2}{a^2}=1-\frac{5}{4a^2+1}=\frac{4(a^2-1)}{4a^2+1}.$$

$x>0$，$y>0$ を満たすものは

（$a>1>0$ に注意）

$$x=\frac{\sqrt{5}\,a}{\sqrt{4a^2+1}}, \qquad y=\frac{2\sqrt{a^2-1}}{\sqrt{4a^2+1}}.$$

ゆえに，H と E の第一象限における交点Ｐの座標は

$$\mathrm{P}\left(\boldsymbol{\frac{\sqrt{5}\,a}{\sqrt{4a^2+1}},\ \frac{2\sqrt{a^2-1}}{\sqrt{4a^2+1}}}\right). \quad \cdots(\text{答})$$

(2) $H: x^2-\dfrac{y^2}{4}=1$ について，両辺を x で微分すると

$$2x-\frac{y}{2}\cdot\frac{dy}{dx}=0$$

より，$y\neq 0$ のとき，

$$\frac{dy}{dx}=\frac{4x}{y}.$$

ゆえに，ℓ_1 の傾きは

（接点Ｐは第 1 象限にあり $y\neq 0$ を満たす）

$$\frac{4\cdot\dfrac{\sqrt{5}\,a}{\sqrt{4a^2+1}}}{\dfrac{2\sqrt{a^2-1}}{\sqrt{4a^2+1}}}=\boldsymbol{\frac{2\sqrt{5}\,a}{\sqrt{a^2-1}}}. \quad \cdots(\text{答})$$

また，$E:\dfrac{x^2}{a^2}+y^2=1$ について，両辺を x で微分すると

$$\frac{2x}{a^2}+2y\cdot\frac{dy}{dx}=0$$

より，$y\neq 0$ のとき，

$$\frac{dy}{dx}=-\frac{x}{a^2y}.$$

ゆえに，ℓ_2 の傾きは

$$-\frac{\dfrac{\sqrt{5}\,a}{\sqrt{4a^2+1}}}{a^2\cdot\dfrac{2\sqrt{a^2-1}}{\sqrt{4a^2+1}}}=\boldsymbol{-\frac{\sqrt{5}}{2a\sqrt{a^2-1}}}. \quad \cdots(\text{答})$$

(3) $H:\dfrac{x^2}{1}-\dfrac{y^2}{4}=1$ の焦点は $(\pm\sqrt{1+4},\ 0)$ つまり $(\pm\sqrt{5},\ 0)$ であり，$a>1$ より，$E:\dfrac{x^2}{a^2}+\dfrac{y^2}{1}=1$ の焦点は $(\pm\sqrt{a^2-1},\ 0)$ である．

（横長の楕円）

(2) より，

$$\ell_1\perp\ell_2 \iff \frac{2\sqrt{5}\,a}{\sqrt{a^2-1}}\cdot\left(-\frac{\sqrt{5}}{2a\sqrt{a^2-1}}\right)=-1$$
$$\iff 5=a^2-1$$
$$\iff a^2=6.$$

一方，H と E の焦点が一致する条件は

$$5=a^2-1$$

つまり

$$a^2=6$$

であるから，

$$\ell_1\perp\ell_2 \iff H \text{ と } E \text{ の焦点が一致}$$

であることがわかる．（証明終り）

参考　一般に，焦点が同じである楕円と双曲線 (焦点が共通の 2 次曲線のことを共焦点 2 次曲線という) は，交点におけるそれぞれの接線が直交することが知られている．

#12− B **2**

関数 $f(x)$ を

$$f(x)=\begin{cases} x^3\log|x| & (x\neq 0), \\ 0 & (x=0) \end{cases}$$

とするとき，次の各問いに答えよ．

(1) $0<x<1$ のとき，$0<-\log x<\dfrac{1}{x}$ が成り立つことを示せ．

(2) 微分係数の定義を用いて $f'(0)=0$ であることを示せ．

(3) $x\neq 0$ のとき $f'(x)$ を求めよ．

(4) 関数 $f(x)$ の極値を求めよ．【2009 鹿児島大学】

解説

(1) $0<x<1$ のとき，$\log x<0$ であるから，$0<-\log x$ が成り立つ．

$g(x)=\dfrac{1}{x}+\log x\ \ (0<x)$ とおく．

$$g'(x)=-\frac{1}{x^2}+\frac{1}{x}=\frac{x-1}{x^2}<0\ \ (0<x<1)$$

より，$g(x)$ は $0<x\leqq 1$ で単調減少．ゆえに，

$$g(x)>g(1)=1\quad(0<x<1).$$

したがって，$0<x<1$ において $g(x)>0$ つまり $-\log x<\dfrac{1}{x}$ が成り立つ． (証明終り)

(2) $x\neq 0$ に対して，

$$\frac{f(x)-f(0)}{x-0}=\frac{x^3\log|x|}{x}=x^2\log|x|$$

である．まずは $x\to+0$ としたときの極限を調べる．(1) の不等式の辺々に $-x^2\ (<0)$ をかけ，

$$-x<x^2\log x<0.$$

$\displaystyle\lim_{x\to+0}(-x)=0$ より，はさみうちの原理から，

$$\lim_{x\to+0}\frac{f(x)-f(0)}{x-0}=\lim_{x\to+0}x^2\log x=0.$$

次に，$x\to-0$ としたときの極限を調べる．$-x=t$ とおくと，

$$\lim_{x\to-0}\frac{f(x)-f(0)}{x-0}=\lim_{x\to-0}x^2\log|x|=\lim_{t\to+0}t^2\log t$$

となるが，これは先ほど調べたものと等しく 0 である．したがって，

$$\lim_{x\to+0}\frac{f(x)-f(0)}{x-0}=\lim_{x\to-0}\frac{f(x)-f(0)}{x-0}=0$$

であり，

$$\lim_{x\to0}\frac{f(x)-f(0)}{x-0}=0$$

となるから，$f(x)$ は $x=0$ で微分可能であり $f'(x)=0$ である． (証明終り)

(3) $x\neq 0$ のとき，$f(x)=x^3\log|x|$ であり，

$$\begin{aligned}f'(x)&=3x^2\log|x|+x^3\cdot\frac{1}{x}\\&=\boldsymbol{x^2(3\log|x|+1)}.\end{aligned}$$

…(答)

(4) $x\neq 0$ において

$$f'(x)=\underbrace{x^2}_{\oplus}(3\log|x|+1)=0\iff|x|=\frac{1}{\sqrt[3]{e}}$$

であり，(2) とあわせて $f(x)$ の増減表は次のようになる．

x	$\cdots$	$-\frac{1}{\sqrt[3]{e}}$	$\cdots$	0	$\cdots$	$\frac{1}{\sqrt[3]{e}}$	$\cdots$
$f'(x)$	$+$	0	$-$	0	$-$	0	$+$
$f(x)$	↗	極大	↘	0	↘	極小	↗

ゆえに，$f(x)$ は $x=-\dfrac{1}{\sqrt[3]{e}}$ のときに極大値 $\boldsymbol{\dfrac{1}{3e}}$ をとり，$x=\dfrac{1}{\sqrt[3]{e}}$ のときに極小値 $\boldsymbol{-\dfrac{1}{3e}}$ をとる． …(答)

注意　$f(x)$ は $x=0$ で連続であること，すなわち，$\displaystyle\lim_{x\to0}f(x)=f(0)$ であることが (1) の不等式からわかる．また，$f(x)=-f(-x)$ であることから $f(x)$ が奇関数であることもわかる．

#12−B 3

xyz 座標空間において，不等式

$$x^2+y^2+\log(1+z^2)\leqq\log 2$$

の定める立体の体積を求めよ． 【2009 埼玉大学】

解説　立体

（x と y は対称的．z だけ違う．．．）

$$\left\{(x,\ y,\ z)\mid x^2+y^2+\log(1+z^2)\leqq\log 2\right\}$$

を K とし，その体積を V とする．（z 軸と垂直な断面は円!）

t を実数の定数として，平面 $z=t$ による立体 K の断面を考える．断面は集合

$$\left\{(x,\ y,\ t)\mid x^2+y^2+\log(1+t^2)\leqq\log 2\right\}$$

つまり（実質 $(x,\ y)$ の集合）

$$\left\{(x,\ y,\ t)\mid x^2+y^2\leqq\log 2-\log(1+t^2)\right\}$$

で表される．ここで，

$$\log 2-\log(1+t^2)\begin{cases}<0 & (|t|>1\text{ のとき}),\\=0 & (|t|=1\text{ のとき}),\\>0 & (|t|<1\text{ のとき})\end{cases}$$

より，断面は

$$\begin{cases}|t|>1\text{ のとき，存在せず},\\|t|=1\text{ のとき，点 }(0,\ 0,\ t),\\|t|<1\text{ のとき，円 }x^2+y^2\leqq\log 2-\log(1+t^2),\ z=t\end{cases}$$

である．$|t|<1$ のとき，断面の面積は

$$\pi\{\log 2-\log(1+t^2)\}$$

であり，これは $|t|=1$ のときにも成り立つので，求める体積 V は

（偶関数）

$$V=\int_{-1}^{1}\pi\{\log 2-\log(1+t^2)\}dt$$
$$=2\pi\log 2-2\pi\int_0^1\log(1+t^2)dt$$

と表せる．ここで，$\displaystyle\int_0^1\log(1+t^2)dt$ について，部分積分法を用いて，

$$\int_0^1\log(1+t^2)dt=\Big[t\cdot\log(1+t^2)\Big]_0^1-\int_0^1 t\cdot\frac{2t}{1+t^2}dt$$
$$=\log 2-2\int_0^1\frac{t^2}{1+t^2}dt$$
$$=\log 2-2\int_0^1\left(1-\frac{1}{1+t^2}\right)dt$$
$$=\log 2-2+2\underbrace{\int_0^1\frac{dt}{1+t^2}}_{=\frac{\pi}{4}}$$

（$t=\tan\theta$ と置換）

$$=\log 2-2+\frac{\pi}{2}.$$

したがって，求める体積 V は，

$$V=2\pi\log 2-2\pi\left(\log 2-2+\frac{\pi}{2}\right)$$
$$=\boldsymbol{\pi(4-\pi)}.\qquad\cdots(答)$$

#12－B **4**

0 でない複素数 z に対し，$w=z+\dfrac{4}{z}$ とする．

(1) z が複素数平面上で円 $|z|=1$ 上を動くとき，w が複素数平面上で描く図形を図示せよ．

(2) w が実数となるような z 全体が表す複素数平面上の図形を図示せよ．

(3) z が (2) で求めた図形上にあって，かつ $|z-2|\leqq 4$ であるとき，$|z-3-4i|$ の最大値を求めよ．

【2016 青山学院大学】

解説

(1) $z=p+qi$ （p，q は実数で $p^2+q^2=1$ を満たす）に対し，

$$w=z+\frac{4}{z}=(p+qi)+\frac{4}{p+qi}$$
$$=(p+qi)+4\cdot\frac{p-qi}{p^2+q^2}$$
$$=5p-3qi.$$

（$p^2+q^2=1$）

よって，$w=u+vi$ （u，v は実数）が軌跡に含まれる条件は

$$u=5p,\quad v=-3q$$

を満たす p，q （p，q は $p^2+q^2=1$ を満たす実数）が存在すること．これはすなわち，

$$\left(\frac{u}{5}\right)^2+\left(-\frac{v}{3}\right)^2=1\quad つまり\quad \frac{u^2}{25}+\frac{v^2}{9}=1.$$

これより，点 w の軌跡は次の太線で示す楕円である．

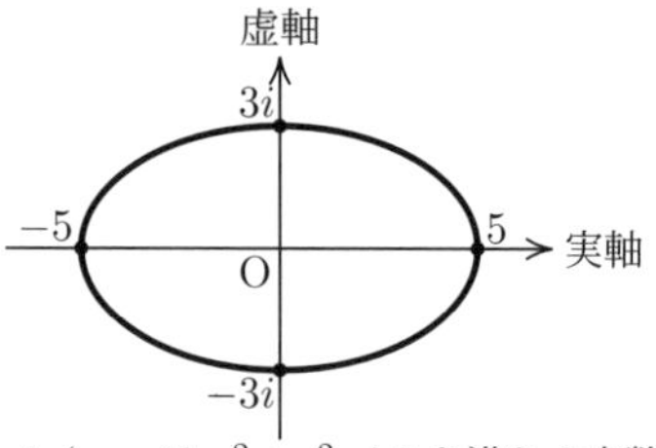

(2) $z=p+qi$ （p，q は $p^2+q^2\neq 0$ を満たす実数）に対し，

$$w=z+\frac{4}{z}=(p+qi)+\frac{4}{p+qi}$$
$$=(p+qi)+4\cdot\frac{p-qi}{p^2+q^2}$$
$$=p\left(1+\frac{4}{p^2+q^2}\right)+q\left(1-\frac{4}{p^2+q^2}\right)i.$$

よって，w が実数となる $z=p+qi$ の条件は

$$q\left(1-\frac{4}{p^2+q^2}\right)=0.$$

すなわち，

$$p^2+q^2\neq 0,\ q=0\quad または\quad p^2+q^2=4.$$

これを図示すると次の太線部分である．

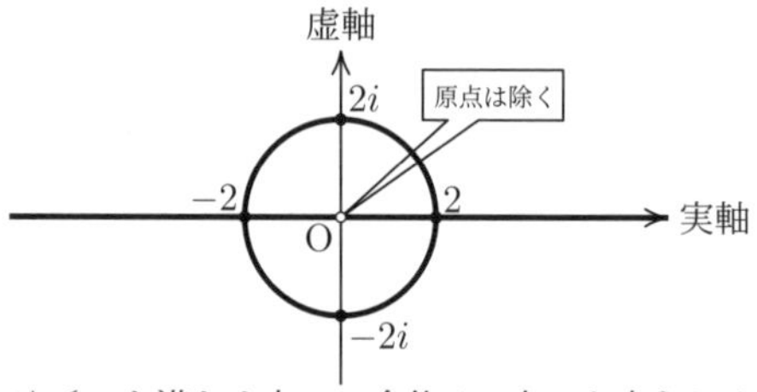

(3) $|z-2|\leqq 4$ を満たす点 z の全体は，点 2 を中心とする半径 4 の円の周および内部である．このことに注意すると，点 z が動く範囲は，次の図の太線部分である．

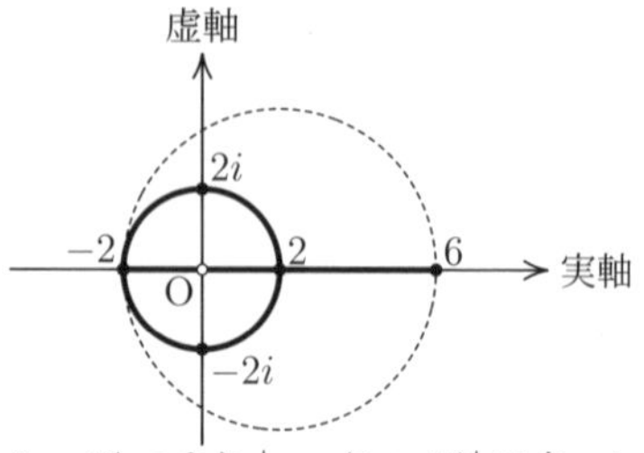

$|z-3-4i|$ つまり $|z-(3+4i)|$ は点 z と点 $3+4i$ との距離を表すことに注意すると，求める最大値は太線部分のうち，点 $3+4i$ から最も離れた点との距離である．

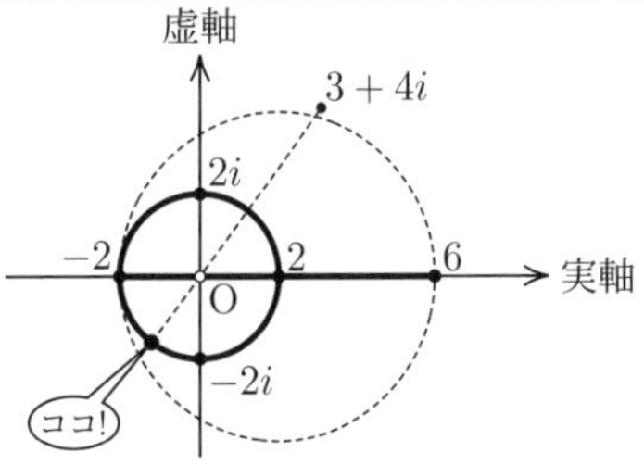

$|z-3-4i|$ つまり $|z-(3+4i)|$ を最大とする点 z は 2 点 $3+4i$, 0 を通る直線と円 $|z|=2$ との交点のうち，点 0 に関して点 $3+4i$ と反対側にある点である．ゆえに，求める最大値は

$$\begin{aligned}&(2\text{点}\ 3+4i,\ 0\ \text{間の距離})+(\text{円の半径})\\&=|3+4i|+2=5+2=\mathbf{7}.\end{aligned}$$ $\cdots$(答)

注意　(1) では z が単位円 $|z|=1$ 上を動くことから，極形式 $z=\cos\theta+i\sin\theta$ とおいて w の軌跡を調べることもできる．実際，

$$\begin{aligned}w&=z+\frac{4}{z}\\&=(\cos\theta+i\sin\theta)+4\{\cos(-\theta)+i\sin(-\theta)\}\\&=5\cos\theta-3\sin\theta\, i\end{aligned}$$

であり，w の実部 $\mathrm{Re}(w)$，虚部 $\mathrm{Im}(w)$ について

$$\mathrm{Re}(w)=5\cos\theta,\quad \mathrm{Im}(w)=-3\sin\theta$$

であることから，θ が 0 から 2π まで変化するに伴い，点 w は楕円 $\frac{x^2}{25}+\frac{y^2}{9}=1$ 上を点 (5, 0) から時計回りに 1 周することがわかる．

(2) では，共役複素数による計算で考えることもできる．実際，複素数 w が実数となるための条件は

$$w=\overline{w}\quad \text{すなわち}\quad z+\frac{4}{z}=\overline{z+\frac{4}{z}}.$$

これを変形して

$$z+\frac{4}{z}=\overline{z}+\frac{4}{\overline{z}}.$$

$$(z-\overline{z})+4\left(\frac{1}{z}-\frac{1}{\overline{z}}\right)=0.$$

$$(z-\overline{z})-4\cdot\frac{z-\overline{z}}{|z|^2}=0.$$

$$(z-\overline{z})\left(1-\frac{4}{|z|^2}\right)=0.$$

$$z\neq 0,\quad \underbrace{z=\overline{z}}_{z\text{ は実数}}\quad \text{または}\quad |z|=2.$$

参考　一般に，a を正の実数として，$w=z+\frac{a^2}{z}$ によって複素数 z を複素数 w に対応させる変換を **Joukowski**（ジューコフスキー）変換という (本問はこの a が 2 のケース)．ジューコフスキー (1847 ~ 1921) はロシアの科学者で，流体力学や航空力学の分野で功績を残し，ロシア航空界の父と呼ばれた．

#12− B **1** で紹介した**共焦点 2 次曲線の交点における接線が直交する**性質は，このジューコフスキー変換を介して理解することが可能である．

#12− B **5**

(1) $\displaystyle\int_0^{\frac{\pi}{4}}\log\cos\left(\theta-\frac{\pi}{4}\right)d\theta=\int_0^{\frac{\pi}{4}}\log\cos\theta\,d\theta$ を示せ．

(2) $x=\tan\theta$ とおくことで，$\displaystyle\int_0^1\frac{\log(1+x)}{1+x^2}dx$ の値を求めよ．　【1967 群馬大学】

解説

(1) $\frac{\pi}{4}-\theta=t$ とおくと，$\theta:0\to\frac{\pi}{4}$ のとき，$t:\frac{\pi}{4}\to 0$ と変化し，$d\theta=(-1)dt$ であるので，

$$\begin{aligned}\int_0^{\frac{\pi}{4}}\log\cos\left(\theta-\frac{\pi}{4}\right)d\theta&=\int_{\frac{\pi}{4}}^{0}\log\cos(-t)(-1)dt\\&=\int_0^{\frac{\pi}{4}}\log\cos(-t)dt\\&=\int_0^{\frac{\pi}{4}}\log\cos\theta\,d\theta.\end{aligned}$$ (証明終り)

(2) $\displaystyle\int_0^1\frac{\log(1+x)}{1+x^2}dx$ において $x=\tan\theta$ $\left(-\frac{\pi}{2}<\theta<\frac{\pi}{2}\right)$ とおくと，$dx=\frac{1}{\cos^2\theta}d\theta$ であり，$x:0\to 1$ のとき，$\theta:0\to\frac{\pi}{4}$ と変化するので，

$$\begin{aligned}&\int_0^1\frac{\log(1+x)}{1+x^2}dx=\int_0^{\frac{\pi}{4}}\frac{\log(1+\tan\theta)}{1+\tan^2\theta}\cdot\frac{1}{\cos^2\theta}d\theta\\&=\int_0^{\frac{\pi}{4}}\log(1+\tan\theta)d\theta=\int_0^{\frac{\pi}{4}}\log\frac{\cos\theta+\sin\theta}{\cos\theta}d\theta\\&=\int_0^{\frac{\pi}{4}}\log(\cos\theta+\sin\theta)d\theta-\int_0^{\frac{\pi}{4}}\log\cos\theta d\theta\\&=\int_0^{\frac{\pi}{4}}\log\overbrace{\left\{\sqrt{2}\cos\left(\theta-\frac{\pi}{4}\right)\right\}}^{\cos\text{ 合成した!}}d\theta-\int_0^{\frac{\pi}{4}}\log\cos\theta d\theta\\&=\int_0^{\frac{\pi}{4}}\left\{\log\sqrt{2}+\log\cos\left(\theta-\frac{\pi}{4}\right)\right\}d\theta-\int_0^{\frac{\pi}{4}}\log\cos\theta d\theta\\&=\int_0^{\frac{\pi}{4}}\log\sqrt{2}\,d\theta+\underbrace{\int_0^{\frac{\pi}{4}}\log\cos\left(\theta-\frac{\pi}{4}\right)d\theta-\int_0^{\frac{\pi}{4}}\log\cos\theta d\theta}_{(1)\text{ よりここは打ち消しあって 0 とわかる}}\\&=\frac{\pi}{4}\cdot\log\sqrt{2}=\boldsymbol{\frac{\pi\log 2}{8}}.\end{aligned}$$ $\cdots$(答)

参考　本問の積分は，『解析概論』(高木貞治著，岩波) という有名な微積分の本で置換積分の例として採用されている積分である．

付録 1　反復部分積分

部分積分について，教科書では，

$$\begin{aligned}\int x\sin x\,dx &= \int x(-\cos x)'dx \\ &= x(-\cos x) - \int (x)'(-\cos x)\,dx \\ &= -x\cos x + \sin x + C\end{aligned}$$

などがとりあげられている．また，部分積分を繰り返すようなものとして，$\displaystyle\int x^2e^x\,dx$ などがとりあげられている．

$$\begin{aligned}\int x^2e^x\,dx &= \int x^2(e^x)'dx \\ &= x^2e^x - \int (x^2)'e^x\,dx \\ &= x^2e^x - 2\int xe^x\,dx \\ &= x^2e^x - 2\int x(e^x)'\,dx \\ &= x^2e^x - 2\left\{xe^x - \int (x)'e^x\,dx\right\} \\ &= x^2e^x - 2xe^x + 2e^x + C \\ &= (x^2-2x+2)e^x + C.\end{aligned}$$

ここでは，部分積分を繰り返し適用する (反復部分積分) について解説したい．
そこで，何度か部分積分を繰り返すと，どのようになるかを一般的にみてみよう!
関数 $f(x)$ を k 回積分したものを $F_k(x)$ と表すと，

$$\begin{aligned}\int f(x)g(x)\,dx &= \boldsymbol{F_1(x)g(x) - \int F_1(x)g'(x)\,dx} \\ &= F_1(x)g(x) - \left(F_2(x)g'(x) - \int F_2(x)g''(x)\,dx\right) \\ &= \boldsymbol{F_1(x)g(x) - F_2(x)g'(x) + \int F_2(x)g''(x)\,dx} \\ &= \boldsymbol{F_1(x)g(x) - F_2(x)g'(x) + F_3(x)g''(x) - \int F_3(x)g'''(x)\,dx} \\ &= F_1(x)g(x) - F_2(x)g'(x) + F_3(x)g''(x) - \left(F_4(x)g'''(x) - \int F_4(x)g''''(x)\,dx\right) \\ &= \boldsymbol{F_1(x)g(x) - F_2(x)g'(x) + F_3(x)g''(x) - F_4(x)g'''(x) + \int F_4(x)g''''(x)\,dx} \\ &= \boldsymbol{F_1(x)g(x) - F_2(x)g'(x) + F_3(x)g''(x) - F_4(x)g'''(x) + F_5(x)g''''(x) - \int F_5(x)g'''''(x)\,dx}.\end{aligned}$$

このように，符号は交互に替わり，最後 (尻尾) に積分が残る．

微分側は，初めだけそのままで，あとは微分を繰り返す．

積分側は，積分を繰り返し，最後だけそのまま．

最初 (頭) と最後 (尻尾) は部分積分を 1 回適用した場合と同じ要領で，胴体部分が長くなるイメージ!

最初 (頭の部分) については，微分側はそのまま，積分側は積分する．
最後 (尻尾の部分) については，積分側はそのまま，微分側は微分する．

微分側は微分を繰り返し，
積分側は積分を繰り返す．
符号はマイナスからはじまり交互に替わる．

一般的に書くと，次のようになる．[*1]　f を n 回積分したものを F_n，g を n 回微分したものを $g^{(n)}$ で表す．

反復部分積分 (Repeated Integration by Parts)

積分　積分　積分　積分し続ける　そのまま

$$\int f\,g\,dx = F_1 g - F_2 g' + F_3 g'' - \cdots\cdots\cdots + (-1)^{n-1} F_n g^{(n-1)} + (-1)^n \int F_n g^{(n)}\,dx.$$

そのまま　微分　微分　微分し続ける　微分

ところで，教科書の例として挙げた $\int x\sin x\,dx$ では積分計算を実質 2 回[*2]している．また，もう一つの例として挙げた $\int x^2 e^x\,dx$ では積分計算を実質 3 回[*3]している．

これらを部分積分の反復適用で一度に計算すると，次のようになる．[*4]

積分　積分　そのまま

$$\int x\,\sin x\,dx = x\,(-\cos x) - 1\cdot(-\sin x) + \int 0\cdot(-\sin x)\,dx = -x\cos x + \sin x + C.$$

そのまま　微分　微分

積分　積分　積分　そのまま

$$\int x^2 e^x\,dx = x^2\cdot e^x - 2x\cdot e^x + 2\cdot e^x - \int 0\cdot e^x\,dx = e^x(x^2 - 2x + 2) + C.$$

そのまま　微分　微分　微分

最後の尻尾部分の積分では，「積分されたままの関数」と「定数関数の微分としての zero」がかけられて，被積分関数は単に「zero」となる． 反復部分積分は定積分でも同様の仕組みとなる．定積分での例を挙げておく．

Ex 1

積分　積分　そのまま　(省略)

$$\int_2^4 (x-2)(x-3)\,dx = \left[\frac{1}{2}(x-2)^2\cdot(x-3) - \frac{1}{6}(x-2)^3\cdot 1\right]_2^4 + \int_2^4 0\,dx = \frac{2}{3}.$$

そのまま　微分　微分　かけて 0

Ex 2

積分　積分　積分　そのまま　(省略)

$$\int_1^3 (x-1)^2(x-3)^2 dx = \left[\frac{1}{3}(x-1)^3\cdot(x-3)^2 - \frac{1}{12}(x-1)^4\cdot 2(x-3) + \frac{1}{60}(x-1)^5\cdot 2\right]_1^3 - \int_1^3 0\,dx = \frac{16}{15}.$$

そのまま　微分　微分　微分　かけて 0

[*1] ここで解説する内容は，日本の微積分の教科書として有名な『解析概論』 高木貞治 (岩波) p.127 に記載されているし，“CALCULUS PROBLEMS AND SOLUTIONS” A. GINZBURG (DOVER) という本の p.145 にも記載されている．海外の論文では，たとえば “A Formula for Repeated Integration by Parts” (*The American Mathematical Monthly*, Vol.47, No.9, pp.643 - 644) で紹介されており，また，日本では筆者が懇意にしていただいている長谷川進先生の著書『高木貞治とブンブン』(Kindle 版) がある．長谷川先生の本では，電子書籍ならではの強みを活かし，反復適用の過程がパラパラ漫画式で解説されており，リズミカルに読める．

[*2] 1 回目は部分積分で，2 回目は部分積分した後の残りの積分計算のこと．

[*3] 1，2 回目は部分積分で，3 回目は部分積分した後の残りの積分計算のこと．

[*4] ただし，反復部分積分において，積分計算が可能なところで部分積分を止めてしまうことが多い (と思う) が，それでも止めずに部分積分を使うところがミソである．「尻尾の積分を $\int 0\,dx$ とするまで (可能な場合に限るが) 部分積分をし続ける」という発想．

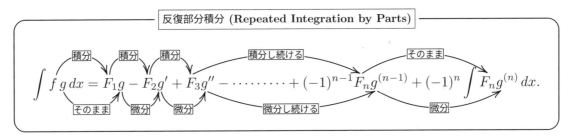

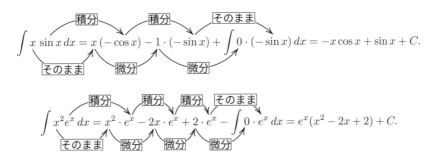

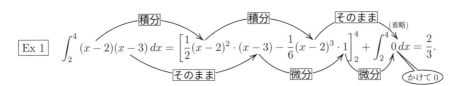

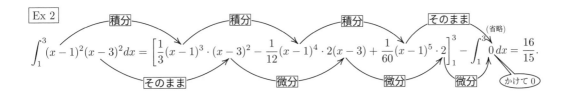

微分側？ / 積分側？　役割の決め方の方針

$\displaystyle\int_a^b (x-\alpha)^m(x-\beta)^n dx$ を反復部分積分するとき，計算量を減らすには . . .

(I) $m > n$ であれば $(x-\alpha)^m$ の方を積分して部分積分を始める．$n > m$ であれば，$(x-\beta)^n$ の方を積分して部分積分を始める．なぜならば，反復部分積分は**「微分側が 0 になったら終了」**という仕組みなので，微分する回数が少ないと楽!!　そのため，**次数の低い方が “微分側”** になるように，次数の高い方を積分して部分積分を行うとよい．

(II) $m = n$ であれば，積分区間の上端・下端をみて，そのいずれかが α であれば，$(x-\alpha)^m$ を積分して部分積分を始める．そのいずれかが β であれば，$(x-\beta)^n$ を積分して部分積分を始める．そうすることで，上端あるいは下端の値を代入すると 0 となり，計算が楽にできる．

微分側に回す関数が多項式関数であるとき，微分を続けていくといずれ zero になるので，積分側の関数とかけても zero となり，最後の積分は結局は消える運命にある! 一方，(指数関数) × (三角関数) のようにいつまでも微分側が消えない場合には，最後の積分を書くことになる．ただし，いずれにせよ，微分と積分を続けたものを符号を交互に替えて書いていき，最後 (尻尾) にはいつもの部分積分の形 (「積分側は積分したまま，微分側は微分したもの」で終わる形) を書けばよい!

慣れてきたら，不定積分の場合には最後 (尻尾) に現れる $\displaystyle\int 0\,dx$ は積分定数 C と書き，定積分の場合には最後 (尻尾) に現れる $\displaystyle\int_{♠}^{♣} 0\,dx$ は 0 であるから何も書かないようにすればよい (以下では念の為，書いておく).

Ex 3
$$\int (x+1)\,e^x dx = (x+1)\,e^x - 1\cdot e^x + \int 0\,dx = xe^x + C.$$

Ex 4
$$\int_0^\pi x^2 \sin x\,dx = \Big[\,x^2\cdot(-\cos x) - 2x\cdot(-\sin x) + 2\cdot\cos x\,\Big]_0^\pi - \int_0^\pi 0\,dx = \pi^2 - 4.$$

ミスを防ぐ Point

- 微分側の式と積分側の式は左右の配置をそのまま保ち，途中で入れ替えたりしない!
- 係数のかけ算，約分，符号処理などの計算は途中ではしない!

Ex 5
$$\int_0^1 (x^2-x)e^x\,dx = \Big[\,(x^2-x)\cdot e^x - (2x-1)\cdot e^x + 2\cdot e^x\,\Big]_0^1 - \int_0^1 0\,dx = e - 3.$$

Ex 6
$$\int_0^\pi x^2 \cos x\,dx = \Big[\,x^2\cdot\sin x - 2x\cdot(-\cos x) + 2\cdot(-\sin x)\,\Big]_0^\pi - \int_0^\pi 0\,dx = -2\pi.$$

Ex 7
$$\int_0^1 x\,(e^x + e^{-x})\,dx = \Big[\,x\cdot(e^x - e^{-x}) - 1\cdot(e^x + e^{-x})\,\Big]_0^1 + \int_0^1 0\,dx = 2\big(1 - e^{-1}\big).$$

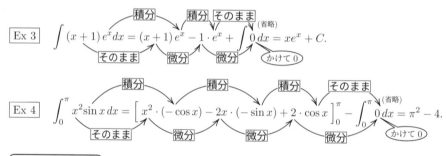

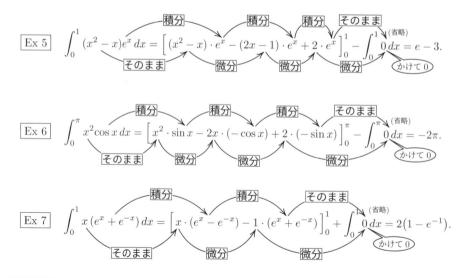

(指数関数)×(三角関数) の積分

$\int$(指数関数) × (正弦関数) や $\int$(指数関数) × (余弦関数) では部分積分を 2 度適用することで，求めたい積分についての 1 次方程式が得られ，そこから積分を求めることができる．部分積分するときには，

(微分側，積分側) = (指数関数，三角関数) としてもよいし，逆に，(三角関数，指数関数) としてもよい．

どちらでも部分積分を 2 度適用すればよいが，**三角関数は積分より微分の方が楽に計算できる**であろうから

(微分側，積分側) = (三角関数，指数関数)

とすることをおすすめする．

Ex 8　$I = \int e^x \cos 2x\,dx$ とおく．

積分　積分　そのまま

$$\int e^x \cos 2x\,dx = e^x \cos 2x - e^x(-2\sin 2x) + \int e^x(-4\cos 2x)\,dx.$$

そのまま　微分　微分

$$I = e^x\left(\cos 2x + 2\sin 2x\right) - 4I \qquad \text{より} \qquad I = \frac{e^x\left(\cos 2x + 2\sin 2x\right)}{5} + C.$$

Ex 9　$J = \int_0^{\frac{\pi}{2}} e^{-x} \sin 2x\,dx$ とおく．

積分　積分　そのまま

$$\int_0^{\frac{\pi}{2}} e^{-x} \sin 2x\,dx = \Big[\left(-e^{-x}\right)\sin 2x - e^{-x}\cdot(2\cos 2x)\Big]_0^{\frac{\pi}{2}} + \int_0^{\frac{\pi}{2}} \left(e^{-x}\right)\cdot(-4\sin 2x)\,dx.$$

そのまま　微分　微分

$$J = \left(2e^{-\frac{\pi}{2}} + 2\right) - 4J \qquad \text{より} \qquad J = \frac{2}{5}\left(e^{-\frac{\pi}{2}} + 1\right).$$

最後に，一つだけ注意をしておく．**log がからむ部分積分では，反復適用はしない方がよい．**
なぜなら，$\left(\log x\right)' = \dfrac{1}{x}$ により関数の種類が変わり，部分積分を 1 度適用すると，$\dfrac{1}{x}$ と他の関数との掛け算によって被積分関数が整形されるからである．

例

$$\int \sqrt{x}\log x\,dx = \int x^{\frac{1}{2}}\log x\,dx = \frac{2}{3}x^{\frac{3}{2}}\log x - \int \frac{2}{3}\,\boldsymbol{x^{\frac{3}{2}}\cdot\frac{1}{x}}\,dx$$

（$x^{\frac{1}{2}}$：積分側，$\log x$：微分側，$\boldsymbol{x^{\frac{3}{2}}\cdot\frac{1}{x}}$ → 整形 → $\boldsymbol{x^{\frac{1}{2}}}$）

$$= \frac{2}{3}x\sqrt{x}\log x - \int \frac{2}{3}\,\boldsymbol{x^{\frac{1}{2}}}\,dx$$
$$= \frac{2}{3}x\sqrt{x}\log x - \frac{2}{3}\cdot\frac{2}{3}x^{\frac{3}{2}} + C$$
$$= \frac{2}{3}x\sqrt{x}\left(\log x - \frac{2}{3}\right) + C.$$

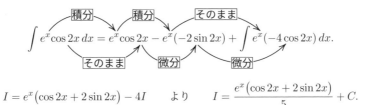

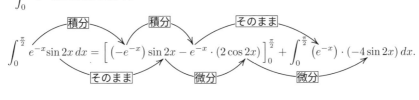

付録 2　部分分数分解

$\dfrac{多項式}{多項式}$ の形の関数，つまり，$P(x)$, $Q(x)$ を x の多項式 (ただし，$Q(x)$ は 0 でないとする) とし，$\dfrac{P(x)}{Q(x)}$ の形でかける関数のことを**有理関数**という．有理関数がどんな形に部分分数分解できるかは，**分母の因数**によって決まっている．

ここでは，分子の多項式 $P(x)$ と分母の多項式 $Q(x)$) の係数がすべて実数であるものを考える．

有理関数 $\dfrac{P(x)}{Q(x)}$ が *proper* であるとは，多項式 $P(x)$ の次数が多項式 $Q(x)$ の次数より小さい場合をいい，有理関数 $\dfrac{P(x)}{Q(x)}$ が *improper* であるとは，多項式 $P(x)$ の次数が多項式 $Q(x)$ の次数以上である場合をいう．[*1]

ここで，有理関数 $\dfrac{A(x)}{B(x)}$ が *improper* であるとき，多項式の割り算によって，

$$\frac{A(x)}{B(x)} = \underbrace{Q(x)}_{\text{多項式}} + \underbrace{\frac{R(x)}{B(x)}}_{proper}$$

とかくことができる．ここで，$Q(x)$ は $A(x)$ を $B(x)$ で割った商であり，$R(x)$ は余りである．

$\dfrac{P(x)}{Q(x)}$ の部分分数分解 (分母の次数をより小さくするような変形) の見つけ方を 4 タイプに分けて説明する．

Case - I	分母が異なる 1 次式の積の形
Case - II	分母に同じ 1 次の因数が含まれる形
Case - III	分母に既約な 2 次式が 1 つだけ含まれる形
Case - IV	分母に既約な 2 次式が重複して含まれる形

既約な 2 次式とは，実数を係数とする 1 次式の積に因数分解できないような 2 次式のことである．

Case - I 分母 $Q(x)$ が異なる 1 次式の積の形

$Q(x) = (a_1x + b_1)(a_2x + b_2)\cdots(a_nx + b_n)$ のとき，

$$\frac{P(x)}{Q(x)} = \frac{A_1}{a_1x + b_1} + \frac{A_2}{a_2x + b_2} + \cdots + \frac{A_n}{a_nx + b_n}.$$

ここで，A_1，A_2，$\cdots$，A_n はすべて定数．

例　$$\frac{3x - 11}{x^2 - 4x - 21} = \frac{3x - 11}{(x + 3)(x - 7)} = \frac{A}{x + 3} + \frac{B}{x - 7}.$$

分母を払った $3x - 11 = A(x - 7) + B(x + 3)$ が恒等式となるように未知定数 A, B を決めると，$A = 2$, $B = 1$.

$$\therefore\quad \frac{3x - 11}{x^2 - 4x - 21} = \frac{2}{x + 3} + \frac{1}{x - 7}.$$

Case - II 分母 $Q(x)$ に同じ 1 次の因数が含まれる形

$(ax + b)$ が k 乗として含まれる場合には，Case - I での $\dfrac{A}{ax + b}$ の部分を

$$\frac{A_1}{(ax + b)} + \frac{A_2}{(ax + b)^2} + \cdots + \frac{A_k}{(ax + b)^k}$$

という形の式で置き換える．

[*1] “*proper*” の日本語訳は「真分数」，“*improper*” の日本語訳は「仮分数」である．この日本語訳は有理数の場合にはまだしっくりくるが，有理関数に対して日本語でこのような言い回しはほとんどしないのが現状である．そのため，ここでは *proper*，*improper* を用語として直接用いることにする．

例 1　$\dfrac{2x}{\underbrace{(x+1)}_{1\text{ 次式}}{}^2}$ であれば，部分分数分解した形は，

$$\frac{2x}{\underbrace{(x+1)}_{1\text{ 次式}}{}^2} = \frac{A}{x+1} + \frac{B}{(x+1)^2}.$$

分母を払った $2x = A(x+1) + B$ が恒等式となるように未知定数 A，B を決めると，$A = 2$，$B = -2$.

$$\therefore\ \frac{2x}{(x+1)^2} = \frac{2}{x+1} - \frac{2}{(x+1)^2}.$$

例 2　$\dfrac{x^2+6x+11}{(x-1)\underbrace{(x+2)}_{1\text{ 次式}}{}^2}$.　⟵ *proper* な有理関数.　この部分分数分解は次の形：

$$\frac{x^2+6x+11}{(x-1)(x+2)^2} = \frac{A}{x-1} + \frac{B}{x+2} + \frac{C}{(x+2)^2}.$$

$(x-1)(x+2)^2$ をかけて分母を払い，3 つの未知定数を求めると，$A = 2$，$B = -1$，$C = -1$.

$$\therefore\ \frac{x^2+6x+11}{(x-1)(x+2)^2} = \frac{2}{x-1} - \frac{1}{x+2} - \frac{1}{(x+2)^2}.$$

Case - III　分母 $Q(x)$ に既約な 2 次式が 1 つだけ含まれる形

分母 $Q(x)$ の因数分解に既約な 2 次式 $\alpha x^2 + \beta x + \gamma$ が含まれる場合には，対応する部分分数の形としては，

$$\frac{Ax+B}{\alpha x^2+\beta x+\gamma}.$$

例　$\dfrac{7}{(x+2)(x^2+3)}$.　⟵ *proper* な有理関数.　この部分分数分解は次の形：

$$\frac{7}{(x+2)(x^2+3)} = \frac{A}{x+2} + \frac{Bx+C}{x^2+3}.$$

$(x+2)(x^2+3)$ をかけて分母を払い，3 つの未知定数を求めると，$A = 1$，$B = -1$，$C = 2$.

$$\therefore\ \frac{7}{(x+2)(x^2+3)} = \frac{1}{x+2} - \frac{x-2}{x^2+3}.$$

Case - IV　分母 $Q(x)$ に既約な 2 次式が重複して含まれる形

分母 $Q(x)$ に既約な 2 次式 $(\alpha x^2+\beta x+\gamma)$ の k 乗が含まれる場合，対応する部分分数の形としては，1 乗のときの $\dfrac{Ax+B}{\alpha x^2+\beta x+\gamma}$ を

$$\frac{A_1x+B_1}{\alpha x^2+\beta x+\gamma} + \frac{A_2x+B_2}{(\alpha x^2+\beta x+\gamma)^2} + \cdots + \frac{A_kx+B_k}{(\alpha x^2+\beta x+\gamma)^k}$$

に置き換えた形になる.

例 1　$\dfrac{3x^4+5}{x(x^2+1)^2}$.　⟵ *proper* な有理関数.　この部分分数分解は次の形：

$$\frac{3x^4+5}{x(x^2+1)^2} = \frac{A}{x} + \frac{Bx+C}{x^2+1} + \frac{Dx+E}{(x^2+1)^2}.$$

分母を払い，5 つの未知定数を求めると，$A = 5$，$B = -2$，$C = 0$，$D = -8$，$E = 0$.

$$\therefore\ \frac{3x^4+5}{x(x^2+1)^2} = \frac{5}{x} - \frac{2x}{x^2+1} - \frac{8x}{(x^2+1)^2}.$$

例 2　$\dfrac{2x^3-x^2+7}{(x+5)(x-1)^3(x^2+x+1)(x^2+4)^2}$.　⟵ *proper* な有理関数.　この部分分数分解は次の形：

$$\frac{A}{x+5} + \frac{B}{x-1} + \frac{C}{(x-1)^2} + \frac{D}{(x-1)^3} + \frac{Ex+F}{x^2+x+1} + \frac{Gx+H}{x^2+4} + \frac{Ix+J}{(x^2+4)^2}.$$

分母が相異なる 1 次式の積に分解できるとき，部分分数の分子の未知定数は

ヘビサイドのカバーアップ (Heaviside cover - up)

と呼ばれる方法で簡単に知ることができる．

有理関数 $\dfrac{P(x)}{Q(x)}$ の分母が n 個の相異なる 1 次式の積 (重複しない!) に分解できるとき，

$$\frac{P(x)}{Q(x)} = \frac{P(x)}{(x-a_1)(x-a_2)\cdots(x-a_n)} = \frac{A_1}{x-a_1} + \frac{A_2}{x-a_2} + \cdots + \frac{A_n}{x-a_n}.$$

A_1 を知りたいとき，

$$\left.\frac{P(x)}{(x-a_2)\cdots(x-a_n)}\right|_{x=a_1}$$

（手で隠す）

一般に，$f(x)\Big|_{x=\bullet}$ は $f(x)$ の x に $\bullet$ を代入した値 $f(\bullet)$ を表す代入記号である．

によって A_1 がわかる．なぜなら，分母を払った式

$$P(x) = A_1(x-a_2)(x-a_3)\cdots(x-a_n) + \underbrace{(x-a_1)\cdot \sim\sim\sim\sim\sim\sim}_{(x-a_1)\text{ でくくれる}}$$

に $x = a_1$ を代入することにより，

$$P(a_1) = A_1(a_1-a_2)(a_1-a_3)\cdots(a_1-a_n).$$

$$\therefore\ A_1 = \frac{P(a_1)}{(a_1-a_2)(a_1-a_3)\cdots(a_1-a_n)}.$$

同様に，$(x-a_i)$ を手で隠して，それ以外の部分に対して，$x = a_i$ を代入したものが A_i である．

<u>例</u>　$\dfrac{5x-6}{(x-1)(x+2)(x-3)(x+4)}$.

$$\frac{5x-6}{(x-1)(x+2)(x-3)(x+4)} = \frac{A_1}{x-1} + \frac{A_2}{x+2} + \frac{A_3}{x-3} + \frac{A_4}{x+4}.$$

$$A_1 = \left.\frac{5x-6}{(x+2)(x-3)(x+4)}\right|_{x=1} = \frac{1}{30},$$

$$A_2 = \left.\frac{5x-6}{(x-1)(x-3)(x+4)}\right|_{x=-2} = -\frac{8}{15},$$

$$A_3 = \left.\frac{5x-6}{(x-1)(x+2)(x+4)}\right|_{x=3} = \frac{3}{14},$$

$$A_4 = \left.\frac{5x-6}{(x-1)(x+2)(x-3)}\right|_{x=-4} = \frac{12}{35}.$$

$$\therefore\ \frac{5x-6}{(x-1)(x+2)(x-3)(x+4)} = \frac{\frac{1}{30}}{x-1} + \frac{-\frac{8}{15}}{x+2} + \frac{\frac{3}{14}}{x-3} + \frac{\frac{12}{35}}{x+4}.$$

積分での入試出題例

1 $\displaystyle\int_2^4 \frac{dx}{x(x+2)}$.　【2013 茨城大学】

2 $\displaystyle\int_0^4 \frac{2}{(x+1)(x+2)(x+3)}dx$.　【2022 東京理科大学】

3 $\displaystyle\int_1^2 \frac{2x+1}{x^2-7x+12}dx$.　【2016 東京電気大学】

答

1 $\displaystyle\int_2^4 \frac{dx}{x(x+2)} = \int_2^4 \left(\frac{\frac{1}{2}}{x} + \frac{-\frac{1}{2}}{x+2}\right) = \frac{1}{2}\Big[\log x - \log(x+2)\Big]_2^4 = \frac{1}{2}\log\frac{4}{3}$.

2 $\displaystyle\int_0^4 \frac{2}{(x+1)(x+2)(x+3)}dx = \int_0^4 \left(\frac{1}{x+1} + \frac{-2}{x+2} + \frac{1}{x+3}\right)dx = \Big[\log(x+1) - 2\log(x+2) + \log(x+3)\Big]_0^4 = \log\frac{35}{27}$.

3 $\displaystyle\int_1^2 \frac{2x+1}{x^2-7x+12}dx = \int_1^2 \frac{2x+1}{(x-3)(x-4)}dx = \int_1^2 \left(\frac{-7}{x-3} + \frac{9}{x-4}\right)dx = \Big[-7\log|x-3| + 9\log|x-4|\Big]_1^2 = 16\log 2 - 9\log 3$.

付録3　shell integral

ここでは，“shell integral” と呼ばれる回転体の体積を求める手法について解説する．そのために，定積分で面積や体積が計算できる仕組みを復習しておく．

まずは，面積から復習しよう．たとえば，次の領域

$$D = \left\{(x,\ y) \,\middle|\, 1 \leqq x \leqq 2,\ \ 0 \leqq y \leqq x^2\right\}$$

の面積 S は

$$S = \int_1^2 x^2 dx = \left[\frac{x^3}{3}\right]_1^2 = \frac{2^3 - 1^3}{3} = \frac{7}{3}$$

と計算できる．これはなぜであろうか?

S は次の左図の斜線部分の面積である．この面積だけを考えていても進展しないが，右端を $x = 2$ で縛るのではなく，t $(t \geqq 1)$ を変数とし，$x = t$ として右端が自由に動けるようにすると議論が進みだす (ここがポイント)．

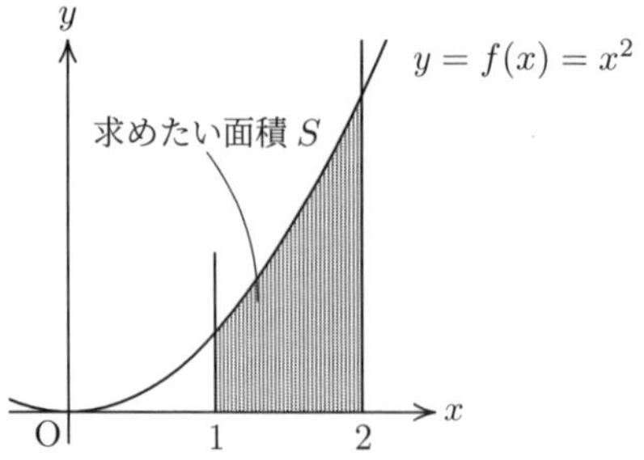

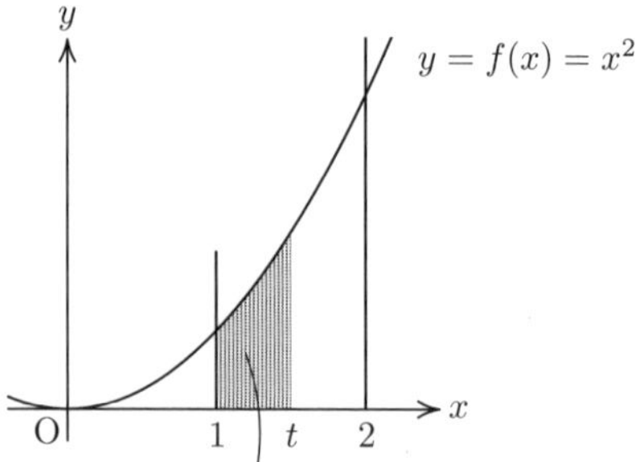

t を 1 以上の実数を動く変数とする．$x = 1$，$x = t$，x 軸，$C : y = f(x) = x^2$ で囲まれる部分の面積は t を決めるとそれに応じて値が定まるので t の関数であり，これを $S(t)$ と書くことにする．$S(1) = 0$ であり，求めたい面積 S は $S(2)$ である．

ここで，$S = S(2)$ を求めるにあたり，t を少しだけ変化させたときの $S(t)$ の変化の様子に着目してみる ($S(t)$ がどんな関数なのかを調べたい．そのために微分のアイデアを使う)!

十分小さな h (> 0) をとると，$S(t+h) - S(t)$ は下図の網かけ部分の面積であり，長方形との面積比較により，

$$f(t) \cdot h < S(t+h) - S(t) < f(t+h) \cdot h \qquad \cdots ①$$

を満たす．

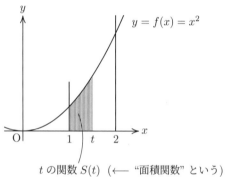

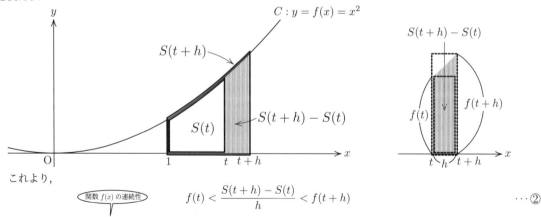

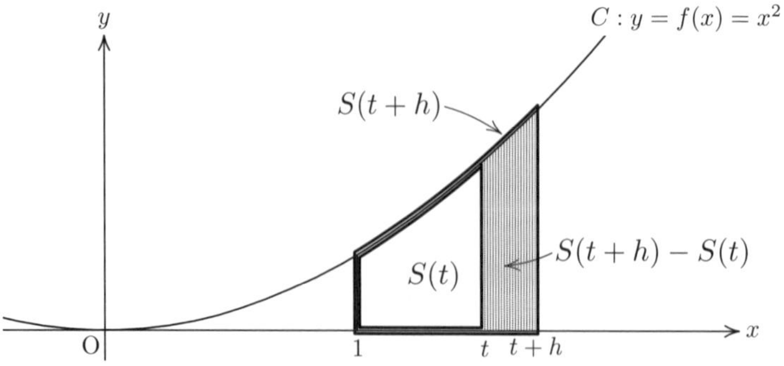

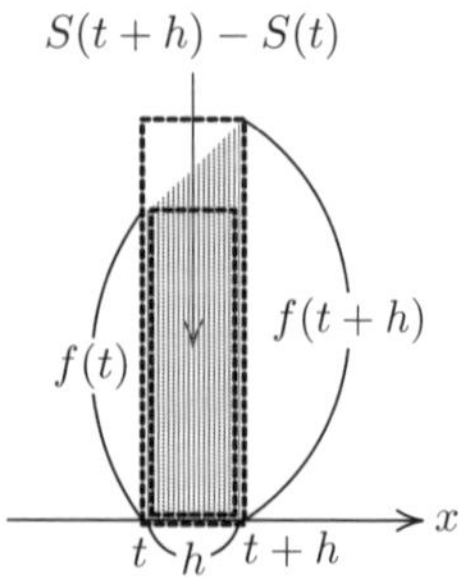

これより，

$$f(t) < \frac{S(t+h) - S(t)}{h} < f(t+h) \qquad \cdots ②$$

(関数 $f(x)$ の連続性)

であり，$\displaystyle\lim_{h \to 0} f(t+h) = f(t)$ より，はさみうちの原理 (厳密には，$h < 0$ のときの議論も必要だが，その場合の議論は

$-h$ を変数として符号に注意して書き換えれば，ほぼ同様の議論となるのでここでは省略する) から，

$$\lim_{h \to 0} \frac{S(t+h)-S(t)}{h} = f(t). \qquad \cdots ③$$

これは面積関数 $S(t)$ の導関数が，

$$S'(t) = f(t)$$

であることを意味している ($S(t)$ がどのような変化をする関数なのかがわかった!).

さらに，$S(1) = 0$ であることから，

$$S(t) = S(1) + \int_1^t S'(x)dx = \int_1^t f(x)dx = \int_1^t x^2 dx = \left[\frac{x^3}{3}\right]_1^t = \frac{1}{3}t^3 - \frac{1}{3}$$

である．つまり，面積関数 $S(t)$ は関数 $f(x)$ の積分で得られる．

これより，いま求めたい面積 S は $S = S(2)$ として得られるし，さらには，1 以上の一般の t に対して $S(t) = \frac{1}{3}t^3 - \frac{1}{3}$ であることもわかる．これが定積分で面積が計算できる仕組みである．

より一般には，連続関数 $f(x)$ に対して，

Weierstrass（ワイエルシュトラス）の定理

閉区間 $[a, b]$ で連続な関数 $f(x)$ には最大値と最小値が存在する．

(⟵ "当たり前" だと思うかもしれないが，実は奥が深い．高校数学では直観的に理解しておいてよい．)

で保証されているように，$t \leqq x \leqq t+h$ における $f(x)$ の最大値 M，最小値 m を用いて，①の不等式は

$$m \cdot h < S(t+h) - S(t) < M \cdot h \qquad \cdots ①'$$

となり，それゆえ，②の不等式は

$$m < \frac{S(t+h)-S(t)}{h} < M \qquad \cdots ②'$$

と対応する．$f(x)$ の連続性より，$h \to 0$ のとき m も M も $f(t)$ に近づくので，

$$\lim_{h \to 0} \frac{S(t+h)-S(t)}{h} = f(t) \qquad \cdots ③$$

の成立がわかる．面積関数の微小変化分を一番低い長方形と一番高い長方形で挟んで評価している．これは刻一刻と変化する量の足し合わせの計算である積分が，瞬間瞬間では高さの変化はないと考えて一律に掛け算し (長方形の面積とみなし)，それを連続的に足し合わせていく計算であることに対応している．

では次に，体積が積分で計算できる原理をみてみよう．たとえば，次の領域

$$D = \left\{(x,\ y) \,\middle|\, 0 \leqq x \leqq 2,\ \ 0 \leqq y \leqq (x-2)^2\right\}$$

を y 軸の周りに一回転して得られる回転体の体積 V は

$$V = \int_0^4 \pi(2-\sqrt{y})^2 dy = \pi \int_0^4 \left(4 - 4y^{\frac{1}{2}} + y\right) dy = \pi \left[4y - \frac{8}{3}y^{\frac{3}{2}} + \frac{1}{2}y^2\right]_0^4 = \frac{8}{3}\pi$$

と計算できる (このような体積の計算方法は **disk integral** と呼ばれる)．これはなぜであろうか?

面積を考えた場合と同様に，今回は，"体積関数" を考える．

t $(0 \leqq t \leqq 4)$ に対して，この回転体の高さが t 以下である部分の体積は，t の値を決めるとそれに応じて定まるので，t の関数であり，これを $V(t)$ と書くことにする．$V(0) = 0$ であり，求めたい体積 V は $V(4)$ である．

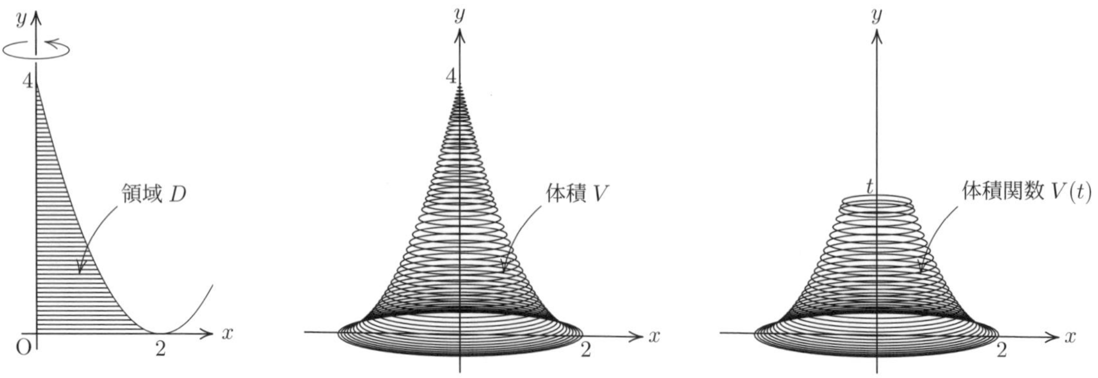

ここで，$V = V(4)$ を求めるにあたり，t を少しだけ変化させたときの $V(t)$ の変化の様子に着目してみる ($V(t)$ がどんな関数なのかを調べたい．そのために微分のアイデアを使う)!

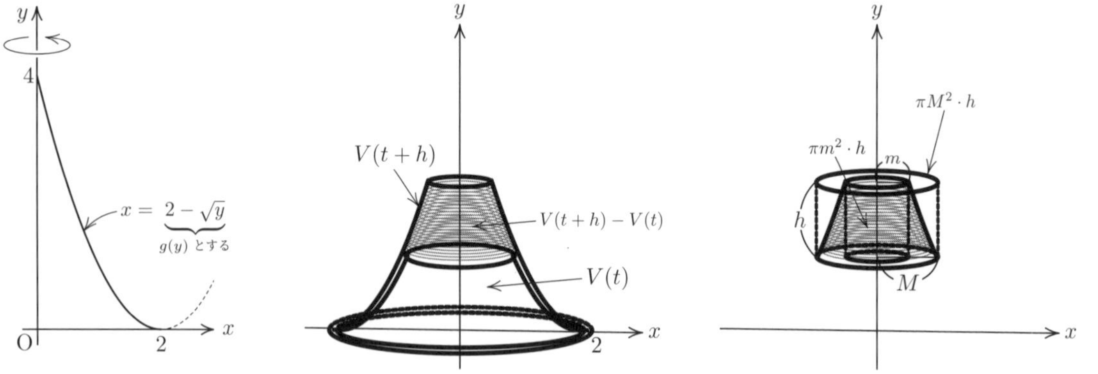

ここで，m，M はそれぞれ $x = g(y)$ の $t \leqq y \leqq t+h$ における最小値，最大値とし，十分小さな $h\ (>0)$ をとると，$V(t+h) - V(t)$ は

$$\pi m^2 \cdot h < V(t+h) - V(t) < \pi M^2 \cdot h$$

を満たす．これは体積関数の微小変化分を底面が一番半径の小さい円の円柱と一番半径の大きい円の円柱で挟んで評価したものである．これより，

$$\pi m^2 < \frac{V(t+h) - V(t)}{h} < \pi M^2$$

であり，$\lim_{h\to 0} m = \lim_{h\to 0} M = g(t)$ より，はさみうちの原理 (厳密には，$h < 0$ のときの議論も必要だが，その場合の議論は $-h$ を変数として符号に注意して書き換えれば，ほぼ同様の議論となるのでここでは省略する) から，

$$\lim_{h\to 0} \frac{V(t+h) - V(t)}{h} = \pi\{g(t)\}^2.$$

これは体積関数 $V(t)$ の導関数が，

$$V'(t) = \pi\{g(t)\}^2$$

であることを意味している ($V(t)$ がどのような変化をする関数なのかがわかった!)．

さらに，$V(0) = 0$ であることから，

$$\begin{aligned}
V(t) &= V(0) + \int_0^t V'(y)dy \\
&= \int_0^t \pi\{g(y)\}^2 dy \\
&= \int_0^t \pi(2-\sqrt{y})^2 dy = \pi\left[4y - \frac{8}{3}y^{\frac{3}{2}} + \frac{1}{2}y^2\right]_0^t = \pi\left(4t - \frac{8}{3}t^{\frac{3}{2}} + \frac{1}{2}t^2\right)
\end{aligned}$$

である．これより，いま求めたい体積 V は $V = V(4)$ として得られる．

これが定積分で体積が計算できる仕組みである．

さて，これらの準備を踏まえて，**shell integral** と呼ばれる回転体の体積計算の手法を解説する．さきほどの例で計算した体積 V を shell integral のアイデアで計算すると次のようになる．

“disk integral” で設定した体積関数 $V(t)$ とは別の体積関数を考える．$V(t)$ と区別するために今回の体積関数は $W(t)$ とかくことにする．

$0 \leqq t \leqq 2$ に対して，領域

$$D_t = \left\{(x,\ y) \mid 0 \leqq x \leqq t,\ \ 0 \leqq y \leqq (x-2)^2\right\}$$

を y 軸の周りに一回転して得られる回転体の体積が $W(t)$ である．これは t の値を決めるとそれに応じて値が定まるので t の関数である．

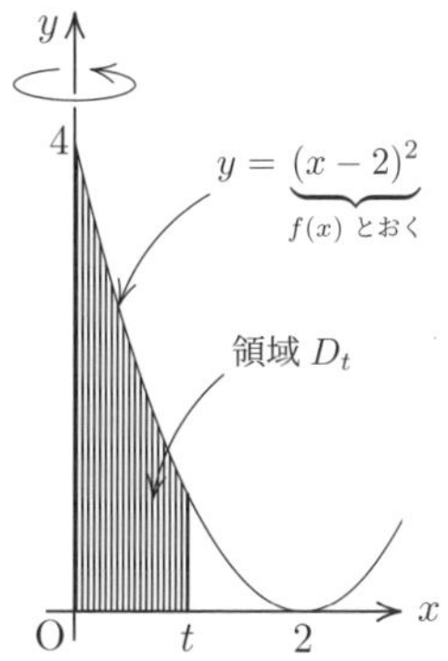

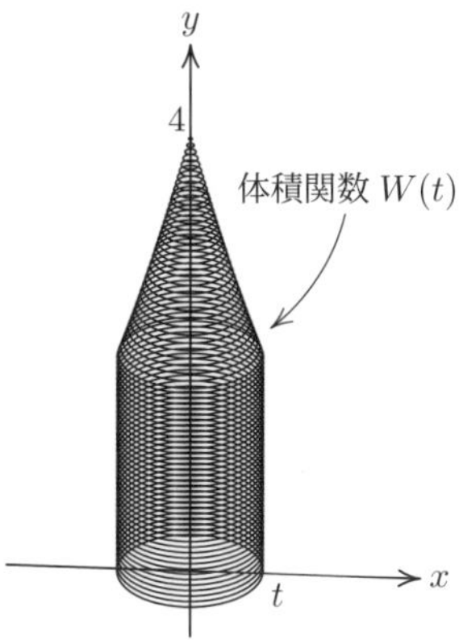

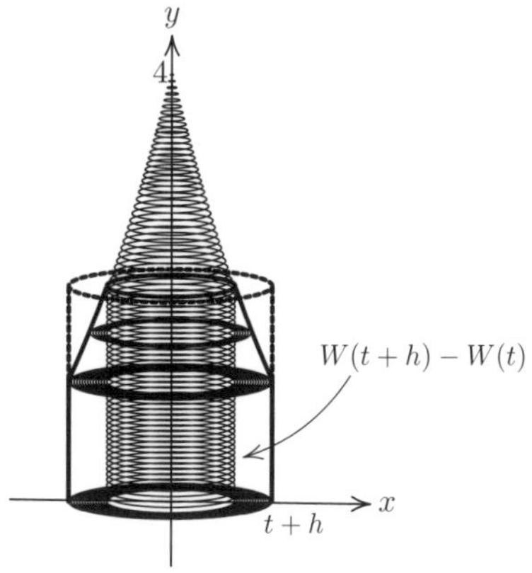

ここで，m，M はそれぞれ $y = f(x)$ の $t \leqq x \leqq t+h$ における最小値，最大値とすると，十分小さな $h\ (>0)$ をとると，$W(t+h) - W(t)$ は

$$\pi \underbrace{\left\{(t+h)^2 - t^2\right\}}_{h(2t+h)} \cdot m < W(t+h) - W(t) < \pi \underbrace{\left\{(t+h)^2 - t^2\right\}}_{h(2t+h)} \cdot M$$

を満たす．これは体積関数の微小変化分を底面積が等しく $\pi\{(t+h)^2 - t^2\}$ である高さが一番低い円筒と一番高い円筒で挟んで評価したものである．これより，

$$\pi(2t+h)m < \frac{W(t+h) - W(t)}{h} < \pi(2t+h)M$$

であり，$\lim_{h \to 0} m = \lim_{h \to 0} M = f(t)$ と $2t + h \to 2t$ より，はさみうちの原理 (厳密には，$h < 0$ のときの議論も必要だが，その場合の議論は $-h$ を変数として符号に注意して書き換えれば，ほぼ同様の議論となるのでここでは省略する) から，

$$\lim_{h \to 0} \frac{W(t+h) - W(t)}{h} = 2\pi t f(t).$$

これは体積関数 $W(t)$ の導関数が，

$$W'(t) = 2\pi t f(t)$$

であることを意味している ($W(t)$ がどのような変化をする関数なのかがわかった!)．

さらに，$W(0) = 0$ であることから，

$$\begin{aligned} W(t) &= W(0) + \int_0^t W'(x)dx \\ &= \int_0^t 2\pi x f(x) dx \\ &= \int_0^t 2\pi x (x-2)^2 dx = 2\pi \left[\frac{1}{4}x^4 - \frac{4}{3}x^3 + 2x^2\right]_0^t = 2\pi \left(\frac{1}{4}t^4 - \frac{4}{3}t^3 + 2t^2\right) \end{aligned}$$

である．これより，求めたい体積 V は $V = W(2) = \dfrac{8}{3}\pi$ として得られる．もちろん，disc integral の方法で計算した結果と一致している．

このように，shell integral の方法は，微小増加体積を円筒の体積とみなして積分する手法である．*1

shell integral

$a \geqq 0$ とし，$f(x)$ は $a \leqq x \leqq b$ で連続，かつ $f(x) \geqq 0$ であるとする．このとき，領域

$$\left\{(x,\ y) \,\middle|\, 0 \leqq y \leqq f(x),\ \ a \leqq x \leqq b\right\}$$

を y 軸の周りに回転させてできる回転体の体積 V は

$$\boldsymbol{V = \int_a^b 2\pi x f(x)\,dx}.$$

【2022 信州大】　座標平面上の放物線 $C_1 : y = x^2 + \dfrac{1}{2}x$ の $x \geqq 0$ の部分と放物線 $C_2 : y = \dfrac{1}{4}x^2 - \dfrac{3}{2}x + 4$ および直線 $l : y = \dfrac{1}{2}x$ によって囲まれる図形を，y 軸のまわりに 1 回転してできる回転体の体積 V を求めよ．

解説　C_1 と l とは原点で接しており，C_2 と l とは点 $(4,\ 2)$ で接している．

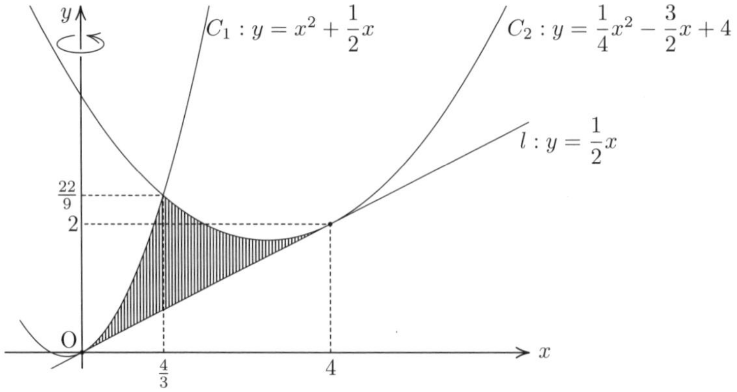

shell integral により，

$$\begin{aligned}
V &= \int_0^{\frac{4}{3}} 2\pi x\left\{\left(x^2 + \frac{1}{2}x\right) - \frac{1}{2}x\right\}dx + \int_{\frac{4}{3}}^{4} 2\pi x\left\{\left(\frac{1}{4}x^2 - \frac{3}{2}x + 4\right) - \frac{1}{2}x\right\}dx \\
&= \int_0^{\frac{4}{3}} 2\pi x \cdot x^2 dx + \int_{\frac{4}{3}}^{4} 2\pi x \cdot \frac{1}{4}(x-4)^2\,dx \\
&= 2\pi\int_0^{\frac{4}{3}} x^3 dx + \frac{\pi}{2}\left(\left[x \cdot \frac{1}{3}(x-4)^3 - 1 \cdot \frac{1}{12}(x-4)^4\right]_{\frac{4}{3}}^{4} + \int_{\frac{4}{3}}^{4} 0\,dx\right) \\
&= \boldsymbol{\frac{640}{81}\pi}.
\end{aligned}$$

（反復部分積分 (付録 1)）　　$\cdots$(答)

*1 M. E. Boardman & R. B. Nelsen, College Calculus A One-Term Course for Students with Previous Calculus Experience という本は定理 1.1 がこの shell integral の公式から始まっている面白い本である．

【2023 東京都立大】　サイクロイド

$$\begin{cases} x = \theta - \sin\theta, \\ y = 1 - \cos\theta \end{cases}$$

の $0 \leqq \theta \leqq 2\pi$ の部分と x 軸で囲まれた図形を，y 軸のまわりに 1 回転してできる立体の体積 V を求めよ．

解説　(サイクロイドについては，#9– B **1** を参照．)

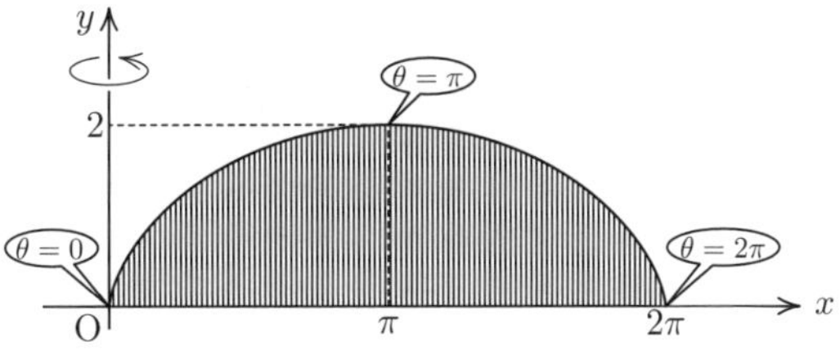

shell integral により，

$$\begin{aligned} V &= \int_0^{2\pi} 2\pi xy\,dx \\ &= 2\pi \int_0^{2\pi} (\theta - \sin\theta)(1-\cos\theta)\overbrace{(1-\cos\theta)\,d\theta}^{dx} \\ &= 2\pi \int_0^{2\pi} (\theta - \sin\theta)(1-\cos\theta)^2 d\theta \\ &= 2\pi \int_0^{2\pi} (\theta - \sin\theta)(1 - 2\cos\theta + \cos^2\theta) d\theta \\ &= 2\pi \int_0^{2\pi} (\theta - 2\theta\cos\theta + \theta\cos^2\theta - \sin\theta + 2\sin\theta\cos\theta - \sin\theta\cos^2\theta) d\theta \\ &= 2\pi \int_0^{2\pi} \left(\theta - 2\theta\cos\theta + \theta\cdot\frac{1+\cos 2\theta}{2} - \sin\theta + \sin 2\theta - \sin\theta\cos^2\theta\right) d\theta \\ &= 2\pi \int_0^{2\pi} \left(\frac{3}{2}\theta - 2\theta\cos\theta + \frac{1}{2}\theta\cos 2\theta - \sin\theta + \sin 2\theta - \sin\theta\cos^2\theta\right) d\theta \end{aligned}$$

ここで，

$$\int_0^{2\pi} \theta\cos\theta d\theta = \Big[\theta\cdot\sin\theta - 1\cdot(-\cos\theta)\Big]_0^{2\pi} + \int_0^{2\pi} 0\,d\theta = 0,$$

反復部分積分 (付録 1)

$$\int_0^{2\pi} \theta\cos 2\theta d\theta = \left[\theta\cdot\frac{1}{2}\sin 2\theta - 1\cdot\left(-\frac{1}{4}\cos 2\theta\right)\right]_0^{2\pi} + \int_0^{2\pi} 0\,d\theta = 0$$

反復部分積分 (付録 1)

であるから，

$$\begin{aligned} V &= \pi \int_0^{2\pi} \left(3\theta - 2\sin\theta + 2\sin 2\theta - 2\sin\theta\cos^2\theta\right) d\theta \\ &= \pi \left[\frac{3}{2}\theta^2 + 2\cos\theta - \cos 2\theta + \frac{2}{3}\cos^3\theta\right]_0^{2\pi} \\ &= \boldsymbol{6\pi^3}. \end{aligned}$$

$\cdots$(答)

付録4　斜軸回転体の傘型積分

ここでは，"傘型積分" と呼ばれる斜軸回転体の体積を求める手法について解説する．曲線 $C: y = f(x)$ と直線 $\ell: y = \underbrace{(\tan\theta)x + k}_{l(x)\text{ とおく}}$ が図のようにあるとする．

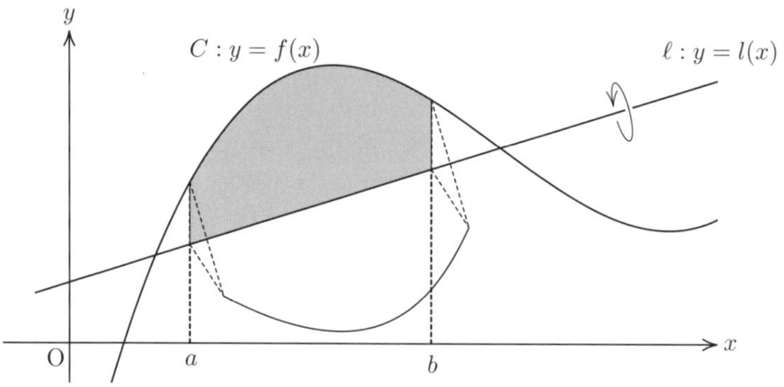

このとき，C と ℓ と 2 直線 $x = a$，$x = b$ で囲まれた図形 (上の灰色部分) を ℓ の周りに回転させてできる回転体の体積 V は次の式で求めることができる．

斜軸回転体の体積

$$\boldsymbol{V = \frac{\pi}{\cos\theta}\int_a^b \{g(x)\}^2 dx.}$$

ここで，$g(x)$ は点 $\bigl(x,\ f(x)\bigr)$ と直線 ℓ との距離である．$g(x) = \{f(x) - l(x)\}\cos\theta$ なので，

$$V = \pi\cos\theta\int_a^b \bigl\{f(x) - l(x)\bigr\}^2 dx$$

と表すこともできる．

t を $a \leqq t$ を変化する実数とし，$x = a$，$x = t$，$C: y = f(x)$，ℓ で囲まれる部分を ℓ に関して 1 回転させて得られる立体の体積は t を決めるとそれに応じて値が定まるので t の関数であり，これを $V(t)$ と書くことにする．$V(a) = 0$ であり，求めたい体積 V は $V(b)$ である．

ここで，$V = V(b)$ を求めるにあたり，t を少しだけ変化させたときの $V(t)$ の変化の様子に着目してみる ($V(t)$ がどんな関数なのかを調べたい．そのために微分のアイデアを使う)!

十分小さな $h\ (>0)$ をとると，$V(t+h) - V(t)$ は次の斜線部分を ℓ の周りに 1 回転して得られる立体の体積である．

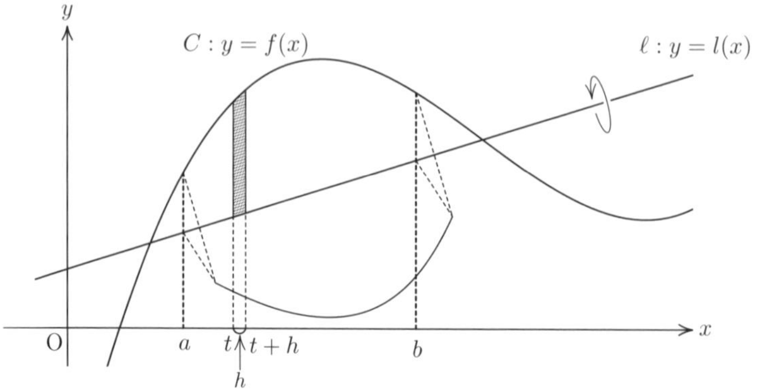

ここで，m，M をそれぞれ $g(x)$ の $t \leqq x \leqq t+h$ における最小値，最大値とし，十分小さな $h\ (>0)$ をとると，$V(t+h)-V(t)$ は

$$\pi m^2 \cdot \frac{h}{\cos\theta} \leqq V(t+h)-V(t) \leqq \pi M^2 \cdot \frac{h}{\cos\theta}$$

を満たす．ここで，$\pi m^2 \cdot \dfrac{h}{\cos\theta}$ は下右図の底辺の長さが $\dfrac{h}{\cos\theta}$，高さが m の平行四辺形で囲まれた部分を ℓ の周りに 1 回転させた回転体の体積，$\pi M^2 \cdot \dfrac{h}{\cos\theta}$ は下右図の底辺の長さが $\dfrac{h}{\cos\theta}$，高さが M の平行四辺形で囲まれた部分を ℓ の周りに 1 回転させた回転体の体積である．

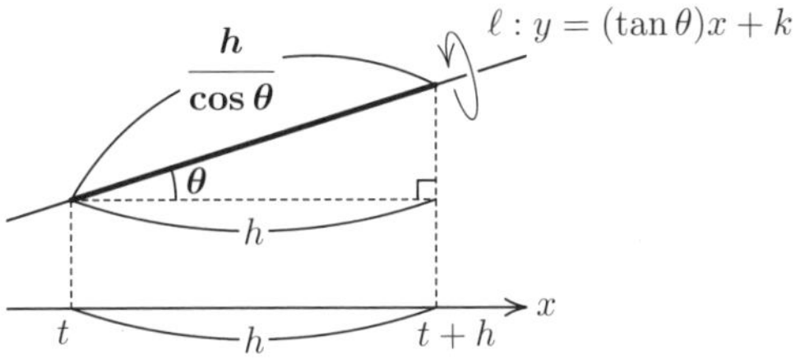

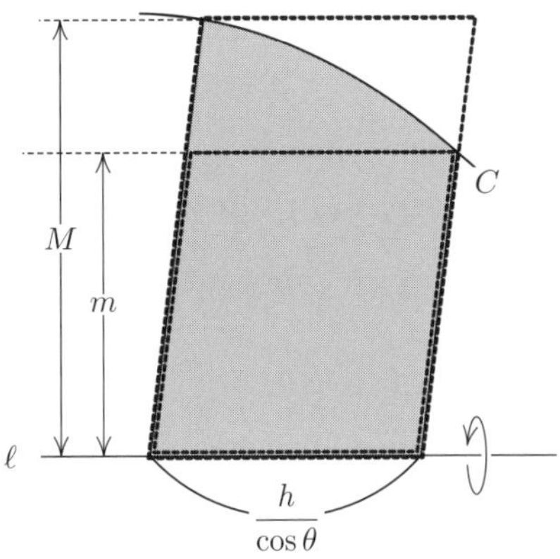

これより，

$$\frac{\pi m^2}{\cos\theta} < \frac{V(t+h)-V(t)}{h} < \frac{\pi M^2}{\cos\theta}$$

であり，$\lim_{h\to 0} m = \lim_{h\to 0} M = g(t)$ より，はさみうちの原理 (厳密には，$h<0$ のときの議論も必要だが，その場合の議論は $-h$ を変数として符号に注意して書き換えれば，ほぼ同様の議論となるのでここでは省略する) から，

$$\lim_{h\to 0} \frac{V(t+h)-V(t)}{h} = \frac{\pi\{g(t)\}^2}{\cos\theta}.$$

これは体積関数 $V(t)$ の導関数が，

$$V'(t) = \frac{\pi\{g(t)\}^2}{\cos\theta}$$

であることを意味している ($V(t)$ がどのような変化をする関数なのかがわかった!)．

さらに，$V(a)=0$ であることから，

$$\begin{aligned} V = V(b) &= V(a) + \int_a^b V'(x)dx \\ &= \int_a^b \frac{\pi\{g(x)\}^2}{\cos\theta} dx \end{aligned}$$

と得られる．

最後の式は，x の微小変化量 dx に対する体積関数 V の微小変化量 dV が

$$dV = \frac{\pi\{g(x)\}^2}{\cos\theta} dx$$

となっていることに由来する．これは，微小変化体積 dV を

底辺の長さが $\boldsymbol{\dfrac{h}{\cos\theta}}$，高さが $\boldsymbol{g(x)}$ の平行四辺形で囲まれた部分を $\boldsymbol{\ell}$ に関して 1 回転させた回転体

の体積とみなせることを意味している．この回転体がパラソルの傘地部分のようであることから，このような斜軸回転体の積分計算方法は“**傘型積分**”と呼ばれている．

最後に，付録 3 で紹介した disk 積分，shell 積分と傘型積分をあわせて整理しておく．xy 平面上で曲線 $y=f(x)$ に関与する回転体の体積計算では，回転軸と積分手法は次のようにするのが自然である．

回転軸	積分手法	dx に対する体積関数の微小変化量 dV	V の計算式
x 軸	disk 積分	短い方の辺の長さが dx，長い方の辺の長さが $f(x)$ の長方形を短い方の辺を軸として回転させた円柱の体積	$V=\int_a^b \pi\{f(x)\}^2dx$
y 軸	shell 積分	短い方の辺の長さが dx，長い方の辺の長さが $f(x)$ の長方形を y 軸回転させた円筒の体積	$V=\int_a^b 2\pi xf(x)dx$
斜軸	傘型積分	短い方の辺の長さが $\dfrac{dx}{\cos\theta}$，高さが $g(x)$ の平行四辺形を短い方の辺を軸として回転させた (傘型) 立体の体積	$V=\int_a^b \dfrac{\pi\{g(x)\}^2}{\cos\theta}dx$

なぜ，これが自然であるかといえば，$y=f(x)$ について，x の微小変化量 dx に対する “体積関数”V の微小変化量 dV が

x 軸回転であれば，「底面の円の半径 $f(x)$，高さ dx の円柱 (disk)」の体積 $\pi\{f(x)\}^2dx$,

y 軸回転であれば，「底面の円の半径 x，高さ $f(x)$，厚み dx の円筒 (shell)」の体積 $2\pi xf(x)dx$,

斜軸回転であれば，「底辺の長さが $\dfrac{dx}{\cos\theta}$，高さが $g(x)$ の平行四辺形を底辺を軸として回転させた立体」の体積 $\dfrac{\pi\{g(x)\}^2}{\cos\theta}dx$

となるからである (付録 3，4 で導関数の定義に基づき丁寧に確認した).

練習用に入試過去問を 2 題掲載しておく．原題にあった誘導は省略している．様々な解法を試して，探求してもらいたい．

1　座標平面において線分 $L: y=x\ \ (0\leqq x\leqq 1)$，曲線 $C: y=x^2-x+1\ \ (0\leqq x\leqq 1)$ および y 軸で囲まれた図形を D とする．図形 D を直線 $y=x$ のまわりに 1 回転してできる立体の体積を求めよ．【2019 年 岡山大】

2　曲線 $y=\sin x\ \ (0\leqq x\leqq\pi)$ と点 $(0,\ 0)$，点 $(\pi,\ 0)$ でのこの曲線の接線とで囲まれた図形を，直線 $y=x$ を軸として回転して得られる立体の体積を求めよ．【1976 年 宮城教育大】

1 の解説　**“傘型積分”** により，求める体積は

$$\frac{\pi}{\cos 45^\circ}\int_0^1\left(\{(x^2-x+1)-x\}\cos 45^\circ\right)^2dx$$
$$=\pi\cos 45^\circ\int_0^1(x^2-2x+1)^2dx$$
$$=\frac{\pi}{\sqrt{2}}\int_0^1(x-1)^4dx=\frac{\pi}{\sqrt{2}}\left[\frac{1}{5}(x-1)^5\right]_0^1=\boldsymbol{\frac{\sqrt{2}}{10}\pi}.$$

2 の解説　求める体積は，領域

$$\{(x,\ y)\mid 0\leqq x\leqq\pi,\ \ \sin x\leqq y\leqq x\}$$

を $y=x$ に関して 1 回転して得られる立体の体積 V から領域

$$\left\{(x,\ y)\ \middle|\ \frac{\pi}{2}\leqq x\leqq\pi,\ \ -x+\pi\leqq y\leqq x\right\}$$

を $y=x$ に関して 1 回転して得られる円錐の体積

$$\pi\left(\frac{\pi}{\sqrt{2}}\right)^2\cdot\frac{\pi}{\sqrt{2}}\cdot\frac{1}{3}=\frac{\sqrt{2}}{12}\pi^4$$

を引くことで得られる．V を **“傘型積分”** で計算すると，

$$V=\frac{\pi}{\cos 45^\circ}\int_0^\pi\{(x-\sin x)\cos 45^\circ\}^2dx$$
$$=\pi\cos 45^\circ\int_0^\pi\left(x^2-2x\sin x+\frac{1-\cos 2x}{2}\right)dx$$
$$=\frac{\pi}{\sqrt{2}}\left[\frac{x^3}{3}+2x\cos x-2\sin x+\frac{x}{2}-\frac{\sin 2x}{4}\right]_0^\pi$$
$$=\frac{\pi}{\sqrt{2}}\left(\frac{\pi^3}{3}-\frac{3}{2}\pi\right)=\frac{\sqrt{2}}{6}\pi^4-\frac{3\sqrt{2}}{4}\pi^2.$$

ゆえに，求める体積は

$$\left(\frac{\sqrt{2}}{6}\pi^4-\frac{3\sqrt{2}}{4}\pi^2\right)-\frac{\sqrt{2}}{12}\pi^4=\boldsymbol{\frac{\sqrt{2}}{12}\pi^4-\frac{3\sqrt{2}}{4}\pi^2}.$$

Coffee Break　ここでは次の問題をとりあげよう.

問題

次のように媒介変数表示された xy 平面上の曲線を C とする.

$$\begin{cases} x = 3\cos t - \cos 3t, \\ y = 3\sin t - \sin 3t. \end{cases}$$

ただし $0 \leqq t \leqq \frac{\pi}{2}$ である.

(1) $\frac{dx}{dt}$ および $\frac{dy}{dt}$ を計算し, C の概形を図示せよ.
(2) C と x 軸と y 軸で囲まれた部分の面積 S を求めよ.　【2016 年 東京工業大学】

(1)

$$\frac{dx}{dt} = -3\sin t + 3\sin 3t$$
$$= 3(\sin 3t - \sin t) = 6\cos 2t \sin t,$$

（和積公式）

$$\frac{dy}{dt} = 3\cos t - 3\cos 3t$$
$$= 3(\cos t - \cos 3t) = 6\sin 2t \sin t.$$

（和積公式）

t	0	$\cdots$	$\frac{\pi}{4}$	$\cdots$	$\frac{\pi}{2}$
$\frac{dx}{dt}$		$+$	0	$-$	
$\frac{dy}{dt}$		$+$	$+$	$+$	
$(x,\ y)$	$(2,\ 0)$	↗	$(2\sqrt{2},\ \sqrt{2})$	↖	$(0,\ 4)$

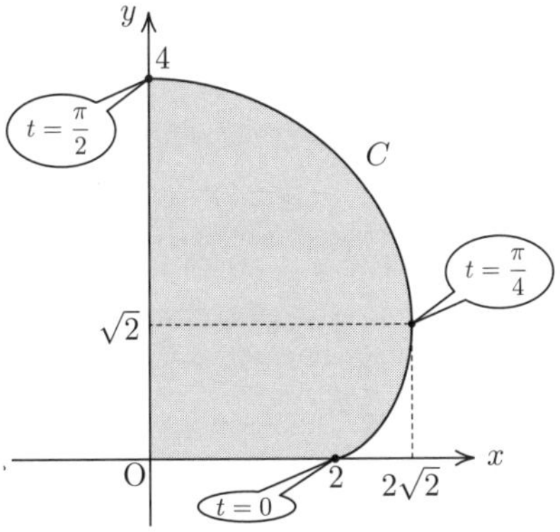

(2)

（C の $\frac{\pi}{4} \leqq t \leqq \frac{\pi}{2}$ に対応する y を y_2 とする）（C の $0 \leqq t \leqq \frac{\pi}{4}$ に対応する y を y_1 とする）

$$S = \int_0^{2\sqrt{2}} y_2\,dx - \int_2^{2\sqrt{2}} y_1\,dx$$
$$= \int_{\frac{\pi}{2}}^{\frac{\pi}{4}} y\frac{dx}{dt}dt - \int_0^{\frac{\pi}{4}} y\frac{dx}{dt}dt$$
$$= \int_{\frac{\pi}{2}}^{0} y\frac{dx}{dt}dt = \int_0^{\frac{\pi}{2}} -y\frac{dx}{dt}dt \qquad \cdots ①$$

であり, 一方,

$$S = \int_0^4 x\,dy = \int_0^{\frac{\pi}{2}} x\frac{dy}{dt}dt. \qquad \cdots ②$$

$\frac{①+②}{2}$ により,

$$\boldsymbol{S = \int_0^{\frac{\pi}{2}} \frac{1}{2}\left(x\frac{dy}{dt} - y\frac{dx}{dt}\right)dt.} \qquad \cdots ③$$

ここで,

$$x\frac{dy}{dt} - y\frac{dx}{dt}$$
$$= (3\cos t - \cos 3t)(3\cos t - 3\cos 3t) - (3\sin t - \sin 3t)(-3\sin t + 3\sin 3t)$$
$$= 9\cos^2 t - 12\cos t\cos 3t + 3\cos^2 3t + 9\sin^2 t - 12\sin t\sin 3t + 3\sin^2 3t$$
$$= 9 + 3 - 12(\cos t\cos 3t + \sin t\sin 3t)$$
$$= 12 - 12\cos 2t.$$

（加法定理）

これより,

$$S = 6\int_0^{\frac{\pi}{2}} (1 - \cos 2t)dt = 3\pi. \qquad \cdots(答)$$

さて, この問題は媒介変数で表された曲線についての面積を求める計算問題であるが, 素直に計算するなら①あるいは②で計算することであろう. 実際に一度, ①, ②の計算をしてもらいたい.

①, ②の計算はやや煩雑な計算となるが, $\frac{①+②}{2}$ とした③は非常にシンプルな積分計算になる. パラメータ表示について, x 座標は cos のみの式であり, その cos を sin で置き換えた式が y 座標の式となっているので, $x\frac{dy}{dt}$ と, $-y\frac{dx}{dt}$ を足すことで $\cos^2 + \sin^2 = 1$ や加法定理が使えて, $\left(x\frac{dy}{dt} - y\frac{dx}{dt}\right)$ がシンプルな式となっている. ③を自力で気付くのは難しいであろうが, 実は有名な式で, **Green（グリーン）の公式**と呼ばれるものであり, Gauss（ガウス） - Green（グリーン） - Stokes（ストークス）の定理 (“ベクトル解析” という分野の本を参照されたい) と呼ばれる大定理が背景にある.

ここではラフな説明にはなるが, ③の “気持ち” を伝えておく. $\frac{1}{2}\left(x\frac{dy}{dt} - y\frac{dx}{dt}\right)$ は, 原点を O とし, C 上の点を P, $\overrightarrow{\mathrm{OP}} = (x,\ y)$, $\overrightarrow{\mathrm{PQ}} = \left(\frac{dx}{dt},\ \frac{dy}{dt}\right)$ とおくと, 三角形 OPQ の面積を表す. ここで, $\overrightarrow{\mathrm{PQ}}$ は速度ベクトルで C の接線方向のベクトルである. いま, パラメーター t が増えるに従って, OP が掃（は）く部分は t が微小であれば, 三角形 OPQ と近似することができる. ベクトルで学習した面積公式 “$\frac{1}{2}|ad - bc|$” と思い出してもらいたい! 絶対値記号がとれているのは, パラメーターの変化に伴い曲線上の点が原点を左手方向に見ながら進む場合には $x\frac{dy}{dt} - y\frac{dx}{dt} > 0$ となるからである. 詳しくは『例題形式で探究する微積分学の基本定理』(森田茂之, サイエンス社) あるいは『なっとくするベクトル解析』(谷口雅彦, 講談社) を見てみるとよいだろう.

付録 5　離心率

次の (1) ～ (8) の xy 平面上の各図形は

$$\frac{\text{点 P とある定点 F との距離}}{\text{点 P とある定直線 } d \text{ との距離}} = (\text{一定値 } e)$$

を満たす点 P の軌跡とみなせる．(1) ～ (8) の各図形に対して，定点 F，定直線 d，一定値 e を考えてみよう．

	図形	定点 F の座標	定直線 d の方程式	一定値 e
(1)	放物線 $y = x^2 + 2x$			
(2)	放物線 $x = y^2 - 4y$			
(3)	楕円 $\dfrac{x^2}{4} + y^2 = 1$			
(4)	楕円 $\dfrac{x^2}{4} + \dfrac{y^2}{9} = 1$			
(5)	双曲線 $\dfrac{x^2}{4} - y^2 = 1$			
(6)	双曲線 $\dfrac{x^2}{4} - y^2 = -1$			
(7)	双曲線 $\dfrac{x^2}{9} - \dfrac{y^2}{16} = 1$			
(8)	双曲線 $\dfrac{x^2}{9} - \dfrac{y^2}{16} = -1$			

(1), (2) は放物線であるから，すぐにわかるであろう．(1) も (2) も，放物線の定義により (P と F の距離) = (P と d の距離) であることから一定値 e の値は 1 である．F，d については，(1) の場合であれば，$(x+1)^2 = 4 \cdot \frac{1}{4}(y+1)$ と変形することで，$\mathrm{F}\left(-1,\ -\frac{3}{4}\right)$，$d : y = -\frac{5}{4}$ とわかるし，(2) の場合であれば，$(y-2)^2 = 4 \cdot \frac{1}{4}(x+4)$ と変形することで，$\mathrm{F}\left(-\frac{15}{4},\ 2\right)$，$d : x = -\frac{17}{4}$ とわかる．

一方，(3)，(4) は楕円，(5) ～ (8) は双曲線であるので，楕円，双曲線がこのような軌跡として捉えられることは初耳の人も多いかもしれない．実は，2 次曲線は "**離心率 (eccentricity)**" という概念によって統一的に扱えることができる．離心率とは上の一定値 e のことである．さらに，点 F のことを**焦点**，直線 d のことを**準線**と (放物線のときの用語を流用して楕円や双曲線のときにも) いう．楕円が 2 定点からの距離の和が一定である点の軌跡とみなす考え方は Apollonios（アポロニウス）により，定点と直線との距離の比が一定である点の軌跡としてみなす考え方は Pappos（パップス）による．

では，少し研究してみよう．やや一般的な設定で計算しておく (徐々に都合の良い状況を仮定していく)．

点 $\mathrm{F}(p,\ q)$，直線 $d : ax + by + c = 0$ を定める (F は d 上にないとする) と，点 $(X,\ Y)$ が点 P の軌跡に含まれる条件は，

$$\frac{\sqrt{(X-p)^2 + (Y-q)^2}}{\dfrac{|aX + bY + c|}{\sqrt{a^2+b^2}}} = e.$$

$$(a^2+b^2)\left\{(X-p)^2 + (Y-q)^2\right\} = e^2(aX + bY + c)^2. \qquad \cdots (*)$$

$e = 1$ なら放物線の幾何学的な定義そのものなので，以下では，$e\ (>0) \neq 1$ のときを考える．

ここで一旦，$a \neq 0,\ b = 0,\ q = 0$ と仮定して $(*)$ を変形すると，

$$a^2\left\{(X-p)^2 + Y^2\right\} = e^2(aX + c)^2.$$

$a \neq 0$ より，両辺を a^2 で割って，$\dfrac{c}{a} = k$ とおく ($d : x = -k$) と，

$$(X-p)^2 + Y^2 = e^2(X+k)^2.$$

$$(1-e^2)\left(X - \frac{p+ke^2}{1-e^2}\right)^2 + Y^2 = \frac{(p+ke^2)^2}{1-e^2} + e^2k^2 - p^2.$$

$\dfrac{p+ke^2}{1-e^2}=s$ とおくと，

$$\boldsymbol{(1-e^2)\,(X-s)^2+Y^2=s^2(1-e^2)+e^2k^2-p^2.} \quad \cdots\cdots(\heartsuit)$$

次に，$a=0,\ b\neq 0,\ p=0$ と仮定して $(*)$ を変形すると，

$$b^2\left\{X^2+(Y-q)^2\right\}=e^2(bY+c)^2.$$

$b\neq 0$ より，両辺を b^2 で割って，$\dfrac{c}{b}=m$ とおく $(d:y=-m)$ と，

$$X^2+(Y-q)^2=e^2(Y+m)^2.$$

$$X^2+(1-e^2)\left(Y-\frac{q+me^2}{1-e^2}\right)^2=\frac{(q+me^2)^2}{1-e^2}+e^2m^2-q^2.$$

$\dfrac{q+me^2}{1-e^2}=t$ とおくと，

$$\boldsymbol{X^2+(1-e^2)\,(Y-t)^2=t^2(1-e^2)+e^2m^2-q^2.} \quad \cdots\cdots(\spadesuit)$$

まとめ 1

$e\,(>0)\neq 1$ に対して，

$$\frac{\text{点 P と定点 }\mathbf{F}(\boldsymbol{p},\ \mathbf{0})\text{ との距離}}{\text{点 P と定直線 }\boldsymbol{d:x=-k}\text{ との距離}}=(\text{一定値 }e)$$

となる点 P の軌跡の方程式は，$\dfrac{p+ke^2}{1-e^2}=s$ として，

$$\boldsymbol{(1-e^2)\,(x-s)^2+y^2=s^2(1-e^2)+e^2k^2-p^2.} \quad \cdots\cdots(\heartsuit)$$

であり，

$$\frac{\text{点 P と定点 }\mathbf{F}(\mathbf{0},\ \boldsymbol{q})\text{ との距離}}{\text{点 P と定直線 }\boldsymbol{d:y=-m}\text{ との距離}}=(\text{一定値 }e)$$

となる点 P の軌跡の方程式は，$\dfrac{q+me^2}{1-e^2}=t$ として，

$$\boldsymbol{x^2+(1-e^2)\,(y-t)^2=t^2(1-e^2)+e^2m^2-q^2.} \quad \cdots\cdots(\spadesuit)$$

さらに，$s=t=0$ の場合が多い (中心が原点になっている状況) ため，使いやすいようにまとめ直しておくと，

まとめ 2

$e\,(>0)\neq 1$ に対して，

$$\frac{\text{点 P と定点 }\mathbf{F}(\boldsymbol{p},\ \mathbf{0})\text{ との距離}}{\text{点 P と定直線 }\boldsymbol{d:x=-k}\text{ との距離}}=(\text{一定値 }e)$$

となる点 P の軌跡の方程式は，$\boldsymbol{p=-ke^2}\neq 0$ の場合，$(1-e^2)x^2+y^2=e^2k^2-k^2e^4$ すなわち

$$\boldsymbol{\underbrace{\frac{x^2}{(ek)^2}}_{\text{大}}+\underbrace{\frac{y^2}{(1-e^2)(ek)^2}}_{\text{小}}=1.} \quad \cdots\cdots(\heartsuit\heartsuit)$$

$$\frac{\text{点 P と定点 }\mathbf{F}(\mathbf{0},\ \boldsymbol{q})\text{ との距離}}{\text{点 P と定直線 }\boldsymbol{d:y=-m}\text{ との距離}}=(\text{一定値 }e)$$

となる点 P の軌跡の方程式は，$\boldsymbol{q=-me^2}\neq 0$ の場合，$x^2+(1-e^2)y^2=e^2m^2-m^2e^4$ すなわち

$$\boldsymbol{\underbrace{\frac{x^2}{(1-e^2)(em)^2}}_{\text{小}}+\underbrace{\frac{y^2}{(em)^2}}_{\text{大}}=1.} \quad \cdots\cdots(\spadesuit\spadesuit)$$

離心率 e について，対応する図形は，$0 < e < 1$ なら楕円であり，$e > 1$ なら双曲線である．

(3)：楕円 $\dfrac{x^2}{4} + \dfrac{y^2}{1} = 1$ であれば，(♡♡) の方をみて，

$$(ek)^2 = 4, \quad 1 - e^2 = \frac{1}{4} \qquad \text{により} \qquad e = \frac{\sqrt{3}}{2}, \quad k = \pm\frac{4}{\sqrt{3}}.$$

$$\text{離心率 } e = \frac{\sqrt{3}}{2}, \qquad (\text{焦点，準線}) = \left((\sqrt{3},\ 0),\ x = \frac{4}{\sqrt{3}}\right), \ \left((-\sqrt{3},\ 0),\ x = -\frac{4}{\sqrt{3}}\right).$$

$(-ke^2,\ 0)$　$x = -k$

---

(4)：楕円 $\dfrac{x^2}{4} + \dfrac{y^2}{9} = 1$ では，(♠♠) の方をみて，

$$(em)^2 = 9, \quad 1 - e^2 = \frac{4}{9} \qquad \text{により} \qquad e = \frac{\sqrt{5}}{3}, \quad m = \pm\frac{9}{\sqrt{5}}.$$

$$\text{離心率 } e = \frac{\sqrt{5}}{3}, \qquad (\text{焦点，準線}) = \left((0,\ \sqrt{5}),\ y = \frac{9}{\sqrt{5}}\right), \ \left((0,\ -\sqrt{5}),\ y = -\frac{9}{\sqrt{5}}\right).$$

$(0,\ -me^2)$　$y = -m$

---

(5)：双曲線 $\dfrac{x^2}{4} - y^2 = 1 \iff \dfrac{1}{4}x^2 + \dfrac{y^2}{-1} = 1$ であれば，(♡♡) の方をみて，

$$(ek)^2 = 4, \quad 1 - e^2 = -\frac{1}{4} \qquad \text{により} \qquad e = \frac{\sqrt{5}}{2}, \quad k = \pm\frac{4}{\sqrt{5}}.$$

$$\text{離心率 } e = \frac{\sqrt{5}}{2}, \qquad (\text{焦点，準線}) = \left((\sqrt{5},\ 0),\ x = \frac{4}{\sqrt{5}}\right), \ \left((-\sqrt{5},\ 0),\ x = -\frac{4}{\sqrt{5}}\right).$$

$(-ke^2,\ 0)$　$x = -k$

---

(6)：双曲線 $\dfrac{x^2}{4} - y^2 = -1 \iff \dfrac{1}{-4}x^2 + \dfrac{y^2}{1} = 1$ であれば，(♠♠) の方をみて，

$$(em)^2 = 1, \quad 1 - e^2 = -4 \qquad \text{により} \qquad e = \sqrt{5}, \quad m = \pm\frac{1}{\sqrt{5}}.$$

$$\text{離心率 } e = \sqrt{5}, \qquad (\text{焦点，準線}) = \left((0,\ \sqrt{5}),\ y = \frac{1}{\sqrt{5}}\right), \ \left((0,\ -\sqrt{5}),\ y = -\frac{1}{\sqrt{5}}\right).$$

$(0,\ -me^2)$　$y = -m$

---

(7)：双曲線 $\dfrac{x^2}{9} - \dfrac{y^2}{16} = 1 \iff \dfrac{x^2}{9} + \dfrac{y^2}{-16} = 1$ であれば，(♡♡) の方をみて，

$$(ek)^2 = 9, \quad 1 - e^2 = -\frac{16}{9} \qquad \text{により} \qquad e = \frac{5}{3}, \quad k = \pm\frac{9}{5}.$$

$$\text{離心率 } e = \frac{5}{3}, \qquad (\text{焦点，準線}) = \left((5,\ 0),\ x = \frac{9}{5}\right), \ \left((-5,\ 0),\ x = -\frac{9}{5}\right).$$

$(-ke^2,\ 0)$　$x = -k$

---

(8)：双曲線 $\dfrac{x^2}{9} - \dfrac{y^2}{16} = -1 \iff \dfrac{x^2}{-9} + \dfrac{y^2}{16} = 1$ であれば，(♠♠) の方をみて，

$$(em)^2 = 16, \quad 1 - e^2 = -\frac{9}{16} \qquad \text{により} \qquad e = \frac{5}{4}, \quad m = \pm\frac{16}{5}.$$

$$\text{離心率 } e = \frac{5}{4}, \qquad (\text{焦点，準線}) = \left((0,\ 5),\ y = \frac{16}{5}\right), \ \left((0,\ -5),\ y = -\frac{16}{5}\right).$$

$(0,\ -me^2)$　$y = -m$

まとめ 2 において，2 次曲線の標準形から焦点 F の座標と準線 d の式を求める公式を作っておく．

まとめ 3 - 1

横長の楕円 $E : \dfrac{x^2}{a^2} + \dfrac{y^2}{b^2} = 1\ \ (a > b > 0)$ の場合，(♡♡) において，

$$(ek)^2 = a^2,\ \ (1-e^2)(ek)^2 = b^2 \qquad \text{より} \qquad e = \frac{\sqrt{a^2-b^2}}{a},\quad k = \pm\frac{a}{e}.$$

よって，$\Big(\text{焦点 F},\ \text{準線 } d\Big) = \Big((ae,\ 0),\ x = \dfrac{a}{e}\Big),\ \Big((-ae,\ 0),\ x = -\dfrac{a}{e}\Big).$

（焦点 F：$(-ke^2,\ 0)$，準線 d：$x = -k$）

まとめ 3 - 2

縦長の楕円 $E : \dfrac{x^2}{a^2} + \dfrac{y^2}{b^2} = 1\ \ (0 < a < b)$ の場合，(♠♠) において，

$$(1-e^2)(em)^2 = a^2,\ \ (em)^2 = b^2 \qquad \text{より} \qquad e = \frac{\sqrt{b^2-a^2}}{b},\quad m = \pm\frac{b}{e}.$$

よって，$\Big(\text{焦点 F},\ \text{準線 } d\Big) = \Big((0,\ be),\ y = \dfrac{b}{e}\Big),\ \Big((0,\ -be),\ y = -\dfrac{b}{e}\Big).$

（焦点 F：$(0,\ -me^2)$，準線 d：$y = -m$）

まとめ 3 - 3

左右に現れる双曲線 $H : \dfrac{x^2}{a^2} - \dfrac{y^2}{b^2} = 1$ つまり $\dfrac{x^2}{a^2} + \dfrac{y^2}{-b^2} = 1$ の場合，(♡♡) で，

$$(ek)^2 = a^2,\ \ (1-e^2)(ek)^2 = -b^2 \quad \text{より} \quad e = \frac{\sqrt{a^2+b^2}}{a},\quad k = \pm\frac{a}{e}.$$

よって，$\Big(\text{焦点 F},\ \text{準線 } d\Big) = \Big((ae,\ 0),\ x = \dfrac{a}{e}\Big),\ \Big((-ae,\ 0),\ x = -\dfrac{a}{e}\Big).$

（焦点 F：$(-ke^2,\ 0)$，準線 d：$x = -k$）

まとめ 3 - 4

上下に現れる双曲線 $H : \dfrac{x^2}{a^2} - \dfrac{y^2}{b^2} = -1$ つまり $\dfrac{x^2}{-a^2} + \dfrac{y^2}{b^2} = 1$ の場合，(♠♠) で，

$$(1-e^2)(em)^2 = -a^2,\ \ (em)^2 = b^2 \quad \text{より} \quad e = \frac{\sqrt{a^2+b^2}}{b},\quad m = \pm\frac{b}{e}.$$

よって，$\Big(\text{焦点 F},\ \text{準線 } d\Big) = \Big((0,\ be),\ y = \dfrac{b}{e}\Big),\ \Big((0,\ -be),\ y = -\dfrac{b}{e}\Big).$

（焦点 F：$(0,\ -me^2)$，準線 d：$y = -m$）

2 次曲線の問題を解く際に，離心率の知識は役に立つ．2 次曲線上の点と焦点の距離を考える際，2 点間距離の公式で立式すると，最初はルートを含む形の式となるが，(焦点との距離) = (準線との距離) × (離心率) であることを知っていると，ルートのはずせたシンプルな式で表せるという確信をもって式変形できる!

著者紹介

吉田 大悟 (よしだ だいご)

京都大学理学部数学科卒業。京都大学大学院理学研究科修士課程修了。河合塾数学科講師、駿台予備学校数学科講師、龍谷大学講師、兵庫県立大学講師。鶴林寺真光院副住職。
“覚えていないと解けない”ということがなるべくないような数学を目指し、楽しく数学を学んでもらえるような指導を心がけて学生時代より大手予備校で教鞭をとっている。また、東進や河合塾の全国模試の作成にも携わっている。
受験指導の他、大学でも教鞭をとっており、統計学の基礎を扱う講義や複素解析学の講義、数学教員免許取得のための必修科目である数学科教育法などを担当している。
著書に『実戦演習問題集 文理共通数学』(METIS BOOK)、堂前孝信先生との共著で『START DASH!! 数学6 複素数平面と2次曲線』(河合出版)、編集協力に『共通テスト新課程攻略問題集 数学』(教学社)がある。

ご案内

補足事項や本書に関する最新情報は、オフィシャルサイトにて随時更新されます。
不定期に開催されるオンライン学習会『実戦演習数学セミナー』の詳細情報もご案内しております。

また、YouTube チャンネル METIS BOOK の『吉田大悟の実戦数学』では、本書に関連する様々なテーマの動画がご視聴いただけます。

詳細は各サイトにてご覧ください。

実戦演習問題集オフィシャルサイト
https://www.me-tis.net/html/YDmathClub.html

YouTubeチャンネル METIS BOOK
https://www.youtube.com/@metisbook

実戦演習問題集 理系数学

2024年 3月13日 発行

著　作　吉田 大悟

発行元　株式会社 メーティス
〒560-0084　大阪府豊中市新千里南町3-1-18-302
電話：06-4977-7175
URL：https://www.me-tis.net/

発売元　日販アイ・ピー・エス株式会社
〒113-0034　東京都文京区湯島1-3-4
電話：03-5802-1859
URL：https://www.nippan-ips.co.jp/

印刷・製本　シナノパブリッシングプレス

ISBN：978-4-9913329-2-0